DIE THEORETISCHEN GRUNDLAGEN DER ANALYTISCHEN CHEMIE

VON

GUNNAR HÄGG

CHEMISCHE REIHE

BAND IV

LEHRBÜCHER UND MONOGRAPHIEN

AUS DEM GEBIETE DER EXAKTEN WISSENSCHAFTEN

VORWORT

Das schwedische Lehrbuch, dessen deutsche Übersetzung hier vorliegt, verdankte sein Entstehen dem Umstand, daß sich im schwedischen Universitätsunterricht das Fehlen einer Einführung in die Theorie der analytischen Chemie seinerzeit stark fühlbar machte, ein Mangel, dem durch dieses Buch abgeholfen werden sollte. Die erste schwedische Auflage erschien 1940. Die Übersetzung entspricht, von einigen Änderungen abgesehen, der vierten schwedischen Auflage, die sich ihrerseits nicht wesentlich von der ersten Auflage unterscheidet.

In der Theorie der analytischen Chemie – wie ja vielfach in der Theorie der chemischen Reaktionen überhaupt – spielen natürlich die Säure-Basen-, Löslichkeits- und Redoxgleichgewichte stets eine dominierende Rolle. Die Besprechung dieser Gleichgewichte beansprucht daher auch den größten Teil dieses Buches. Im Zusammenhang damit wird auch die Adsorption und der kolloide Zustand erörtert, zwei Faktoren, ohne die eine Erklärung der Eigenschaften von Fällungen unmöglich ist. Im ganzen dürfte also dieses Buch dem Leser jene Unterlagen bieten, die zum Verständnis der auf Gleichgewichten beruhenden analytischen Methoden erforderlich sind. Theorien anderer Methoden wurden nicht berührt. Dieses Prinzip für die Auswahl des Stoffes hat sich in der Regel auch ohne Bedenken durchführen lassen. Nur in einem einzigen Falle, nämlich der Theorie der Elektroanalyse, hat der Verfasser erst nach langem Schwanken davon abgesehen, dieses Problem mit in die Darstellung aufzunehmen.

Die Anwendung des BRÖNSTEDschen Säure-Basen-Begriffs ist an allen Stellen des Buches konsequent durchgeführt. Bei dem erstmaligen Erscheinen des Lehrbuches im schwedischen Unterricht war dieser Begriff dem Chemiestudenten, der auf der Mittelschule nur die Bekanntschaft der klassischen Terminologie gemacht hatte, meistens nicht geläufig. Eine Umstellung der Begriffe war daher nicht zu umgehen, die jedoch nach den Erfahrungen, die man in Schweden gemacht hat, ohne die geringste Schwierigkeit erfolgte. Darüber hinaus zeigte es sich, daß die neuen Begriffe auch in pädagogischer Hinsicht den alten weit überlegen sind.

Um die Konzentrationsverhältnisse in Lösungen anschaulich darzustellen, wurden vorwiegend graphische Methoden verwendet. Die logarithmischen Diagramme, die bei Protolysengleichgewichten Anwendung finden, wurden von H. ARNFELT (Svensk Kemisk Tidskrift *49*, 96 [1937]) und A. ÖLANDER (*Kompendium i teoretisk kemi* [Tekniska Högskolan Stockholm, 1939]) aus N. BJERRUMS Titrationsfehlerdiagrammen (Herz' Samml. chem. u. chem.-techn. Vortr. 21 [1914]) entwickelt. Die logarithmischen Diagramme zur Darstellung von Konzentrationsänderungen bei Fällungen sind dagegen in dem vorliegenden Buche vermutlich zum ersten Male verwendet worden.

Es wird sich wohl kaum vermeiden lassen, daß eine Übersetzung dieser Art Gesichtspunkte und vielleicht auch Ausdrucksweisen und Bezeichnungen des Ursprungslandes mit übernimmt, die für den neuen Leserkreis etwas ungewöhnlich sind. Es ist jedoch kaum zu befürchten, daß dadurch dem Verständnis des Buches ernstliche Schwierigkeiten erwachsen könnten.

Der Verfasser möchte schließlich dem Übersetzer, Herrn Dr. Hans Baumann, seinen herzlichen Dank für die große Mühe und das Interesse aussprechen, das er der Übersetzung entgegengebracht hat. Auf Grund seiner Hinweise konnte eine Reihe von Verbesserungen vorgenommen werden.

Uppsala, im April 1948

Gunnar Hägg

INHALTSVERZEICHNIS

* * *

Hinweise auf andere Textstellen erfolgen unter Angabe der Kapitelnummer und gewöhnlich auch des betreffenden Unterabschnittes. So bedeutet beispielsweise 2c: Kapitel 2, Abschnitt c.

Die Bezeichnung der Formeln erfolgt innerhalb jedes einzelnen Kapitels mit laufenden Nummern. Hinweise auf Formeln des gleichen Kapitels erfolgen unter Angabe der Formelnummer allein, Hinweise auf Formeln anderer Kapitel dagegen unter Angabe von Kapitel- und Formelnummer. So bedeutet beispielsweise (4): Formel (4) des laufenden Kapitels, 6 (3) dagegen: Formel (3) in Kapitel 6.

ZEICHENERKLÄRUNG

Der Textabschnitt, in dem die betreffende Bezeichnung erstmalig genannt oder definiert wird, ist hier angegeben. Im Text sind gewisse Bezeichnungen häufig mit Indices versehen (vor allem zur Angabe von Molekül- oder Protolytarten); dieses Verzeichnis enthält derartige Indexbezeichnungen jedoch nur in wichtigeren Fällen. An einigen wenigen Textstellen werden einige der weiter unten erläuterten Buchstaben auch in anderer Bedeutung angewendet. Diese spezielle Anwendung erfolgt dann aber nur lokal und wird jeweils erklärt.

A absoluter, systematischer Titrationsfehler, «Abweichung» 13a.
A_{rel} relativer, systematischer Titrationsfehler 13a.
a Aktivität 2c.
Amph. Ampholyt 9a.
B starke Base 8a.
b Base 4b.
b^* mit einer starken Säure korrespondierende sehr schwache Base 8a
C Totalkonzentration in Mol/l Lösung 1.
c Konzentration, Volummolarität in Mol/l Lösung 1.
E Elektrodenpotential, Redoxpotential 20b.
E^0 Normalpotential 20b.
e Basis des natürlichen Logarithmensystems
e^- ein Elektron 12b.
F absoluter, zufälliger Titrationsfehler 13a,
1 Faraday 20b.
F_{rel} relativer, zufälliger Titrationsfehler 13a.
f Aktivitätsfaktor, Aktivitätskoeffizient 2c.
g gasförmiger Aggregatzustand.
I Ionenstärke 5b.
K thermodynamische Gleichgewichtskonstante 2c; und zwar bedeutet:
K_b die thermodyn. Diss.-Konst. einer Base 6b, K_l das thermodyn. Löslichkeitsprodukt 14c, K_s die thermodyn. Diss.-Konst. einer Säure 6b und K_w das Ionenaktivitätsprodukt des Wassers 6a.
k stöchiometrische Gleichgewichtskonstante 2a; und zwar bedeutet:
k_b die stöchiometr. Diss.-Konst. einer Base 6b, k_l das Löslichkeitsprodukt 14c, k_s die stöchiometr. Diss.-Konst. einer Säure 6b, k_w das Ionenprodukt des Wassers 6a. Die Indexbezeichnung ′, ″ usw. gibt die erste, zweite usw. Dissoziationskonstante eines mehrwertigen Protolyts an.
L Atom- oder Molekülart
l Löslichkeit 14a; flüssiger Aggregatzustand.
l_0 Löslichkeit in reinem Wasser 14c.

ln	natürlicher Logarithmus (Basis e).
log	Briggscher Logarithmus (Basis 10).
M	Atom- oder Molekülart.
m	Gewichtsmolarität in Mol/1000 g Lösungsmittel 1.
n	Normalität 1; Anzahl Atome (Grammatome), Moleküle (Mole) oder Elektronen.
ox	oxydierte Form 20a.
p	Partialdruck 1.
pH	$= -\log a_{H^+}$ oder genähert $= -\log c_{H_3O^+}$ 1, 6c.
pK	$= -\log K$ 1.
pk	$= -\log k$ 1.
pM	$= -\log c_M$ 1.
pOH	$= -\log a_{OH^-}$ oder genähert $= -\log c_{OH^-}$ 1, 6c.
R	allgemeine Gaskonstante 20b.
red	reduzierte Form 20a.
S	starke Säure 8a.
s	Säure 4b; fester Aggregatzustand.
s^*	mit einer starken Base korrespondierende, sehr schwache Säure 8a.
Σ	Summenzeichen
T	absolute Temperatur.
X	Atom- oder Molekülart.
x	Molenbruch 1.
x_b	Basenbruch 7a.
x_s	Säurebruch 7a.
Y	Atom- oder Molekülart.
z	Ionenladung 5b.
α	Dissoziationsgrad 2d.
β	Pufferkapazität 12a.

1. KAPITEL

DEFINITIONEN

Die Gesamtheit der Stoffe, die an einem bestimmten Prozeß teilnehmen, wird unter dem Begriff *System* zusammengefaßt.

Ein System wird *heterogen* oder *homogen* genannt, je nachdem man darin ungleichartige Teile unterscheiden kann oder nicht. Die Grenze zwischen homogenen und heterogenen Systemen ist demnach von der Genauigkeit der Hilfsmittel abhängig, mit denen das System untersucht wird. Eine kolloide Lösung macht bei der Untersuchung in einem gewöhnlichen Mikroskop einen homogenen Eindruck, sie kann sich aber im Ultramikroskop als heterogen erweisen. Systeme, die bei ultramikroskopischer Untersuchung keine Heterogenität zeigen, werden gewöhnlich als homogen betrachtet.

In einem System werden die einzelnen homogenen Bestandteile mit gleichen Eigenschaften unter der Bezeichnung *Phase* zusammengefaßt. Verschiedene Aggregatzustände der gleichen Stoffe bilden verschiedene Phasen. Das System Wasser kann daher die drei Phasen: Eis, flüssiges Wasser und Wasserdampf enthalten. Eine Mischung von Öl und Wasser besteht aus zwei flüssigen Phasen: der Ölphase und der Wasserphase. Wenn das Öl durch kräftiges Schütteln in sehr kleine Tropfen zerteilt wird, so daß eine Emulsion entsteht, wird es nach wie vor summarisch als Ölphase bezeichnet. Will man in einem solchen Fall hervorheben, daß ein hoher Verteilungsgrad vorliegt, so kann man z. B. das Öl als *disperse Phase*, das System als *disperses System* bezeichnen. Die homogene Phase, in der sich eine disperse Phase befindet, pflegt *Dispersionsmittel* genannt zu werden.

Rein wird jeder Stoff genannt, der in einem System als Phase konstanter Zusammensetzung existieren kann, auch wenn man die Temperatur und den Druck des Systems sowie die Zusammensetzung der übrigen Phasen des Systems innerhalb gewisser Grenzen ändert. Dieser Begriff umfaßt sowohl Grundstoffe als auch chemische Verbindungen.

Eine Phase, deren Zusammensetzung innerhalb gewisser Grenzen kontinuierlich verändert werden kann, ohne daß ihre Homogenität verloren geht, wird *Lösung* genannt, und zwar unabhängig vom Aggregatzustand. Es gibt somit gasförmige, flüssige und feste Lösungen.

Eine Lösung ist also eine homogene Mischung zweier oder mehrerer reiner Stoffe. Gewöhnlich nennt man die Komponente, die in größter Menge vorhanden ist, *Lösungsmittel* und die anderen *gelöste Stoffe*. Diese Benennungen sind indes willkürlich.

Die Zusammensetzung einer Lösung von KCl in H_2O kann innerhalb gewisser Grenzen beliebig geändert werden, z. B. durch Zusatz von KCl oder H_2O. Wird jedoch genügend KCl zugesetzt, so bleibt ein Teil des Salzes ungelöst und tritt als eine neue, feste Phase auf. Werden nun Druck und Temperatur geändert, so ändert sich die Zusammensetzung der flüssigen Phase (Lösung) und die Menge der festen Phase. Die Zusammensetzung der festen Phase dagegen bleibt unverändert. KCl ist also ein reiner Stoff. Geht man von einer genügend verdünnten KCl-Lösung aus und kühlt sie ab, so wird zunächst eine andere feste Phase abgeschieden, nämlich Eis. Wird die Temperatur weiter erniedrigt, so bildet sich mehr Eis, wodurch die Lösung konzentrierter wird. Die Zusammensetzung des Eises wird jedoch nicht verändert, d. h. Eis (H_2O) ist ein reiner Stoff.

Alle Gase können miteinander in beliebigem Verhältnis gemischt werden. Ein gasförmiges System ist daher immer einphasig. In einer Gasmischung schreibt man jedem Gas einen *Partialdruck p* zu, der als jener Druck definiert wird, den das Gas ausüben würde, wenn es sich bei gleicher Temperatur allein in dem Raum befände, den die ganze Gasmischung einnimmt. Der Gesamtdruck einer Gasmischung ist gleich der Summe der Partialdrücke der einzelnen Gase.

Ein *Grammolekül* (abgekürzt *Mol*, Symbol: mol) eines reinen Stoffes beträgt so viele Gramm des Stoffes, als dessen Molekulargewicht angibt. Wenn das Molekül eines Grundstoffes aus einem Atom besteht, ist das Molekulargewicht gleich dem Atomgewicht und ein Grammolekül gleich einem *Grammatom*. Die Bezeichnung Grammolekül wird auch oft bei einatomigen Molekülen angewendet. Ebenso wird sie bei geladenen Molekülen – Ionen – neben der Benennung *Grammion* angewendet.

Ein *Grammäquivalent* (abgekürzt *Äquivalent* oder manchmal *Val*, Symbol: val) eines reinen Stoffes ist jene Stoffmenge in Gramm, die in ihrer chemischen Wirksamkeit einem Grammatom Wasserstoff entspricht. Bei einem Grundstoff mit verschiedener Wertigkeit variiert das Äquivalentgewicht, desgleichen bei einer chemischen Verbindung, die bei verschiedenen Reaktionen verschiedenen Mengen Wasserstoff entspricht. (Siehe weiter unten bei Normalität.)

$^1/_{1000}$ Mol bzw. Äquivalent wird mit *Millimol* (Symbol: mmol) bzw. *Milliäquivalent* (*Millival*, Symbol: mval) bezeichnet.

Die Raumeinheit ist der *Liter* (l). Er wird als der Raum definiert, den eine Wassermenge mit der Masse 1 kg bei einer Temperatur von 4° C (entsprechend dem Dichtemaximum des Wassers) und normalem Atmosphärendruck einnimmt. $^1/_{1000}$ Liter wird mit *Milliliter* (ml) bezeichnet. Ein Liter entspricht 1,000028 dm^3. Früher wurde oft für den Begriff Milliliter die Bezeichnung Kubikzentimeter verwendet. Da aber diese zwei Größen nicht identisch sind und alle Raummaßgefäße mit dem Liter als Einheit geeicht sind, darf die Bezeichnung Kubikzentimeter bei Volummessungen, die mit solchen Maßgefäßen ausgeführt werden, nicht angewendet werden.

Die *Konzentration* (*c*) einer in einer bestimmten Phase vorhandenen Molekülart wird durch die Anzahl Grammoleküle je Raumeinheit (gewöhnlich Liter) der Phase angegeben. Ist die Phase eine Lösung, so wird demnach die Konzentration des in der Lösung gelösten Stoffes durch die Anzahl Grammoleküle des gelösten Stoffes je Liter *Lösung* angegeben. Wenn ein Gasbehälter 2 Mol Sauerstoff je Liter enthält, so beträgt die Sauerstoffkonzentration 2 Mol/l. Die Konzentration einer bestimmten Atom-, Molekül- oder Ionenart *M* wird hier mit c_M, in der übrigen Literatur auch mit $[M]$ bezeichnet.

Speziell bei solchen Stoffen, die nicht unverändert im Lösungsmittel gelöst werden, wird die Konzentration entsprechend der aufgelösten Menge angegeben, ohne Rücksicht darauf, daß die Moleküle des Stoffes in der Lösung eine ganz andere Konzentration haben können. Wenn z. B. C Mol Essigsäure HAc[1]) in Wasser zu einem Liter Lösung gelöst werden, so wird oft die Konzentration der Essigsäure mit C bezeichnet, obwohl die gelöste Säure teils als HAc und teils als Ac^- vorhanden ist. Hier ist also $C = c_{HAc} + c_{Ac^-}$ und folglich $C > c_{HAc}$. Die der aufgelösten Menge eines Stoffes entsprechende Konzentration wird häufig die *Totalkonzentration* oder *stöchiometrische Konzentration* genannt. Diese wird in der Folge mit C bezeichnet.

Die Konzentration c wird oft *Molarität* genannt. Auch die Totalkonzentration eines Stoffes wird in der Regel als dessen Molarität bezeichnet. Man sagt z. B., daß eine Lösung, die HAc in der Totalkonzentration 0,1 enthält, in bezug auf HAc 0,1-molar ist. Eine solche Lösung wird hier mit 0,1-C HAc bezeichnet, lies: 0,1-molare Essigsäure. In dieser ist aber die Molarität der HAc-Moleküle c_{HAc} kleiner als 0,1.

Die Bezeichnung m für Molarität soll vermieden werden, da m in der neueren physikalisch-chemischen Literatur gewöhnlich die Anzahl Grammoleküle eines gelösten Stoffes je 1000 g Lösungsmittel angibt. Zur Verdeutlichung kann diese Einheit auch *Gewichtsmolarität* genannt werden, zum Unterschied von der ursprünglichen Molarität, die dann als *Volummolarität* bezeichnet werden muß. In der amerikanischen Literatur wird die Gewichtsmolarität oft «molality» genannt und die Volummolarität «molarity». Die Gewichtsmolarität ist im Gegensatz zur Volummolarität von der Temperatur unabhängig. Der Unterschied zwischen c und m ist unbedeutend, wenn es sich um verdünnte wäßrige Lösungen handelt, und kann bei solchen oft vernachlässigt werden.

Am rationellsten wird die Zusammensetzung einer Lösung durch *Molenbrüche* ausgedrückt. Angenommen, daß sämtliche Stoffe in einer Lösung mit $1, 2, \ldots, k$ bezeichnet werden und daß in einer bestimmten Lösungsmenge $n_1, n_2, \ldots, n_k$ Mol der entsprechenden Stoffe vorhanden sind, so wird der Molenbruch für den Stoff *1* durch $x_1 = n_1 / (n_1 + n_2 + \cdots + n_k)$ definiert, für den Stoff *2* durch $x_2 = n_2 / (n_1 + n_2 + \cdots + n_k)$ usw. Hieraus folgt, daß $x_1 + x_2 + \cdots + x_k = 1$. Man kann auch die Zusammensetzung in *Molekülprozenten* (*Molprozent*) ausdrücken, die für jeden Stoff das 100fache seines Molenbruchs betragen.

Man findet leicht, daß in einer verdünnten wäßrigen Lösung nahezu für jeden Stoff $x = 18c / 1000 = 18m / 1000$ (das Molekulargewicht des Wassers = 18) ist, d. h. $c = m = 55{,}6\,x$. Für einen gelösten Stoff ist demnach in einer solchen Lösung c und m beinahe proportional x.

Die Molenbrüche sind bei theoretischen Berechnungen von großem Nutzen, werden aber bei analytischen Berechnungen nur selten verwendet.

Es ist auch sehr gebräuchlich gewesen, die Konzentration eines gelösten Stoffes durch die *Normalität* (n) anzugeben, d. h. Anzahl Grammäquivalente je Liter Lösung. Da die Äquivalentgewichte nicht immer eindeutig sind, kann die Normalitätsangabe zu Mißverständnissen führen, wenn sie nicht präzisiert wird. 1-molare H_3PO_4 ist z. B. 1-normal, wenn sie mit einer Base bis zur Bildung von hauptsächlich NaH_2PO_4, aber 2-normal, wenn sie bis zur Bildung von hauptsächlich Na_2HPO_4 titriert wird. Bei einem bestimmten Prozeß oder einer be-

---

[1]) Die Azetationen werden hier durchgehend mit Ac^- bezeichnet.

stimmten Art von Prozessen kann die Normalitätsangabe aber oft bequem sein. Notwendig ist sie nur dann, wenn die Molekülgröße des gelösten Stoffes unbekannt ist.

Da die Konzentration häufig innerhalb sehr weiter Grenzen variiert, ist es oft bequem, an Stelle der Konzentration ihren Briggschen Logarithmus zu verwenden. Da in der Praxis die meisten Konzentrationen kleiner als 1 sind und man infolgedessen mit negativen Größen rechnen müßte, verwendet man an Stelle der Konzentration ihren negativen Logarithmus, der mit dem Symbol p bezeichnet wird.

In Übereinstimmung damit definiert man (die Ladung eines Ions wird hinter p ausgelassen, wenn dadurch kein Mißverständnis entstehen kann):

$$\mathrm{pAg} = -\log c_{\mathrm{Ag}^+} . \tag{1}$$

Wie später aus Kapitel 6c hervorgeht, bedeuten aber die wichtigen Bezeichnungen pH und pOH in der Regel $-\log a_{\mathrm{H}^+}$ bzw. $-\log a_{\mathrm{OH}^-}$, wobei a die Aktivität (siehe 2c) der Ionenart bezeichnet.

In Ausdrücken, die Konstanten k enthalten, ist es oft bequem, in entsprechender Weise zu schreiben:

$$\mathrm{p}k = -\log k . \tag{2}$$

2. KAPITEL

DAS CHEMISCHE GLEICHGEWICHT UND DAS MASSENWIRKUNGSGESETZ

a) Das homogene Gleichgewicht. Das Massenwirkungsgesetz in seiner ursprünglichen Form. Beim Erhitzen von PCl_5 bildet sich Dampf, der teilweise in PCl_3 und Cl_2 dissoziiert. 1 Mol Substanz möge nun in einem geschlossenen, luftleeren Gefäß von konstantem Volumen auf eine konstante Temperatur gebracht werden. Wird die Gasmischung nach erfolgter Dissoziation untersucht, so enthält sie stets die gleiche Menge von undissoziiertem PCl_5. Wird anderseits 1 Mol PCl_3 + 1 Mol Cl_2 im gleichen geschlossenen Gefäß auf die gleiche Temperatur gebracht, so enthält die resultierende Gasmischung auch jetzt gleich viel PCl_5 wie im ersten Fall. Folglich kann die Reaktion

$$PCl_5 = PCl_3 + Cl_2$$

sowohl von links nach rechts als auch von rechts nach links verlaufen[1]). In beiden Fällen ist der Reaktionsverlauf unvollständig und man erhält unter den genannten Bedingungen eine Gasmischung der gleichen Zusammensetzung, gleichviel ob man von PCl_5 oder von $PCl_3 + Cl_2$ ausgeht. Das Endstadium stellt also einen *Gleichgewichtszustand* des Systems unter den gegebenen Bedingungen dar. Das *instabile* System ist hier in einen *stabilen* Zustand übergegangen.

Ein Gleichgewichtszustand ist aber nicht gleichbedeutend damit, daß im System alle Vorgänge zum Stillstand gekommen sind. Ein Teil der vorhandenen PCl_5-Moleküle dissoziiert auch weiterhin, während gleichzeitig PCl_3- und Cl_2-Moleküle sich zu PCl_5-Molekülen vereinigen. Die konstanten Mengen der verschiedenen Molekülarten zeigen jedoch, daß per Zeiteinheit ebenso viele PCl_5-Moleküle dissoziieren wie PCl_5-Moleküle aus $PCl_3 + Cl_2$ gebildet werden.

Der Dissoziationsprozeß kann als spontaner Zerfall des PCl_5-Moleküls betrachtet werden. Die Wahrscheinlichkeit für diesen Zerfall ist bei einer bestimmten Temperatur konstant und die Dissoziationsgeschwindigkeit daher proportional der Anzahl PCl_5-Moleküle je Volumeinheit, d. h. der PCl_5-Konzentration, und somit $= k_1 \cdot c_{PCl_5}$.

Die Bildung eines Moleküls PCl_5 setzt voraus, daß ein PCl_3- und ein Cl_2-Molekül zusammenstoßen, d. h. sich gleichzeitig innerhalb eines sehr kleinen Volumelementes befinden. Die Wahrscheinlichkeit, daß sich ein PCl_3-Molekül

[1]) Um hervorzuheben, daß zwei verschiedene Reaktionsrichtungen möglich sind, benützt man oft zwei verschieden gerichtete Pfeile an Stelle des Gleichheitszeichens. Da das Gleichheitszeichen zu keinem Irrtum Anlaß geben kann, wird es auch weiterhin angewendet. Bei Gleichgewichten wird daher immer vorausgesetzt, daß die Reaktion in beiden Richtungen erfolgen kann. Soll dagegen eine bestimmte Reaktionsrichtung besonders hervorgehoben werden, so geschieht dies durch *einen* Pfeil

innerhalb eines bestimmten Volumelementes befindet, ist proportional der Anzahl PCl_3-Moleküle per Volumeinheit, d. h. c_{PCl_3}. Analog dazu ist die Wahrscheinlichkeit, daß sich ein Cl_2-Molekül innerhalb eines gleich großen Volumelementes befindet, proportional c_{Cl_2}. Demnach ist die Wahrscheinlichkeit, daß sich ein PCl_3-Molekül und ein Cl_2-Molekül gleichzeitig innerhalb eines Volumelementes befinden, proportional $c_{PCl_3} \cdot c_{Cl_2}$. Da man voraussetzen kann, daß bei konstanter Temperatur ein konstanter Bruchteil der Zusammenstöße zur Bildung von PCl_5 führt, ist also die Geschwindigkeit der Bildung von $PCl_5 = k_2 \cdot c_{PCl_3} \cdot c_{Cl_2}$. Im Gleichgewichtszustand sind die Dissoziations- und Bildungsgeschwindigkeiten für PCl_5 die gleichen, somit

$$k_1\, c_{PCl_5} = k_2\, c_{PCl_3}\, c_{Cl_2}$$

oder

$$\frac{c_{PCl_3}\, c_{Cl_2}}{c_{PCl_5}} = \frac{k_1}{k_2} = k\,.$$

Herrscht bei einer bestimmten Temperatur Gleichgewicht, so muß also diese Beziehung zwischen den Konzentrationen der am Gleichgewicht beteiligten Stoffe gelten. Stellt sich das Gleichgewicht bei einer anderen Temperatur ein, nimmt natürlich die *Gleichgewichtskonstante* k einen anderen Wert an, ist aber im übrigen unter den genannten Bedingungen nur von der Temperatur abhängig. Um k von einer anderen Gleichgewichtskonstanten zu unterscheiden, die in 2c eingeführt wird, bezeichnet man k häufig als *stöchiometrische Gleichgewichtskonstante.*

Für jedes Gleichgewicht, das sich in einem homogenen System einstellt (*homogenes Gleichgewicht*), kann eine analoge Schlußfolgerung abgeleitet werden. Für ein Gleichgewicht im allgemeinen (kleine Buchstaben beziehen sich auf Koeffizienten, große dagegen auf Atome oder Moleküle)

$$lL + mM + \cdots = xX + yY + \cdots$$

erhält man die *Gleichgewichtsgleichung*

$$\frac{c_X^x\, c_Y^y \cdots}{c_L^l\, c_M^m \cdots} = k\,. \tag{1}$$

Diese Gleichung drückt das sog. *Massenwirkungsgesetz* aus (aufgestellt von GULDBERG und WAAGE 1867). Bei der Aufstellung der Gleichgewichtsgleichung ist es allgemein üblich, die Konzentrationen der Stoffe, die auf der rechten Seite der Reaktionsgleichung stehen, in den Zähler, diejenigen der linken Seite in den Nenner zu setzen.

Aus (1) folgt unmittelbar die bekannte Tatsache, daß, wenn die Konzentration eines an einem chemischen Gleichgewicht teilnehmenden Stoffes erhöht (vermindert) wird, sich das Gleichgewicht so verschiebt, daß der betreffende Stoff verbraucht (gebildet) wird.

b) Der ideale Zustand. Genaue Messungen von Gleichgewichten in homogenen Systemen haben gezeigt, daß k nie eine wirkliche Konstante ist, obgleich die Abweichungen in vielen Systemen oft nur sehr gering sind. Dieses Verhalten hat seinen Grund darin, daß man bei der Ableitung von (1) voraussetzt, daß die reagierenden Moleküle keine anziehenden bzw. abstoßenden Kräfte auf einander oder auf andere eventuell im Reaktionsraum vorhandene Moleküle ausüben. Wenn diese Bedingungen, die einen Idealzustand charakterisieren, genügend erfüllt sind, sagt man, daß sich die reagierenden Komponenten in einem gasförmigen System wie *ideale Gase* verhalten und daß die reagierenden Komponenten in einer flüssigen oder festen Lösung eine *ideale Lösung* bilden.

Diesem Idealzustand kann man oft ganz nahe kommen. In einem Gas ist bei niedrigem Druck der mittlere Molekülabstand so groß, daß die inneren Kraftwirkungen nur sehr klein sind. In gasförmigen Systemen kann daher bei niederem Druck (1) mit großer Genauigkeit erfüllt sein. Bei hohen Gasdrücken und vor allem, wenn sich eine Komponente nahe ihrem Kondensationspunkt befindet, d. h. also, wenn ihre Moleküle starke Anziehungskräfte aufeinander ausüben, werden die Abweichungen häufig sehr groß. Ist ein Stoff in sehr geringer Konzentration in einem flüssigen Lösungsmittel gelöst, so befinden sich seine Moleküle ebenfalls in so großen Abständen voneinander, daß die gegenseitige Einwirkung klein ist. Eine verdünnte Lösung kann daher oft als eine ideale Lösung behandelt werden und (1) kann bei Reaktionen, die zwischen Komponenten einer solchen Lösung erfolgen, gut erfüllt sein. In konzentrierteren Lösungen treten Abweichungen auf, die bei Gegenwart elektrisch geladener Moleküle (Ionen) besonders groß werden, da diese selbstverständlich mit starken elektrostatischen Kräften aufeinander einwirken.

c) Die Aktivität. Die exakte Form des Massenwirkungsgesetzes. Bei der thermodynamischen Behandlung chemischer Probleme wird der thermodynamische Zustand eines Stoffes häufig durch eine besonders geeignete Funktion definiert, die *Aktivität* genannt wird (allgemein mit a bezeichnet). Die Aktivität einer Atom-, Molekül- oder Ionenart wird in diesem Buch mit a_M bezeichnet, in der übrigen Literatur auch mit (M) oder $\{M\}$. Es kann gezeigt werden, daß die Aktivität solche Eigenschaften besitzt, daß, wenn bei Gleichgewicht die Aktivitäten der verschiedenen Stoffe an Stelle ihrer Konzentrationen in (1) eingesetzt werden, die Formel:

$$\frac{a_X^x\, a_Y^y \cdots}{a_L^l\, a_M^m \cdots} = K \qquad (2)$$

resultiert.

In dieser Formel ist K (die *thermodynamische Gleichgewichtskonstante*) bei konstanter Temperatur und Druck unter allen Umständen konstant. In dieser Formulierung gilt demnach das Massenwirkungsgesetz exakt.

Das Verhältnis zwischen Aktivität und Konzentration a/c eines bestimmten Stoffes unter bestimmten Bedingungen wird *Aktivitätsfaktor* oder *Aktivitäts-*

koeffizient genannt und mit f bezeichnet. Man definiert also

$$f = \frac{a}{c} . \tag{3}$$

Durch Einführung von $a = fc$ in (2) erhält man die Beziehung

$$\frac{c_X^x \, c_Y^y \cdots}{c_L^l \, c_M^m \cdots} \, \frac{f_X^x \, f_Y^y \cdots}{f_L^l \, f_M^m \cdots} = K , \tag{4}$$

die auch

$$k = K \frac{f_L^l \, f_M^m \cdots}{f_X^x \, f_Y^y \cdots} \tag{5}$$

geschrieben werden kann.

Man kann nur das Verhältnis der Aktivitäten eines Stoffes in zwei verschiedenen Zuständen und bei gleicher Temperatur messen, aber nicht den Absolutwert der Aktivität. Daher wählt man einen bestimmten Zustand des betreffenden Stoffes als *Standardzustand* und setzt die Aktivität des letzteren $= 1$. Wenn man dann die Aktivität des Stoffes in einem anderen Zustand angibt, bedeutet das, daß man die Aktivität dieses Zustandes mit der Aktivität des Standardzustandes bei gleicher Temperatur vergleicht. Der Standardzustand wird so gewählt, daß die abgeleiteten Ergebnisse so einfach und praktisch wie möglich werden. Im allgemeinen kommen daher nur einige wenige Möglichkeiten in Betracht.

Für einen *reinen, festen oder flüssigen Stoff* wird die Aktivität gleich 1 gesetzt, d. h. man wählt den reinen Stoff als Standardzustand. Beteiligen sich reine feste oder flüssige Stoffe an einem Gleichgewicht, sind sie also mit der Aktivität 1 in die Gleichgewichtsgleichung (2) einzusetzen. Sind die Stoffe sowohl in reinem Zustand als auch gelöst vorhanden, wird trotzdem der reine Zustand oft als Standardzustand gewählt.

In einer Lösung befindet sich im allgemeinen das *Lösungsmittel* in einem Zustand, der nahezu demjenigen des reinen Lösungsmittels entspricht. Dieser letztere wird dann als Standardzustand gewählt. In einer verdünnten Lösung kann man häufig die Aktivität des Lösungsmittels gleich derjenigen des reinen Lösungsmittels setzen, nämlich $= 1$. In verdünnten wäßrigen Lösungen setzt man daher oft $a_{H_2O} = 1$.

Ein *gelöster Stoff* befindet sich in nur einigermaßen verdünnter Lösung dagegen in einem Zustand, der stark von dem des reinen Stoffes abweicht. Hier wird die Aktivität am besten so definiert, daß ihr Wert mit zunehmender Verdünnung sich der Konzentration nähert. (Der Standardzustand mit der Aktivität $= 1$ entspricht dann keinem anschaulichen Zustand.) Wird die Konzentration durch die Molarität c ausgedrückt, dann nähert sich der Aktivitätsfaktor $f = a/c$ bei zunehmender Verdünnung dem Wert 1 und erreicht ihn als Grenzwert bei unendlicher Verdünnung. Bei Lösungen, die so verdünnt sind, daß c sich von a

nur sehr wenig unterscheidet, kann man zur Berechnung von Gleichgewichten das Massenwirkungsgesetz oft mit sehr guter Annäherung in seiner ursprünglichen Form (1) anwenden. Bei steigender Konzentration wird (1) immer schlechter erfüllt. Besonders groß werden die Abweichungen in Gegenwart von Ionen. Jede exakte Gleichgewichtsberechnung erfordert in diesem Fall die Einführung der Aktivitätsfunktion und die Anwendung der Formel (2).

In Vorstehendem wurde der Aktivitätsfaktor durch $f = a/c$ definiert. Dabei wurde die *Volummolarität* als Konzentrationsmaß vorausgesetzt. Will man diesen Umstand besonders hervorheben, dann kann man auch schreiben $f_c = a_c/c$. Soll die Konzentration durch die Gewichtsmolarität m oder den Molenbruch x ausgedrückt werden, dann ist als Aktivitätsfaktor $f_m = a_m/m$ bzw. $f_x = a_x/x$ anzuwenden. In allen diesen Fällen wird die Aktivität eines gelösten Stoffes ebenfalls so definiert, daß f den Grenzwert 1 bei unendlicher Verdünnung erreicht. Aus diesem Grund verhalten sich in sehr verdünnten Lösungen die Aktivitäten a_c, a_m und a_x eines gelösten Stoffes wie c, m und x in eben diesen Lösungen. Gemäß Kapitel 1 gilt also in sehr verdünnten wäßrigen Lösungen mit großer Annäherung $a_c = a_m = 55{,}6\, a_x$. Da im allgemeinen aus dem angewendeten Konzentrationsmaß hervorgeht, welche Art von a oder f gemeint ist, braucht man meistens keine getrennten Bezeichnungen für diese verschiedenen Arten einzuführen.

Die Aktivität eines *Gases* nähert sich definitionsgemäß dem Partialdruck des Gases p, wenn dieser gegen 0 konvergiert. Der Quotient a/p nähert sich also dem Wert 1, wenn p gegen 0 geht. Wenn der Partialdruck eines Gases nicht allzu hoch ist, kann man daher in der Regel $a = p$ setzen.

Bei der Behandlung von Gleichgewichtsfragen ergibt sich manchmal die Notwendigkeit, die Aktivitäten solcher Molekül- oder Ionenarten anzugeben, die zwar am Gleichgewicht teilnehmen, jedoch in allen Lösungen nur in nicht meßbaren Mengen vorhanden sind. Da die Konzentration im Aktivitätsfaktor enthalten ist, kann man in diesem Falle den Standardzustand nicht durch einen Grenzwert ausdrücken, sondern muß sich anderer Methoden bedienen. Ein wichtiges Beispiel ist in 5c bei der Besprechung der Wasserstoffionenaktivität zu finden.

d) Das Dissoziationsgleichgewicht. Bei Dissoziationsgleichgewichten wird häufig der *Dissoziationsgrad* α angegeben, d. h. der Bruchteil des ursprünglichen Stoffes, der dissoziiert ist. Beim Dissoziationsgleichgewicht

$$AB = A + B$$

wird angenommen, daß die ursprüngliche Konzentration von AB gleich C war. C ist also die Totalkonzentration des Stoffes. Bei Gleichgewicht und dem Dissoziationsgrad α ist $c_{AB} = C(1-\alpha)$ und $c_A = c_B = C\alpha$. Nach Einsetzen in (1) erhält man

$$\frac{C\alpha^2}{1-\alpha} = k\,. \tag{6}$$

Bei Dissoziationsgleichgewichten wird k oft die Dissoziationskonstante genannt. (6) zeigt, daß α bei Verminderung von C steigt. In solchen Fällen, wo

1 Mol des ursprünglichen Stoffes bei vollständiger Dissoziation nicht 2 Mol Dissoziationsprodukte bildet, erhält man etwas andere Formeln als (6). Aber auch dann steigt α immer bei Verminderung von C.

e) Das heterogene Gleichgewicht. Man spricht von homogenem Gleichgewicht, wenn alle teilnehmenden Komponenten sich in der gleichen homogenen Phase befinden. Wenn eine oder mehrere Komponenten, die an diesem Gleichgewicht beteiligt sind, auch mit anderen Phasen im Gleichgewicht stehen, spricht man von *heterogenem Gleichgewicht.* Wenn die Stoffe in den anderen Phasen reine Stoffe sind (diese Phasen dürfen also keine Lösungen sein), so werden die Aktivitäten dieser Stoffe = 1 gesetzt. Für das Dissoziationsgleichgewicht von z. B. Kalziumkarbonat $CaCO_3 = CaO + CO_2$, an dem $CaCO_3$ und CaO als feste reine Stoffe teilnehmen, nimmt demnach (2) bei konstanter Temperatur die Form $a_{CO_2} = K$ an. Wenn der CO_2-Druck nicht zu hoch ist, gilt angenähert $p_{CO_2} = K$. Bei konstanter Temperatur ist also der Kohlensäuredruck des Karbonats (*Dissoziationsdruck*) konstant.

Gleichgewichte, die sich zwischen einer flüssigen und einer festen Phase einstellen, werden später im Zusammenhang mit der Löslichkeit der Elektrolyte (14c) behandelt werden. Auch in solchen Fällen geht man von (2) aus, wobei die Aktivität der festen Phase = 1 gesetzt wird. Oft ist dabei die Annahme erlaubt, daß die feste Phase an der Reaktion erst teilnimmt, wenn sie in die flüssige Phase übergeht (in Lösung geht). Solange eine feste Phase vorhanden ist, die mit der flüssigen Phase in Berührung steht, ist letztere in Hinsicht auf die feste Phase gesättigt. Die Konzentration der festen Phase ist unter dieser Bedingung während der Reaktion stets konstant.

Auch bei Gleichgewichten zwischen einer flüssigen Lösung und einer gasförmigen Phase bei konstantem Druck ist, wie leicht einzusehen ist, die Konzentration jeder Gaskomponente in Lösung konstant, und zwar gleich der Löslichkeit der Komponente in der Flüssigkeit bei der betreffenden Temperatur bzw. dem betreffenden Partialdruck. Ein Beispiel aus dem Analysengang ist die Ausfällung von Sulfiden mit gasförmiger H_2S. Wenn H_2S unter konstantem Partialdruck mit der Flüssigkeitsoberfläche in Berührung steht oder unter konstantem Partialdruck durch die Flüssigkeit geleitet wird, kann man die H_2S-Konzentration in letzterer als konstant ansehen.

In der analytischen Chemie arbeitet man häufig mit heterogenen Gleichgewichten. Bei einer Trennung handelt es sich oft darum, daß ein Stoff als feste Phase ausgefällt oder als Gas weggekocht wird. Die Endlage des resultierenden Gleichgewichtes ist für die Vollständigkeit der Trennung ausschlaggebend und ihrerseits eine Funktion der Löslichkeit der festen Phase bzw. der Gasphase in der Flüssigkeit.

f) Gleichgewicht und Reaktionsgeschwindigkeit Bei allen Gleichgewichtsproblemen ist zu beachten, daß die Geschwindigkeit einer Reaktion so gering sein kann, daß die Gleichgewichtslage äußerst langsam erreicht wird, oder daß die zum Gleichgewicht führende Reaktion überhaupt nicht festgestellt werden kann (*Reaktionshemmung*). In einigen Fällen wird das Gleichgewicht in Gegenwart von Katalysatoren (siehe unten) rascher erreicht, in anderen Fällen kann man dagegen nur auf Umwegen nachweisen, daß das System unstabil ist. Bei analytischen Arbeiten ist es von Bedeutung, daß sich Gleichgewichte in heterogenen Systemen oft nur sehr langsam einstellen, eine Erscheinung, die durch die langsame Diffusion an den Phasengrenzen verursacht wird.

Die Geschwindigkeit einer Reaktion steigt bei steigender Temperatur. Dieser Satz gilt ganz allgemein. Durch Temperaturerhöhung wird also das Gleichgewicht schneller erreicht. Außerdem kann die Geschwindigkeit durch gewisse Stoffe stark beeinflußt werden, die bei der Reaktion selbst entweder nicht verbraucht werden oder deren Menge zumindest dadurch konstant bleibt, daß sie wieder neu gebildet werden. Solche Stoffe nennt man *Katalysatoren* und den Vorgang selbst *Katalyse*. Bei Geschwindigkeitserhöhung spricht man von *positiver Katalyse*, oder oft nur von Katalyse, bei Geschwindigkeitsverringerung von *negativer* Katalyse.

In gewissen Fällen wird die Reaktionsgeschwindigkeit von den bei der Reaktion gebildeten Produkten katalytisch beeinflußt. Man spricht dann von *Autokatalyse*.

Ein Katalysator verändert also die Geschwindigkeit, mit der eine Reaktion der Gleichgewichtslage zustrebt, *die Gleichgewichtslage selbst wird dagegen vom Katalysator nicht beeinflußt.*

Übungsbeispiele zu Kapitel 2 [1])

1. Bei der Esterbildung nach der Formel $C_2H_5OH + HAc = C_2H_5Ac + H_2O$ zeigt es sich, daß bei äquivalenten Alkohol- und Säuremengen dann Gleichgewicht eintritt, wenn zwei Drittel der Mischung zu Ester und Wasser umgesetzt sind. Berechne die Gleichgewichtskonstante.

2. Bei der Untersuchung des Gleichgewichtes $H_2 + J_2 = 2\,HJ$ wurden 1 Mol H_2 und 1 Mol J_2 in einem Gefäß von 1 Liter Volumen auf 450° erhitzt. Dabei wurden 1,56 Mol HJ gebildet. Wie viel HJ bildet sich, wenn 1 Mol H_2 mit 2 Mol J_2 unter sonst gleichen Bedingungen erhitzt werden?

3. Für das Gleichgewicht $PCl_5 = PCl_3 + Cl_2$ ist bei 250° $k = 0{,}0414$.

a) 1 Mol PCl_5 wird in einem luftleeren Gefäß von 1 Liter Volumen auf 250° erhitzt. Wie groß ist der Dissoziationsgrad?

b) Wie groß ist der Dissoziationsgrad, wenn das Volumen unter den gleichen Bedingungen wie oben auf 0,5 l vermindert wird?

4. Berechne die Gleichgewichtskonstante bei 1120° für die Reaktion $CO_2 + H_2 = CO + H_2O$, wenn bei dieser Temperatur und Atmosphärendruck Wasserdampf zu 0,0083% in Wasserstoff und Sauerstoff dissoziiert ist und Kohlendioxyd zu 0,0144% in Kohlenoxyd und Sauerstoff.

---

[1]) Wenn nicht anders angegeben, wird in diesen und den übrigen Übungsbeispielen eine Temperatur von 25° C vorausgesetzt. Die Abweichung des Aktivitätsfaktors von 1 ist nur dann zu berücksichtigen, wenn aus dem Zusammenhang hervorgeht, daß dies zu geschehen hat. Konstanten, die in den Tabellen des Buches enthalten sind, werden in den Beispielen in der Regel nicht angegeben.

3. KAPITEL

DIE CHEMISCHE BINDUNG

Infolge der Schwierigkeit, die eine elementare Darstellung der heutigen Auffassung von der Natur der chemischen Bindung bereiten würde, kann die Behandlung dieser Frage nur ganz schematisch erfolgen.

a) Ionenbindung. Eine Bindung, die durch elektrostatische Anziehung von Ionen entgegengesetzter Ladung zustande kommt, wird *Ionenbindung* (oder auch *polare bzw. heteropolare Bindung*) genannt. Diese Bindung ist vor allem für Salze charakteristisch und kann durch die bei NaCl herrschenden Verhältnisse erläutert werden. Die Bausteine eines NaCl-Kristalls sind die beiden Ionenarten Na^+ und Cl^-. Daß sich diese Ionen bei der Vereinigung von Na und Cl bilden, beruht darauf, daß Na die ausgesprochene Tendenz hat, 1 Elektron abzugeben und dadurch in Na^+ überzugehen, während Cl bestrebt ist, 1 Elektron aufzunehmen und dadurch in Cl^- überzugehen. Verbindet sich Na mit Cl, so geht daher ein Elektron von Na auf Cl über, wodurch die entsprechenden Ionen gebildet werden. Im NaCl-Kristall befinden sich jedoch keine NaCl-Moleküle. Das geht aus Fig. 1 hervor, in der ein Teil des «*Kristallgitters*» eines NaCl-Kristalls dargestellt ist.

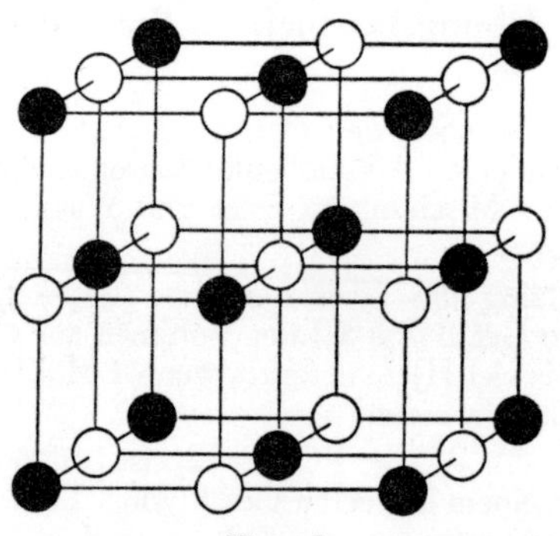

Figur 1

Jedes Na^+ ist oktaedrisch von 6 Cl^- umgeben, die alle im gleichen Abstand von Na^+ sind. Auf die gleiche Weise ist jedes Cl^- oktaedrisch von 6 Na^+ umgeben. Kristallgitter, die auf diese Weise aus Ionen aufgebaut sind, ohne daß Moleküle nachgewiesen werden können, nennt man *Ionengitter*. Alle typischen Salze kristallisieren in Ionengittern. Ein Ion kann natürlich aus mehreren Atomen aufgebaut sein, die ihrerseits von Kräften anderer Art zusammengehalten werden, aber die zwischen den Ionen herrschenden Kräfte sind elektrostatischer Natur und führen bei der Kristallisation nicht zur Molekülbildung. Ein Gitter von

KNO_3 ist somit aus K^+ und NO_3^- aufgebaut, enthält aber keine KNO_3-Moleküle.

Wie aus dem folgenden Kapitel hervorgeht, treten auch in Lösungen typischer Salze keine Moleküle auf. Dagegen können bei Salzen, die sich in Gasform befinden, Moleküle nachgewiesen werden, obwohl die Bindungen auch hier hauptsächlich Ionenbindungen sind.

b) Kovalente Bindung. In diesem Fall wird die Bindung von je einem Elektron der beiden aneinander gebundenen Atome vermittelt. Wenn zwei gleichartige Atome auf diese Weise miteinander verbunden sind (z. B. in den Molekülen H_2 und Cl_2), so gehören die beiden Bindungselektronen, die, wie man sagt, ein *Elektronenpaar* bilden, in gleicher Weise dem einen wie auch dem andern Atom an. Die beiden Atome haben in diesem Fall genau die gleiche Ladung, eine Tatsache, die die ebenfalls gebräuchliche Bezeichnung *unpolare Bindung* oder *homöopolare Bindung* rechtfertigt. Eine weitere Bezeichnung ist *Molekülbindung*. Formell kann die kovalente Bindung durch ein Elektronenpaar veranschaulicht werden, das sich zwischen den beiden Atomen befindet. Die Bindung kann auch durch zwei oder drei Elektronenpaare vermittelt werden. Man spricht dann von doppelter bzw. dreifacher Bindung. Ein Elektronenpaar entspricht also einem Valenzstrich in den klassischen Valenzstrichformeln.

Die kovalente Bindung führt häufig zu typischer Molekülbildung. In den meisten Fällen ist die Bindung der Metalloidatome von dieser Art. In der organischen Chemie sind daher kovalente Bindungen vorherrschend. Die auf diese Weise gebildeten Moleküle sind die Bausteine von Kristallgittern, die *Molekülgitter* genannt werden.

c) Übergangsformen zwischen Ionen- und kovalenter Bindung. Bei kovalenter Bindung von zwei Atomen gleicher Art gehören die Bindungselektronen, wie schon erwähnt, gleicherweise beiden Atomen an. Dadurch wird die Elektronenverteilung des Moleküls vollkommen symmetrisch. Der Schwerpunkt der positiven Ladung des Moleküls (Schwerpunkt der Atomkerne) fällt mit dem Schwerpunkt seiner negativen Ladung zusammen. Bei der Bindung von ungleichartigen Atomen werden dagegen die Bindungselektronen mehr zu dem einen als zu dem anderen Atom gezogen. Die negative Ladung wird also gegen eines der beiden Atome verschoben. Der Schwerpunkt der positiven Ladung fällt nicht mehr mit dem der negativen Ladung zusammen, und das Molekül bekommt einen mehr oder weniger polaren Charakter. Die Bindung kann in diesem Fall als eine Übergangsform von einer kovalenten zu einer Ionenbindung angesehen werden. Würden die Bindungselektronen vollständig zu dem einen Atom hinübergezogen werden, so entstünde eine typische Ionenbindung. Es gibt daher keine scharfe Grenze zwischen Ionen- und kovalenter Bindung, obwohl man den vorherrschenden Charakter der Bindung häufig feststellen kann.

Die Bindung eines HCl-Moleküls hat z. B. hauptsächlich den Charakter einer kovalenten Bindung. Hier gehören jedoch die Bindungselektronen mehr Cl als H an, wodurch Cl negativer als H wird. Infolge der ungleichen Ladungsverteilung bildet das im ganzen neutrale Molekül einen sog. *Dipol*, der sich in einem elektrischen Feld auf eine bestimmte Weise zu orientieren trachtet.

Eine unsymmetrische Ladungsverteilung herrscht sicher auch in den beiden C—O-Bindungen von CO_2, das die Konfiguration O C O hat. Da die drei Atome jedoch auf einer Geraden liegen und die beiden C—O-Bindungen gleichartig sind, ist das C-Atom immer der Schwerpunkt sowohl der positiven Ladungen (Atomkerne) wie auch der negativen Ladungen, unabhängig von der Verschiebung der letzteren. CO_2 hat daher keinen Dipolcharakter.

H_2O ist dagegen ein Dipol. Die Konfiguration ist hier H ^{O} H mit einem Winkel von 105° zwischen den zwei O—H-Richtungen. In jeder der beiden O—H-Bindungen sind die Bindungselektronen gegen das O-Atom verschoben, und die Winkelstruktur bewirkt, daß dadurch der Schwerpunkt der negativen Ladung des Moleküls dem O-Atom näher kommt als der Schwerpunkt der positiven Ladung.

Auch NH_3 hat Dipolcharakter. Hier liegen die drei H-Atome in den Ecken der Grundfläche einer dreiseitigen Pyramide, deren Spitze das N-Atom bildet. Längs jeder der drei N—H-Bindungen ist die negative Ladung in der Richtung gegen das N-Atom verschoben. Diese Verschiebungen haben zur Folge, daß der Schwerpunkt der negativen Ladung näher dem N-Atom zu liegen kommt als der Schwerpunkt der positiven Ladung.

Für die Beurteilung von Bindungen innerhalb eines Moleküls ist es ohne Bedeutung, ob das Molekül als Ganzes ungeladen oder geladen ist. Das bereits Gesagte wie auch die folgenden Ausführungen beziehen sich also sowohl auf ungeladene wie auch auf geladene Moleküle, d. h. Ionen.

d) Ionen-Dipolbindung. Trotz dem Fehlen einer Totalladung kann ein Dipol von Ionen dadurch gebunden werden, daß sein positiver bzw. negativer Teil von Ionen entgegengesetzter Ladung angezogen wird (*Ionen-Dipolbindung*). Somit umgibt sich ein positives Ion in wäßriger Lösung mit H_2O-Molekülen. Die Ladungsverteilung innerhalb des H_2O-Moleküls bewirkt, daß das O-Atom dem positiven Ion zugekehrt ist, während die H-Atome von ihm abgewendet sind. Wahrscheinlich sind alle Ionen in wäßriger Lösung auf die gleiche Weise von mehr oder weniger lose gebundenen H_2O-Molekülen umgeben. Sie sind, wie man sagt, *hydratisiert*. Da das H_2O-Molekül als Ganzes ungeladen ist, trägt das hydratisierte Ion die gleiche Totalladung wie das unhydratisierte.

In der wäßrigen Lösung eines Ni^{2+}-Salzes gibt es also keine freien Ni^{2+}-Ionen, sondern nur Hexaquonickel(II)ionen $Ni(H_2O)_6{}^{2+}$. Bei der Kristallisation z. B. einer $NiSO_4$-Lösung folgt die H_2O-Hülle ins Kristallgitter mit und kann die Bildung des kristallwasserhaltigen Salzes $NiSO_4$, 6 H_2O zur Folge haben, das daher auch $[Ni(H_2O)_6]SO_4$ geschrieben werden kann. Die gegenseitige Bindung der Ionen $Ni(H_2O)_6{}^{2+}$ und $SO_4{}^{2-}$ im Kristallgitter kann als eine gewöhnliche Ionenbindung gelten. Vielfach ist die Zahl der gebundenen H_2O-Moleküle unbekannt. Oft folgen bei der Kristallisation nicht alle oder überhaupt keine H_2O-Moleküle mit, in anderen Fällen kann das Gitter Kristallwasser enthalten, das auf andere Weise gebunden ist. Aus einer $NiSO_4$-Lösung können sich auch Kristalle von der Zusammensetzung $NiSO_4$, 7 H_2O bilden, in denen wie oben jedes Ni^{2+}-Ion von 6 H_2O umgeben ist, während das siebente H_2O-Molekül weiter vom Ni^{2+}-Ion entfernt ist. Andere bekannte Beispiele hydratisierter Ionen sind $Al(H_2O)_6{}^{3+}$, $Fe(H_2O)_6{}^{3+}$, $Co(H_2O)_6{}^{2+}$, $Cr(H_2O)_6{}^{3+}$, $Cu(H_2O)_4{}^{2+}$ und $Ag(H_2O)_2{}^{+}$. In der Regel schreibt man die Formel der Ionen einfachheitshalber ohne Hydratwasser, in gewissen Fällen dagegen, wo Ionen dieser Art als Säuren auftreten, muß die Hydratisierung beachtet werden (6b).

NH_3 wird in der Regel durch Ionen-Dipolbindung stärker gebunden als H_2O. Setzt man NH_3 einer Lösung zu, die Ag^+ enthält, so wird die H_2O-Hülle von Ag^+ durch NH_3 verdrängt, wobei hauptsächlich Silberdiamminionen $Ag(NH_3)_2{}^+$ gebildet werden. Während Cl^- die H_2O-Hülle unter Bildung von schwerlöslichem AgCl verdrängt, fällt es nur mit Schwierigkeit AgCl aus einer stark NH_3-haltigen Ag^+-Lösung.

e) Komplexbildung. Die oben genannten Aquo- und Amminionen sind typische Beispiele für das, was man seit langem *komplexe Verbindungen* oder auch kurz *Komplexe* nannte. Diese sind aus Ionen oder Molekülen aufgebaut (hier Metallionen und H_2O bzw. NH_3), die frei bestehen können und durch direkten Zusammenschluß einen Komplex bilden.

Das komplexe Ion $Ag(NH_3)_2{}^+$ bildet sich aus seinen Komponenten in zwei Stufen nach den Formeln

$$Ag^+ + NH_3 = AgNH_3{}^+ , \tag{1}$$

$$AgNH_3{}^+ + NH_3 = Ag(NH_3)_2{}^+ . \tag{2}$$

Nach dem Massenwirkungsgesetz gelten für diese zwei Gleichgewichte die Beziehungen

$$\frac{c_{AgNH_3^+}}{c_{Ag^+}\, c_{NH_3}} = k_1 , \tag{3}$$

$$\frac{c_{Ag(NH_3)_2^+}}{c_{AgNH_3^+}\, c_{NH_3}} = k_2 . \tag{4}$$

Die Gleichgewichtskonstanten k_1 und k_2 werden *Komplexkonstanten* des Systems genannt. Je größer der k-Wert ist, desto mehr sind diese Gleichgewichte nach rechts verschoben und desto stärker sind die Bindungen, die das betreffende Komplexion zusammenhalten. Die Komplexkonstante wird daher auch manchmal *Beständigkeitskonstante* genannt. In obigem Beispiel ist $k_1 = 2{,}1 \cdot 10^3$ und $k_2 = 6{,}8 \cdot 10^3$.

Früher hat mitunter der reziproke Wert der oben definierten Komplexkonstanten diesen Namen erhalten. Unsere Definition stimmt aber besser mit dem modernen Sprachgebrauch überein. Den reziproken Wert der Komplexkonstante bezeichnet man besser als Dissoziationskonstante.

Die Gleichgewichtsbedingungen bei dem stufenweisen Aufbau von komplexen Ionen sind lange nur sehr unvollständig bekannt gewesen. Deshalb hat man früher in der Regel die Gleichgewichtskonstanten nur für die Bruttoreaktionen angegeben, z. B.

$$Ag^+ + 2\,NH_3 = Ag(NH_3)_2{}^+ . \qquad (5)$$

Für diese Reaktion gilt

$$\frac{c_{Ag(NH_3)_2^+}}{c_{Ag^+}\, c^2_{NH_3}} = k = k_1\, k_2 , \qquad (6)$$

wobei k_1 und k_2 durch (3) und (4) definiert sind. Die Konstante k bestimmt zwar das Bruttogleichgewicht, aber da Ag^+ und NH_3 auch in dem intermediären Ion $AgNH_3{}^+$ enthalten sind, so kann man, obwohl die Totalkonzentrationen von Ag. und NH_3 bekannt sind, $c_{Ag(NH_3)_2^+}$ und c_{Ag^+} nicht einzeln berechnen. Das ist nur möglich, wenn sowohl k_1 als auch k_2 bekannt sind.

In vielen Fällen sind die Bindungskräfte eines Moleküls oder zusammengesetzten Ions so stark, daß eine Dissoziation des Moleküls oder Ions in der Lösung nicht nachgewiesen werden kann. Dies ist der Fall bei «gewöhnlichen» zusammengesetzten Ionen, wie $SO_4{}^{2-}$, $NO_3{}^-$, $CO_3{}^{2-}$. Früher hat man vielfach unter komplexen Molekülen oder Ionen nur solche verstanden, bei denen die Bindung so schwach ist, daß sie leicht gelöst werden kann. Zwischen diesen und den vorerwähnten gibt es jedoch Übergänge, z. B. die Ionen $Fe(CN)_6{}^{3-}$ und $Fe(CN)_6{}^{4-}$, so daß eine scharfe Grenze nicht gezogen werden kann. Man verwendet deshalb heute oft die Bezeichnung «komplex» einfach in der Bedeutung von «zusammengesetzt» ohne Rücksicht auf die Bindungsstärke. Dabei fordert man auch nicht, daß die einzelnen Bestandteile für sich bestehen und durch direkten Zusammenschluß das komplexe Molekül oder Ion bilden sollen.

Eine große Zahl schwerlöslicher Verbindungen von Metallionen und organischen Resten, die in der Fällungsanalyse auftreten, werden häufig als komplexe Verbindungen bezeichnet. Vom modernen Standpunkt aus gibt es jedoch keinen Grund, diese Verbindungen von anderen Molekülen zu unterscheiden. Die Bindung zwischen dem Metallion und dem organischen Rest kann verschiedener Art sein, hat aber oft ausgesprochen kovalenten Charakter.

Viele Moleküle und die meisten komplexen Ionen bestehen aus einem *Zentralatom*, das eine Anzahl anderer Atome oder Atomgruppen (*Liganden*) bindet (*koordiniert*). Mitunter enthält das Molekül oder Ion mehrere Zentralatome. Die Anzahl der Liganden wird die *Koordinationszahl* des Zentralatoms genannt.

In vielen Fällen kann man beobachten, daß das Zentralatom deutlich bestrebt ist, eine bestimmte maximale Koordinationszahl zu erreichen. Besonders dann, wenn die Liganden durch elektrostatische Kräfte an das Zentralatom gebunden sind, wird die maximale Koordinationszahl hauptsächlich durch das Größenverhältnis des Zentralatoms und der Liganden bestimmt. Die Bedingung dafür, daß ein Zentralatom X eine bestimmte Anzahl von Atomen Y koordinieren kann, ist, daß alle Y-Atome gleichzeitig mit X in Berührung kommen können. Je größer das Verhältnis der Radien r_X/r_Y ist, desto größer kann daher die Koordinationszahl sein. Die gewöhnlich auftretenden Zahlen sind 2, 3, 4, 6, 8. Oben begegneten wir z. B. den Zahlen 2, 4 und 6 bei den Ionen $Ag(NH_3)_2^+$, $Cu(H_2O)_4^{2+}$ und $Co(H_2O)_6^{2+}$. Bei der Koordinationszahl 8 liegt das Zentralatom in der Mitte und die Liganden in den Ecken eines Würfels (kubische Koordination). Die Koordinationszahl 6 entspricht einer oktaedrischen und die Zahl 4 entweder einer tetraedrischen oder einer quadratischen Koordination.

Wenn kovalente Kräfte bei der Bindung der Liganden an das Zentralatom stärker beteiligt sind, so beruht die Koordination auch auf bestimmten Eigenschaften der Elektronenhülle des Zentralatoms. Auch hier können jedoch die Raumverhältnisse eine merkbare Rolle spielen.

Unter geänderten Bedingungen können natürlich bei einer bestimmten Atomart verschiedene Bindungstypen auftreten. Dieser Fall kann sogar an der gleichen Substanz beobachtet werden. Die violette Lösung von $CrCl_3$ enthält Hexaquochrom(III)ionen $Cr(H_2O)_6^{3+}$ und Chlorionen Cl^-. Aus dieser Lösung kristallisiert das violette Salz $[Cr(H_2O)_6]Cl_3$ aus, dessen Gitter aus diesen Ionen besteht. Setzt man der Lösung Ag^+ zu, so läßt sich die ganze Cl-Menge als AgCl fällen. Beim Erwärmen der Lösung werden zwei der im Komplexion koordinierten H_2O-Moleküle gegen Cl^- ausgetauscht, so daß das Ion $Cr(H_2O)_4Cl_2^+$ entsteht. Aus der Lösung, deren Farbe dabei in Grün umschlägt, kristallisiert das grüne Salz $[Cr(H_2O)_4Cl_2]Cl, 2H_2O$. Der Gesamtwassergehalt des festen Salzes ist dabei gleichgeblieben, aber $2\,H_2O$ sind von $2\,Cl^-$ aus dem Komplexion verdrängt worden. Das Gitter besteht jetzt nebst diesen $2\,H_2O$ auch aus den Ionen $Cr(H_2O)_4Cl_2^+$ und Cl^-. Daß zwei von den drei Cl-Atomen jetzt mit kovalenter Bindung direkt an das zentrale Chromatom im Komplexion gebunden sind, geht daraus hervor, daß Ag^+ aus dieser grünen Lösung nur einen Drittel der totalen Cl-Menge als AgCl fällen kann.

f) Andere Bindungsarten. Der Vollständigkeit halber erwähnen wir hier außerdem die *metallische Bindung*, die das Entstehen der typischen Metalleigenschaften bedingt (Metallglanz, hohe Leitfähigkeit für Wärme und Elektrizität), ferner die Kräfte (*Van der Waalsschen Kräfte*), die zwischen Atomen oder Molekülen wirksam sind, auch wenn letztere weder geladen noch durch kovalente Bindung gebunden, noch Dipole sind. Die Van der Waalsschen Kräfte bewirken, daß auch solche Atome (z. B. Edelgasatome) oder Moleküle geordnete Kristallgitter bilden können.

4. KAPITEL

PROTOLYTE UND SALZE

a) Ältere Definitionen. Stoffe, die in reinem Zustand oder in Lösung elektrischen Strom unter Transport von Materie leiten, werden *Elektrolyte* genannt. Beim Stromdurchgang, *der Elektrolyse*, sind elektrisch geladene Moleküle – die *Ionen* – Träger des elektrischen Stroms. ARRHENIUS zeigte 1887, daß Elektrolytlösungen auch dann Ionen enthalten, wenn kein Strom durch die Lösung fließt. Die Elektrolyte wurden seit langem in *Säuren*, *Basen* und *Salze* eingeteilt. Säuren wurden als Elektrolyte definiert, deren Kation das Wasserstoffion H^+ ist, Basen als Elektrolyte, deren Anion das Hydroxylion OH^- ist. Als Salze wurden Elektrolyte bezeichnet, die aus einem Basenkation (Basenrest) und einem Säureanion (Säurerest) bestehen.

Diese Definition der Begriffe Säure und Base entspricht aber nur den Verhältnissen in wäßrigen Lösungen und bringt auch nicht den funktionellen Zusammenhang zwischen Säure und Base zum Ausdruck. Geht man nämlich bei der Definition von Säuren und Basen von den in Lösung auftretenden Ionen aus, so zeigt es sich, daß für jedes Lösungsmittel eine spezielle Definition gegeben werden muß. Die folgende Darstellung soll dies näher beleuchten.

b) Brönsteds Definition der Begriffe «Säure» und «Base». BRÖNSTED hat 1923 eine neue allgemeingültige Definition der Säuren und Basen aufgestellt, die immer größere Verbreitung gefunden und auch zur Klarlegung wichtiger Probleme beigetragen hat. Sie führt bei wäßrigen Lösungen zu einer einheitlicheren und einfacheren theoretischen Behandlung als die alte Definition und wird daher im folgenden ausschließlich benützt.

BRÖNSTEDS Definition geht von dem Schema aus:

$$\underset{\text{Säure}}{s} = \underset{\text{Base}}{b} + H^+ . \qquad (1)$$

Nach BRÖNSTED ist also eine *Säure eine Verbindung, die ein Wasserstoffion abgeben kann* (wobei eine Base gebildet wird), und eine *Base eine Verbindung, die ein Wasserstoffion aufnehmen kann* (wobei eine Säure gebildet wird); Säuren und Basen, die im gleichen Zusammenhang stehen wie s und b in der schematischen Beziehung (1), nennt BRÖNSTED *korrespondierend.*

Da das Wasserstoffion identisch mit dem positiv geladenen Kern des Wasserstoffatoms, dem *Proton*, ist, besteht die Säure-Basen-Funktion demnach in der Abgabe bzw. Aufnahme von Protonen. Deshalb faßt BRÖNSTED in seiner Definition Säuren und Basen unter dem Namen *Protolyte* zusammen. Eine Säure und eine Base, die korrespondieren, gehören dem gleichen *protolytischen System* oder *Protolytsystem* an. Man sagt auch, daß sie ein *Säure-Basen-Paar* bilden.

Gemäß dieser Definition besitzt eine Säure immer eine positive Ladung mehr als die korrespondierende Base. BRÖNSTED nimmt also keine Rücksicht darauf, ob die Protolyte neutrale Moleküle oder Ionen sind. Mit Hinblick auf die Ladung kann man daher von Neutral-, Kationen- oder Anionensäuren bzw. -basen sprechen.

Als Beispiele für korrespondierende Säuren und Basen können z. B. folgende Verbindungen genannt werden:

Säure		*Base*		
NH_4^+	=	NH_3	+	H^+
HAc	=	Ac^-	+	H^+
H_2CO_3	=	HCO_3^-	+	H^+
HCO_3^-	=	CO_3^{2-}	+	H^+

Obwohl H_2CO_3 und HCO_3^- hier scheinbar unabhängig voneinander als Säuren definiert werden, kann es oft aus praktischen Gründen vorteilhaft sein, H_2CO_3 so wie früher als eine zweiwertige (zweibasische) Säure zu bezeichnen. In Lösungen mehrwertiger Säuren sind nämlich die verschiedenen Stadien der Protonenabspaltung voneinander abhängig. Das Entsprechende gilt von mehrwertigen Basen, z. B. CO_3^{2-}.

Jedes Ion, das bei der Protonenabspaltung einer mehrwertigen Säure intermediär auftritt (z. B. HCO_3^-) kann, wie aus dem oben Gesagten hervorgeht, sowohl als Säure wie auch als Base reagieren. Ein Molekül oder Ion, das sowohl als Säure wie auch als Base reagieren kann, hat *amphotere* Eigenschaften und wird *Ampholyt* genannt.

c) Die Protolyse. Reaktionen, die Schema (1) bzw. den genannten Beispielen entsprechen, können jedoch nicht isoliert vor sich gehen. Das Proton kann nämlich unter diesen Umständen nicht frei existieren und kann daher nur abgespalten werden, wenn es augenblicklich an ein anderes Molekül oder Ion gebunden wird. Da letzteres wegen der Protonenaufnahme definitionsgemäß eine Base ist, müssen mindestens zwei protolytische Systeme gleichzeitig vorliegen. Man erhält also für die Reaktionen in diesen beiden und für die Summe der Reaktionen schematisch:

$$\begin{array}{rcl} s_1 & = & b_1 + H^+ \\ H^+ + b_2 & = & s_2 \\ \hline s_1 + b_2 & = & b_1 + s_2 \end{array} \qquad (2)$$

Jedes wirkliche Säure-Basen-Gleichgewicht ist also die Folge einer Protonenverteilung zwischen mindestens zwei protolytischen Systemen. Die Reaktion (2) wird als *protolytische Reaktion* oder *Protolyse* bezeichnet und das Gleichgewicht als *Protolysengleichgewicht*. Alle Säure-Basen-Reaktionen, die nach der klassischen

Terminologie mit verschiedenen Namen bezeichnet werden, z. B. als Dissoziation von Säuren und Basen, als Hydrolyse, Neutralisation usw., verlaufen nach Schema (2).

Aus all dem geht hervor, daß eine Säure nur in einem Lösungsmittel protolysieren (dissoziieren) kann, das Protonen aufzunehmen vermag, d. h. eine Base ist, und daß eine Base nur in einem Lösungsmittel protolysieren kann, das Protonen abgeben kann, d. h. eine Säure ist.

In einem Lösungsmittel ohne basische Eigenschaften, z. B. Benzol, kann also eine Säure keine Ionen bilden, sondern ist in Molekülform gelöst. Wird auch eine Base in Benzol gelöst, so tritt sofort eine protolytische Reaktion zwischen der Säure und der Base ein. Die «saure», d. h. protonenabgebende Tendenz der Säure kann sich also erst bei Gegenwart einer Base geltend machen.

Wasser protolysiert sowohl Basen als auch Säuren und muß daher sowohl als Säure wie auch als Base reagieren können. Das Wasser verhält sich als Säure nach

$$\underset{\textit{Säure}}{H_2O} = \underset{\textit{Base}}{OH^-} + H^+ \tag{3}$$

und als Base nach

$$\underset{\textit{Base}}{H_2O} + H^+ = \underset{\textit{Säure}}{H_3O^+}\,. \tag{4}$$

Beim Lösen einer Base in Wasser reagiert dieses also nach (3), beim Lösen einer Säure dagegen nach (4). Verschiedene andere Lösungsmittel besitzen einen analogen amphoteren Charakter.

Wird z. B. Essigsäure in Wasser gelöst, so erfolgt der Protonenübergang nach den Formeln:

$$\underset{s_1}{HAc} = \underset{b_1}{Ac^-} + H^+$$

$$H^+ + \underset{b_2}{H_2O} = \underset{s_2}{H_3O^+}$$

die im Endresultat eine protolytische Reaktion entsprechend der summarischen Formel

$$\underset{s_1}{HAc} + \underset{b_2}{H_2O} = \underset{b_1}{Ac^-} + \underset{s_2}{H_3O^+} \tag{5}$$

ergeben.

Was früher als «Dissoziation» der Essigsäure bezeichnet wurde, ist also in Wirklichkeit das Resultat einer Protolyse, bei der die Ionen Ac^- und H_3O^+ gebildet werden. In Übereinstimmung mit obigen Ausführungen existiert das Wasserstoffion oder Proton H^+ in Essigsäurelösungen ebensowenig wie in irgendwelchen anderen Lösungen. Was früher als Wasserstoffion betrachtet wurde und auch jetzt noch allgemein so genannt wird, ist das H_3O^+-Ion. Ein Ion, das wie dieses O als Zentralatom enthält, wird *Oxoniumion* genannt. In diesem speziellen Fall wird die Zusammensetzung durch die Bezeichnung *Hydroxoniumion* ausgedrückt, ein Name, den wir, einem sich immer mehr einbürgernden Sprachgebrauch folgend, in diesem Buch zu *Hydroniumion* verkürzen wollen.

Beim Lösen von Säuren in Wasser werden also immer Hydroniumionen gebildet. Diese binden sicherlich weitere H_2O-Moleküle durch Ionen-Dipolbindung, d. h. sie sind ihrerseits hydratisiert. Die Bindung zwischen H^+ und dem ersten H_2O-Molekül zu H_3O^+ ist jedoch stärker und wahrscheinlich von anderer Art als diese Ionen-Dipolbindungen.

Löst man eine Base, z. B. Ammoniak in Wasser, so reagiert letzteres nach (3) und es resultiert die protolytische Reaktion:

$$\underset{b_1}{NH_3} + \underset{s_2}{H_2O} = \underset{s_1}{NH_4^+} + \underset{b_2}{OH^-} . \tag{6}$$

Wie man also sieht, enthalten wäßrige Lösungen von Säuren Hydroniumionen, diejenigen von Basen dagegen Hydroxylionen. Das Vorhandensein dieser Ionen ist aber ausschließlich dadurch bedingt, daß sie mit dem Lösungsmittel Wasser korrespondierende Säuren bzw. Basen sind. In einem anderen Lösungsmittel treten ganz andere Ionen auf. Beispielsweise kann sich Äthylalkohol sowohl als Säure wie auch als Base nach den Formeln

$$\underset{\textit{Säure}}{C_2H_5OH} = \underset{\textit{Base}}{C_2H_5O^-} + H^+$$

$$\underset{\textit{Base}}{C_2H_5OH} + H^+ = \underset{\textit{Säure}}{C_2H_5OH_2^+}$$

verhalten.

Jede Lösung einer Säure in Äthylalkohol wird daher durch das Ion $C_2H_5OH_2^+$ charakterisiert, jede Lösung einer Base dagegen durch das Ion $C_2H_5O^-$. Das beweist wieder, daß, wenn die Definition von Säure und Base von den in Lösung vorkommenden Ionen ausgeht, eine spezielle Definition für jedes Lösungsmittel notwendig wird. BRÖNSTEDs Definition dagegen ist allgemein.

Bei den protolytischen Reaktionen (5) und (6) ist die dem Lösungsmittel zugesetzte Säure bzw. Base ungeladen. Werden geladene Säuren oder Basen zugesetzt, so erfolgen analoge Reaktionen. Ein Protolyt mit elektrischer Ladung, d. h. eine Ionensäure oder Ionenbase kann natürlich nur in Form eines Salzes zugesetzt werden. Wird z. B. NaAc in Wasser gelöst, so dissoziiert das Salz vollständig in das Natriumion Na^+, das kein Protolyt ist, und in die Anionenbase Ac^-, die ihrerseits zu der weiteren protolytischen Reaktion

$$\underset{b_1}{Ac^-} + \underset{s_2}{H_2O} = \underset{s_1}{HAc} + \underset{b_2}{OH^-} \tag{7}$$

Anlaß gibt.

Die Protolyse einer geladenen Säure erfolgt z. B., wenn NH_4Cl in Wasser gelöst wird. Die Kationensäure NH_4^+ protolysiert dabei folgendermaßen

$$\underset{s_1}{NH_4^+} + \underset{b_2}{H_2O} = \underset{b_1}{NH_3} + \underset{s_2}{H_3O^+} . \tag{8}$$

Die Protolyse geladener Protolyte wie in Beispiel (7) und (8) ist von jeher *Hydrolyse* genannt worden, unterscheidet sich aber nicht prinzipiell von der Protolyse ungeladener Protolyte, wie z. B. in (5) und (6).

Eine besonders wichtige geladene Base ist das Hydroxylion OH^-, dessen Basenfunktion durch (3) erläutert wird. Starke Basen in wäßriger Lösung sind nach der klassischen Definition vor allem die vollständig dissoziierten Metallhydroxyde. Nach BRÖNSTED sind diese Verbindungen keine Basen, sondern Salze. Z.B. dissoziiert KOH beim Lösen in Wasser vollständig in K^+, das kein Protolyt ist, und in OH^-. Der Verlauf ist prinzipiell der gleiche wie beim Lösen von NaAc in Wasser. Da hier aber OH^- die mit dem Lösungsmittel korrespondierende Base ist — eine Tatsache ohne jede prinzipielle Bedeutung —, ist die Protolyse mit der Bildung von OH^--Ionen in der Lösung beendet. Man kann sich vorstellen, daß die Reaktion formell nach (7) verläuft, wobei $b_1 = b_2$ und $s_1 = s_2$ zu setzen ist. Nach der neuen Definition stellt also das OH^--Ion die Base in der Lösung eines Hydroxydes dar.

Zu erwähnen ist noch, daß sich reine Protolysengleichgewichte in homogenen Systemen praktisch augenblicklich einstellen.

d) Salze. Als Konsequenz der BRÖNSTEDschen Säure- und Basendefinition *definieren wir ein Salz als eine Verbindung, die beim Auflösen in einem Lösungsmittel direkt in Ionen dissoziieren kann.* Dabei brauchen keine anderen Moleküle oder Ionen, die etwa dem Lösungsmittel oder anderen gelösten Stoffen angehören, durch Protonenaustausch mitzuwirken. Ein Salz dissoziiert also direkt in Ionen, die in der Lösung frei existieren können. Ob diese Ionen daraufhin in höherem oder minderem Maß noch mit anderen Molekülen oder Ionen reagieren, ist gleichgültig. NaAc ist deshalb ein Salz, weil es direkt in Na^+ und Ac^- dissoziieren kann. Daß Ac^- an sich eine Base ist und daher Protonen unter Bildung von HAc binden kann, ist für den Salzcharakter von NaAc vollkommen bedeutungslos.

In 3a wurde gezeigt, daß das Kristallgitter der meisten Salze aus Ionen aufgebaut ist, zwischen denen hauptsächlich elektrostatische Kräfte wirken. Moleküle gibt es in diesen Gittern nicht. Die meisten Salze sind also schon in festem Zustand vollständig dissoziiert. Es ist daher sehr unwahrscheinlich, daß beim Lösen eines solchen Salzes Moleküle gebildet werden sollten (zumindest in merklichem Grad), und Messungen zeigen auch, daß dies nicht der Fall ist. Verbindungen, wie diese typischen Salze, die in Lösungen beliebiger Konzentration vollständig in Ionen dissoziiert sind, werden *starke Elektrolyte* genannt.

Wenn außer den elektrostatischen Kräften auch kovalente Kräfte zwischen den Ionen einwirken, beginnt die Zahl der undissoziierten Moleküle in der Lösung zu steigen. Solche Elektrolyte, die also nur unvollständig dissoziiert sind, werden *schwache Elektrolyte* genannt. Im Kristallgitter schwacher Elektrolyte sind in der Regel Moleküle vorhanden (Molekülgitter).

Die Stärke der kovalenten Kräfte kann innerhalb weiter Grenzen variieren, d. h. von kaum meßbarer Größe bis zu einer Stärke, die eine elektrolytische Dissoziation unmöglich macht. Die Stärke der schwachen Elektrolyte ist daher äußerst verschieden, und eine scharfe Grenze zwischen starken und schwachen

Elektrolyten kann überhaupt nicht gezogen werden. Der Charakter eines Elektrolyts hängt auch vom Lösungsmittel ab. Die Natur des Lösungsmittels ist nämlich von großer Bedeutung für die Stärke der elektrostatischen Kräfte. Die elektrostatische Anziehung zwischen zwei ungleich geladenen Körpern ist umgekehrt proportional der Dielektrizitätskonstante des Mediums, das sich zwischen ihnen befindet. Je höher die Dielektrizitätskonstante des Lösungsmittels ist, desto kleiner wird die elektrostatische Anziehung zwischen den Ionen und desto größer die dissoziierende Wirkung des Lösungsmittels. Wasser hat eine sehr hohe Dielektrizitätskonstante, seine dissoziierende Wirkung ist daher besonders groß. Sind die kovalenten Kräfte schwach, so machen sie sich vielleicht nur in Lösungsmitteln mit kleiner Dissoziationswirkung geltend, können aber keine Molekülbildung in Lösungsmitteln mit großer Dissoziationswirkung, z. B. Wasser, verursachen. Der Elektrolyt kann also im ersten Fall «schwach», in letzterem aber «stark» sein.

Nur eine geringe Zahl von Salzen sind in wäßriger Lösung schwache Elektrolyte. Es handelt sich dabei ausnahmslos um Schwermetallsalze, vor allem um gewisse Hg- und Cd-Salze. So ist z. B. $HgCl_2$ ein schwacher Elektrolyt und kristallisiert auch dementsprechend in einem Molekülgitter.

5. KAPITEL

DIE LEITFÄHIGKEIT UND AKTIVITÄT VON ELEKTROLYTLÖSUNGEN

a) Die Leitfähigkeit. Wie im vorhergehenden Kapitel erwähnt wurde, enthält die wäßrige Lösung eines starken Elektrolyts fast ausschließlich freie Ionen. Man muß aber damit rechnen, daß sich ab und zu ungleich geladene Ionen durch elektrostatische Anziehung zu Ionenpaaren oder Ionenschwärmen vereinigen. Vor allem hat jedoch die elektrische Ladung der Ionen zur Folge, daß ein Ion in der Regel von mehr Ionen entgegengesetzter als von solchen gleicher Ladung umgeben ist. In dieser Hinsicht stimmt also die Verteilung der Ionen in der Lösung mit derjenigen im Kristallgitter überein. Diese gegenseitige elektrostatische Beeinflussung der Ionen wirkt auch auf deren Beweglichkeit ein, die geringer wird, je konzentrierter die Lösung ist. Die elektrische Leitfähigkeit per Mol gelösten Elektrolyts muß sich also bei steigender Elektrolytkonzentration vermindern. Man glaubte früher, daß dieses Verhalten darauf zurückzuführen sei, daß der Dissoziationsgrad des Elektrolyts bei steigender Konzentration abnimmt. Von DEBYE und HÜCKEL wurde 1923 die Einwirkung der Ionenanziehung auf die Leitfähigkeit quantitativ berechnet.

Auch in der Lösung eines schwachen Elektrolyts wird die Beweglichkeit der Ionen und somit auch die Leitfähigkeit durch elektrostatische Kräfte herabgesetzt. Hier kann jedoch die Ionenkonzentration nie sehr hoch werden, da der Dissoziationsgrad bei steigender Totalkonzentration sinkt. Die Wirkung der elektrostatischen Kräfte macht sich daher hier weniger geltend.

b) Die Aktivität. Die elektrostatischen Kräfte beeinflussen auch die Aktivität der Ionen. Die Aktivität der undissoziierten Moleküle wird dagegen in weit geringerem Grad beeinflußt, weil sie keine elektrische Ladung besitzen.

In einer unendlich verdünnten Lösung ist die Aktivität eines gelösten Stoffes definitionsgemäß gleich der Konzentration und daher der Aktivitätskoeffizient $f = 1$. Wenn die Ionenkonzentration der Lösung und daher auch die Menge der freien Ladungen erhöht wird, sinkt – wenigstens im Anfang – der f-Wert der Ionen. Bei neutralen Molekülen ändert sich f dagegen so wenig, daß man bei den folgenden Erörterungen, die nur approximativer Natur sind, mit einem konstanten f-Wert $= 1$ rechnen kann.

Es läßt sich zeigen, daß der f-Wert eines bestimmten Ions in verdünnter Lösung nahezu ausschließlich eine Funktion der *Ionenstärke* I der Lösung ist. Wenn eine Lösung die Ionenarten $A, B, C, \ldots$ mit den Ladungen $z_A, z_B, z_C, \ldots$ und den Konzentrationen $c_A, c_B, c_C, \ldots$ enthält, so wird ihre Ionenstärke durch den Ausdruck:

$$I = \tfrac{1}{2}(c_A z_A^2 + c_B z_B^2 + c_C z_C^2 + \cdots) = \tfrac{1}{2}\,\Sigma c z^2 \qquad (1)$$

definiert.

Daher ergibt sich für

0,01-C KCl, $I = \tfrac{1}{2}(0{,}01 + 0{,}01) = 0{,}01$
0,01-C $CaCl_2$, $I = \tfrac{1}{2}(0{,}01 \cdot 2^2 + 0{,}02) = 0{,}03$
0,01-C $MgSO_4$, $I = \tfrac{1}{2}(0{,}01 \cdot 2^2 + 0{,}01 \cdot 2^2) = 0{,}04$.

In einer Lösung, die 0,01 Mol KCl und 0,01 Mol $MgSO_4$ per Liter enthält, ist $I = 0{,}01 + 0{,}04 = = 0{,}05$.

Bei sehr niedrigen Ionenstärken (oft erst bei etwa $I = 0{,}01$ und darunter) beginnen die Ionenaktivitätskoeffizienten der von Debye und Hückel abgeleiteten Beziehung:

$$-\log f_i = 0{,}5\, z_i^2 \sqrt{I} \qquad (2)$$

zu gehorchen.

Hier bedeutet f_i den Ionenaktivitätskoeffizienten für ein Ion i mit der Ladung z_i. Der Faktor 0,5 gilt für Wasser als Lösungsmittel und eine Temperatur von 20° C.

Bei diesen kleinen Ionenstärken ist also der Aktivitätskoeffizient eines bestimmten Ions nur eine Funktion der Ladung des Ions und der Ionenstärke der Lösung. $-\log f_i$ wird größer bzw. f_i kleiner bei Zunahme von z_i und I. Daß die elektrostatische Einwirkung der Umgebung auf ein Ion um so größer wird, je höher dessen eigene Ladung ist, bedarf keiner weiteren Erklärung.

Wenn die f-Werte der Ionen eines starken Elektrolyts bei zunehmender Ionenstärke kleiner werden, so folgt daraus, daß sie bei steigender Konzentration des starken Elektrolyts ebenfalls kleiner werden müssen. Hiedurch werden u. a. der osmotische Druck, die Gefrierpunktserniedrigung und die Siedepunktserhöhung in solcher Weise beeinflußt, daß alle diese Effekte die ältere Auffassung – nämlich einer Abnahme des Dissoziationsgrades des starken Elektrolyts bei steigender Konzentration – scheinbar bestätigten.

Bei größeren Ionenstärken treten Abweichungen von (2) auf. Diese Abweichungen sind für nahezu alle Ionen individuell und wachsen in der Regel rasch mit der Ionenstärke. Besonders auffällig sind sie bei Ionen mit hoher Ladung, deren Aktivität auch bei konstanten Ionenstärke oft von der speziellen Natur anderer, in der Lösung vorhandener Ionen abhängt. Häufig passiert f bei hohen I-Werten ein Minimum und steigt dann bei noch weiterer Zunahme von I.

Es ist unmöglich, eine Formel aufzustellen, die eine allgemeingültige Berechnung der Ionenaktivitätskoeffizienten bei höheren Ionenstärken zuläßt. Immerhin gestattet die folgende Formel (3) eine recht gute Abschätzung der Verhältnisse, zumindest von I-Werten, die 0,1 nicht übersteigen:

$$-\log f_i = \frac{0{,}5\, z_i^2 \sqrt{I}}{1+\sqrt{I}}\,. \qquad (3)$$

Für kleine I-Werte geht (3) in (2) über. Tabelle 1 enthält eine Anzahl f_i-Werte, die nach (3) berechnet sind.

Tab. 1. f_i-Werte berechnet nach (3)

I	$z_i = 1$	$z_i = 2$	$z_i = 3$
0	1,00	1,00	1,00
0,001	0,97	0,87	0,73
0,002	0,95	0,82	0,64
0,005	0,93	0,74	0,51
0,01	0,90	0,66	0,40
0,02	0,87	0,57	0,28
0,05	0,81	0,43	0,15
0,1	0,76	0,33	0,1
0,2	0,70	—	—
0,5	0,62	—	—

Diese Werte werden später von Nutzen sein, wenn auf die Veränderlichkeit der Aktivitätskoeffizienten Rücksicht genommen werden muß. Zu allen wirklich exakten Berechnungen muß man jedoch für jeden einzelnen Fall spezielle absolut verläßliche f-Werte verwenden.

Angenommen, in einer Lösung bestehe das Gleichgewicht

$$lL + mM + \cdots = xX + yY + \cdots$$

wobei L, M, X, Y usw. geladen sein können. Auf dieses Gleichgewicht werden die Formeln 2(1) – 2(5) angewendet, in denen K immer konstant ist, während k von den Eigenschaften der Lösung, und zwar vor allem von der Ionenstärke abhängig ist. Kennt man die verschiedenen f-Werte der betreffenden Lösung, so kann man mit Hilfe der exakt geltenden Gleichung 2(4) die Gleichgewichtslage berechnen. Identisch damit ist es, k auf Grund von 2(5) unter den gegebenen Bedingungen zu berechnen und dann 2 (1) anzuwenden.

Bei der elektrolytischen Dissoziation eines neutralen Moleküls nach dem Schema $AB = A^+ + B^-$ gilt auf Grund von 2 (5):

$$k = K \frac{f_{AB}}{f_{A^+} f_{B^-}} . \tag{4}$$

Für $I = 0$ sind sämtliche f-Werte $= 1$ und demgemäß $k = K$. Bei steigenden Werten von I sinken f_{A^+} und f_{B^-}, während sich f_{AB} verhältnismäßig wenig ändert, weil AB keine Ladung besitzt. Da K eine wirkliche Konstante ist, muß daher k bei steigenden Werten von I größer werden.

Der Dissoziationsgrad eines schwachen Elektrolyts soll nach der klassischen Theorie unabhängig vom Gehalt der Lösung an solchen fremden Ionen sein, die mit den Ionen des Elektrolyts nicht reagieren können. Die Abhängigkeit der Größe k von der Ionenstärke zeigt jedoch, daß dies nicht der Fall ist. Es liege beispielsweise ein Elektrolyt einer bestimmten Totalkonzentration vor, der ein bestimmter Dissoziationsgrad entspricht. Wenn nun die Ionenstärke durch Zusatz fremder Ionen erhöht wird, die ursprüngliche Totalkonzentration des Elektrolyts dagegen unverändert bleibt, so ändert sich (d. h. steigt in der Regel) k und damit auch der Dissoziationsgrad des Elektrolyts. Derartige Änderungen von k bzw. dem Dissoziationsgrad wurden bereits zur Zeit der klassischen Dissoziationstheorie beobachtet und gewöhnlich als *Salzeffekt* bezeichnet. Eine zufriedenstellende Erklärung war aber erst nach Einführung des Aktivitätsbegriffes möglich. Die Änderung der Löslichkeit, die durch den Salzeffekt verursacht wird, soll erst in 14e behandelt werden.

Wenn man 2 (5) logarithmiert, die Bezeichnungen $\mathrm{p}k = -\log k$ und $\mathrm{p}K = -\log K$ einführt, und schließlich die log-f-Werte mit Hilfe von (3) eliminiert, erhält man für den einfachsten Fall, daß $l = m = x = y = 1$ ist:

$$\mathrm{p}k = \mathrm{p}K + \frac{0{,}5\,(z_L^2 + z_M^2 - z_X^2 - z_Y^2)\sqrt{I}}{1+\sqrt{I}}\,. \tag{5}$$

Beziehungen wie (5) sind für die Abschätzung von $\mathrm{p}k$ oft recht bequem, sofern die Gültigkeit von (3) vorausgesetzt werden kann. Sie ermöglichen eine gute Beurteilung der Abhängigkeit von $\mathrm{p}k$ von den Ladungen der verschiedenen Ionen. Wenn die Quadratsummen der Ionenladungen auf beiden Seiten der Reaktionsformel gleich sind, so wird das letzte Glied in (5) $= 0$, somit $\mathrm{p}k = \mathrm{p}K$ und damit unabhängig von I, natürlich unter der Voraussetzung, daß sämtliche f-Werte der Formel (3) gehorchen. Wenn dagegen die Quadratsumme der rechten Seite größer als die der linken Seite ist (wie im Fall $AB = A^+ + B^-$) dann sinkt $\mathrm{p}k$ (k steigt also) bei steigender Ionenstärke und umgekehrt.

Bei der Ableitung von weiteren Formeln soll im folgenden das Massenwirkungsgesetz der Einfachheit halber hauptsächlich nach Formel 2 (1) angewendet werden. In den Tabellen werden dagegen für Gleichgewichtskonstanten so weit als möglich die K-Werte angegeben. Bei groben Überschlagsrechnungen kann man bei einigermaßen verdünnten Lösungen die Formeln des Buches meistens direkt benützen und dabei annehmen, daß $k = K$, d. h. man kann die Abweichung der f-Werte von 1 ganz vernachlässigen. Bei genaueren Berechnungen muß man das Massenwirkungsgesetz in der exakten Form 2 (2) anwenden, oder die damit identische Gleichung 2 (4). In den vorliegenden Formeln wird dann k durch K und c durch $a = fc$ ersetzt. Die Werte von f werden so genau abgeschätzt, als es das Resultat erfordert. Für analytische Berechnungen genügt im allgemeinen Tabelle 1. Die für die Beurteilung von f erforderliche Berechnung der Ionenstärke kann in der Regel mit Hilfe von Ionenkonzentrationen ausgeführt werden, die in grober Überschlagsrechnung ermittelt werden. In einigen Fällen kann es bequemer sein, k aus 2 (5) zu berechnen (oder eventuell $\mathrm{p}k$ aus Beziehungen wie etwa (5)) und diesen Wert direkt in die vorliegenden Formeln einzusetzen.

Was die speziellen Bedingungen bei der Berechnung der k-Werte von Protolysengleichgewichten betrifft, wird auf 7d hingewiesen.

c) Die Wasserstoffionenaktivität. Obwohl meßbare Mengen freier Protonen (Wasserstoffionen) in Lösungen nicht nachgewiesen werden können, hat es sich doch als zweckmäßig erwiesen, den Begriff der Wasserstoffionenaktivität einzuführen. Wendet man das Massenwirkungsgesetz 2 (2) auf das Protolysenschema 4 (1) an, so folgt

$$\frac{a_{H^+}\, a_b}{a_s} = K_s \,. \tag{6}$$

Man kann hier, um den Wert von a_b und a_s festzulegen, die zugehörigen Standardzustände auf die gewöhnliche Weise definieren, nämlich daß f_b und f_s dem Grenzwert 1 zustreben, wenn c_b und c_s gegen 0 konvergieren. Da aber die Protonenkonzentration c_{H^+} in keiner Lösung meßbare Werte annimmt, kann die Definition des Standardzustandes, auf Grund dessen a_{H^+} bestimmt wird, nicht in gleicher Weise wie oben erfolgen. Man verfährt in diesem Falle so, daß man zunächst vom Gleichgewicht zwischen Hydroniumionen und Wasser ausgeht. Dieses Gleichgewicht lautet nach 4 (4) folgendermaßen:

$$\frac{a_{H_3O^+}}{a_{H_2O}\, a_{H^+}} = K \,.$$

Man hat sich jetzt dahin geeinigt, zur Festlegung von a_{H^+} den Standardzustand heranzuziehen, der durch die Bedingung $K=1$ definiert wird. Die Definition nimmt daher folgende Form an:

$$a_{H^+} = \frac{a_{H_3O^+}}{a_{H_2O}} \,. \tag{7}$$

Diese Beziehung gilt für alle wäßrigen Lösungen. Für Lösungen, die so verdünnt sind, daß $a_{H_2O} = 1$ gesetzt werden kann (siehe 2c), wird

$$a_{H^+} = a_{H_3O^+} \,. \tag{8}$$

In sehr verdünnten Lösungen wird ferner $a_{H_3O^+} = c_{H_3O^+}$ und infolgedessen

$$a_{H^+} = c_{H_3O^+} \,. \tag{9}$$

(9) kann auch bei weniger verdünnten Lösungen als Näherungsformel angewandt werden.

Die Protonenaktivität oder, wie man sich gewöhnlich ausdrückt, die *Wasserstoffionenaktivität* ist also, obwohl freie Protonen in Lösungen praktisch nicht vorhanden sind, ein thermondynamisch wohldefinierter Begriff. Im Gegensatz dazu ist die Wasserstoffionenkonzentration c_{H^+} eine Größe, der jede reale Bedeutung fehlt. Wo sie genannt wird, ist in Wirklichkeit immer nur die Hydroniumionenkonzentration $c_{H_3O^+}$ gemeint. Ebenso verhält es sich mit der Größe f_{H^+}, die in Wirklichkeit immer nur den Quotienten $a_{H^+} / c_{H_3O^+}$ darstellt.

Auf Grund der Definition (7) wird die Gleichgewichtskonstante K_s in (6), und die Gleichgewichtskonstante des wirklichen Protolysenvorganges $s + H_2O = b + H_3O^+$ miteinander identisch. Es wird nämlich

$$\frac{a_{H^+}\, a_b}{a_s} = \frac{a_{H_3O^+}\, a_b}{a_s\, a_{H_2O}} = K_s\,. \qquad (10)$$

Die Konstante K_s nennt man die *Dissoziationskonstante* der Säure s. Das ist zwar vom Standpunkt BRÖNSTEDS aus gesehen keine ganz adäquate Bezeichnung, aber der an erster Stelle stehende Ausdruck in Gleichung (10) entspricht immerhin einem Vorgang, den man formell als einfache Dissoziation von s betrachten kann. Da die Größe a_{H^+}, wie wir auch in 6c sehen werden, für die exakte Berechnung von Protolysengleichgewichten (wie übrigens auch für die exakte Definition des pH-Begriffes) ausschlaggebend ist, wendet man bei derartigen Berechnungen in der Regel die Schreibweise des an erster Stelle von (10) stehenden Ausdruckes an. Bei Anwendung des Massenwirkungsgesetzes in dessen genähert gültigen Form muß man dagegen, um die Größe c_{H^+} zu vermeiden, von dem an zweiter Stelle stehenden Ausdruck ausgehen und hierauf die Aktivitäten gegen die Konzentrationen austauschen. Die Berechnung bezieht sich dann auf einen wirklichen Protolysenvorgang.

Übungsbeispiele zu Kapitel 5

1. Die Ionenstärke einer NaCl-Lösung ist 0,24.

a) Wie groß ist die Konzentration der Lösung?

b) Welche Konzentration von Na_2SO_4, bzw. $MgSO_4$ ergibt die gleiche Ionenstärke?

2. Berechne mit Hilfe der Beziehung (3) a_{K^+}, a_{Cl^-} und $a_{SO_4^{2-}}$ in einer gemischten KCl/K_2SO_4-Lösung, deren KCl-Konzentration = 0,02 C und deren K_2SO_4-Konzentration = 0,01 C ist.

6. KAPITEL

DIE AUTOPROTOLYSE DES WASSERS DIE STÄRKE DER PROTOLYTE

a) Die Autoprotolyse und das Ionenprodukt des Wassers. Wenn eine reine Flüssigkeit den elektrischen Strom leitet, so muß sie, wenn man das Vorhandensein frei beweglicher Elektronen (metallische Leitung) ausschließt, Ionen enthalten. Geschmolzene Salze sind in der Regel stark dissoziiert und besitzen daher gute Leitfähigkeit. Bei anderen reinen Flüssigkeiten beruht dagegen das Vorhandensein von Ionen auf protolytischen Reaktionen innerhalb der Flüssigkeit. Voraussetzung dafür, daß eine reine Flüssigkeit protolysieren kann, ist, daß sie sowohl als Säure wie auch als Base reagieren kann, d. h. daß sie ein Ampholyt ist. Eine derartige Protolyse zwischen zwei Molekülen der gleichen Verbindung wird *Autoprotolyse* genannt.

Eine Reihe von Lösungsmitteln hat amphoteren Charakter und weist deshalb infolge von Autoprotolyse elektrische Leitfähigkeit auf. Wasser reagiert sowohl als Säure wie auch als Base nach 4 (3) und 4 (4) und sein Autoprotolysengleichgewicht, das man durch Addition dieser Formeln erhält, ist

$$\underset{s_1}{H_2O} + \underset{b_2}{H_2O} = \underset{b_1}{OH^-} + \underset{s_2}{H_3O^+} \,. \qquad (1)$$

Reines Wasser enthält also H_3O^+- und OH^--Ionen in gleicher Konzentration.

Wird 2(1) auf dieses Gleichgewicht angewandt, so erhält man

$$\frac{c_{H_3O^+}\, c_{OH^-}}{c^2_{H_2O}} = k \,.$$

In jeder verdünnten Lösung kann die Konzentration des Wassers als konstant angesehen werden. Man kann daher schreiben:

$$c_{H_3O^+}\, c_{OH^-} = c^2_{H_2O}\, k = k_w \,. \qquad (2)$$

Dieser Ausdruck gibt also den Zusammenhang zwischen $c_{H_3O^+}$ und c_{OH^-} in jeder verdünnten wäßrigen Lösung an. In reinem Wasser ist nach (1) und (2)

$$c_{H_3O^+} = c_{OH^-} = \sqrt{k_w} \,. \qquad (2a)$$

k_w, das *Ionenprodukt* des Wassers genannt, folgt aus dem Massenwirkungsgesetz in dessen ursprünglicher Form 2 (1) und ist infolgedessen keine wirkliche Konstante. Eine wirkliche Konstante für die Autoprotolyse des Wassers wird dagegen durch den Ausdruck

$$\frac{a_{H_3O^+} a_{OH^-}}{a^2_{H_2O}} = K_w \qquad (3)$$

definiert, der unter Berücksichtigung von 5 (7) folgende Form annimmt:

$$\frac{a_{H^+}\, a_{OH^-}}{a_{H_2O}} = K_w\,. \qquad (3a)$$

In Übereinstimmung mit den Ausführungen in 5c kann man K_w die (elektrolytische) Dissoziationskonstante des Wassers nennen. Handelt es sich um so verdünnte Lösungen, daß $a_{H_2O} = 1$ gesetzt werden kann (vgl. 2c), so geht (3a) in

$$a_{H^+}\, a_{OH^-} = K_w \qquad (4)$$

über.

Auch K_w wird als Ionenprodukt des Wassers, oder zur besseren Unterscheidung von k_w, als Ionenaktivitätsprodukt des Wassers bezeichnet. Für reines Wasser folgt

$$a_{H^+} = a_{OH^-} = \sqrt{K_w}\,. \qquad (5)$$

In Tabelle 2 sind K_w-Werte von Wasser bei verschiedenen Temperaturen zusammengestellt.

Tab. 2. Die Dissoziationskonstante des Wassers, K_w

Temp. °C	K_w	pK_w
0	$0{,}12 \cdot 10^{-14}$	**14,93**
15	$0{,}45 \cdot 10^{-14}$	**14,35**
20	$0{,}68 \cdot 10^{-14}$	**14,17**
25	$1{,}01 \cdot 10^{-14}$	**14,00**
30	$1{,}47 \cdot 10^{-14}$	**13,83**
50	$5{,}48 \cdot 10^{-14}$	**13,26**

In der Tabelle sind auch die zugehörigen pK_w-Werte entsprechend p$K_w = -\log K_w$ enthalten.

Für Zimmertemperatur wird oft auf $K_w = 10^{-14}$ abgerundet; somit ist p$K_w = 14$. Bei Überschlagsrechnungen kann $k_w = K_w$ und pk_w = pK_w gesetzt werden.

b) Die Stärke der Protolyte. Ein Maß für die Stärke einer Säure muß deren Tendenz charakterisieren als Säure zu reagieren, d. h. Protonen abzugeben. Ein relatives Maß dieser Tendenz erhält man, wenn man die Fähigkeit verschiedener Säuren mißt, Protonen an eine bestimmte Base abzugeben. Auf die gleiche Weise bestimmt man die relative Stärke von Basen durch die Messung ihrer Fähigkeit, Protonen von einer bestimmten Säure aufzunehmen. Aus der Definition 4 (1) von korrespondierenden Säuren und Basen folgt, daß die Stärke einer Säure umgekehrt proportional der ihrer korrespondierenden Base sein muß. Eine starke Säure korrespondiert also mit einer schwachen Base und umgekehrt.

Die Überlegung, daß sich die Stärke von Säuren und Basen durch deren Tendenz, Protonen abzugeben, bzw. aufzunehmen, messen läßt, soll auf die protolytische Reaktion zwischen der Säure s_1 und der Base b_2 nach dem Schema

$$s_1 + b_2 = b_1 + s_2$$

angewendet werden.

Angenommen, daß auf dieses Gleichgewicht das Massenwirkungsgesetz in der Form 2 (1) angewandt werden kann, so folgt

$$\frac{c_{b_1} c_{s_2}}{c_{s_1} c_{b_2}} = k \,. \tag{6}$$

k wird hier die *Protolysenkonstante* genannt. Die Gleichgewichtslage und folglich auch die Größe von k ist natürlich teils von der Tendenz von s_1, Protonen abzugeben, teils von der Tendenz von b_2, Protonen aufzunehmen, abhängig; k hängt also sowohl von der Stärke der Säure s_1 wie auch von der Stärke der Base b_2 ab und ist daher nicht nur als Maß für die Stärke der Säure, bzw. Base allein zu betrachten.

Nimmt die gleiche Säure s_1 an protolytischen Reaktionen mit einer Anzahl Basen b_2 verschiedener Stärke teil, (und zwar sollen der Einfachheit halber die Basen b_2 die Lösungsmittel sein, in denen s_1 gelöst ist), so sind die Protolysenkonstanten in den verschiedenen Lösungen ungleich. Da in allen Fällen die gleiche Säure s_1 vorliegt, sind diese Unterschiede nur durch die verschiedene Fähigkeit der Lösungsmittel, die Protonen der Säure aufzunehmen, d. h. durch die verschiedene Stärke der Basen bedingt. Je stärker basisch ein Lösungsmittel ist, desto mehr protolysiert die gelöste Säure und desto größer wird k. Als Beispiele können Lösungen von Ameisensäure in NH_3 (flüssig) und H_2O genannt werden. NH_3 ist eine bedeutend stärkere Base als H_2O, und wie zu erwarten, protolysiert (nach der älteren Auffassung «dissoziiert») Ameisensäure bedeutend stärker in NH_3 als in H_2O. In NH_3 gelöst ist Ameisensäure eine starke, in H_2O dagegen nur eine relativ schwache Säure.

Analog gilt für eine Base, daß ihr Protolysengrad von der Stärke der Säure abhängt, die an der protolytischen Reaktion teilnimmt.

Das Verhältnis von Säurenstärken kann man leicht dadurch bestimmen, daß man die Säuren mit der gleichen Base reagieren läßt. Wenn mehrere Säuren s_1 von der gleichen Base b_2 protolysiert werden, so sind ja die Werte der Protolysenkonstanten bei den verschiedenen Gleichgewichten ein relatives Maß für die Stärke der Säuren. Werden die Säuren von einer anderen Base protolysiert, so erhält man natürlich andere Protolysenkonstanten.

In ähnlicher Weise kann die relative Stärke von Basen dadurch bestimmt werden, daß man sie von der gleichen Säure protolysieren läßt. Beim früheren Beispiel der in NH_3 und H_2O gelösten Ameisensäure wird somit das Stärkeverhältnis der Basen NH_3 und H_2O durch die Protolysenkonstanten angegeben.

Meistens ist nur die relative Stärke von Säuren und Basen in Lösungen des gleichen Lösungsmittels von Interesse. Wenn das Lösungsmittel basischen Charakter hat, wählt man es in der Regel als gemeinsame protolysierende Base für alle Säuren. Die Säurekonstanten der Protolysengleichgewichte geben dann die relative Stärke der Säuren in diesem Lösungsmittel an. Analog wählt man ein Lösungsmittel mit sauren Eigenschaften als gemeinsame protolysierende Säure für die Definition der relativen Basenstärke.

Es sei hier besonders darauf hingewiesen, daß die relative Stärke von Protolyten in verschiedenen Lösungsmitteln sehr verschieden sein kann. Beim Übergang von einem Lösungsmittel zu einem andern kann sich ja das gesamte Milieu (z. B. die Dielektrizitätskonstante, die elektrischen Ladungen usw.) stark ändern und infolgedessen auch die Einwirkung auf Protolyte verschiedener Bauart sehr verschieden sein. Dabei kann sich sogar die für ein bestimmtes Lösungsmittel festgestellte Reihenfolge der Stärkeabstufungen ändern.

Im folgenden sollen ausschließlich wäßrige Lösungen behandelt werden. Wegen des amphoteren Charakters des Wassers wählt man die Protolyse in wäßriger Lösung zweckmäßigerweise als «Standardreaktion» für die Bestimmung der relativen Stärke sowohl von Säuren als auch von Basen.

Eine Säure s protolysiert in Wasser nach der Formel

$$s + H_2O = b + H_3O^+ . \tag{7}$$

Bei Gleichgewicht gilt dann

$$\frac{c_b \, c_{H_3O^+}}{c_s \, c_{H_2O}} = k . \tag{8}$$

Die Protolysenkonstante k dieser Reaktion ist dann also ein Maß für die relative Stärke der Säure in Wasser. Da aber c_{H_2O} in verdünnten Lösungen praktisch konstant ist, erhält man

$$\frac{c_{H_3O^+} \, c_b}{c_s} = c_{H_2O} \, k = k_s , \tag{9}$$

wobei nun auch k_s ein Maß für die relative Stärke der Säure ist. Diese Konstante k_s wird gewöhnlich als Maß für die Säurenstärke angegeben und ist identisch mit der klassischen *Dissoziationskonstante* der Säure. Obwohl «Dissoziationskonstante» keine ganz adäquate Bezeichnung ist, hat man sie dennoch beibehalten (vgl. auch 5c).

In gewissen Fällen nimmt die Säure außer am Protolysengleichgewicht (7) auch an einem Hydratationsgleichgewicht teil. In einer Lösung von Kohlensäure in Wasser stellt sich im ersten Stadium der Protolyse das Gleichgewicht $H_2CO_3 + H_2O = HCO_3^- + H_3O^+$

ein, aber außerdem nimmt die Kohlensäure am Hydratationsgleichgewicht $CO_2+H_2O=$ $=H_2CO_3$ teil. Die Kohlensäure in der Lösung besteht also teils aus direkt gelöstem, teils aus zu H_2CO_3 hydratisiertem CO_2. Für das erste Gleichgewicht gilt (a) $c_{H_3O^+} c_{HCO_3^-}/c_{H_2CO_3} = k_s$ und für das zweite, da c_{H_2O} als konstant angesehen werden kann, (b) $c_{H_2CO_3}/c_{CO_2} = k_h$ (k_h wird die Hydratationskonstante der Säure genannt). Da k_h nur angenähert bekannt ist (in anderen ähnlichen Fällen ist k_h oft unbekannt), kann $c_{H_2CO_3}$ und damit auch k_s nicht mit Sicherheit bestimmt werden. Es ist daher besser, (a) durch (c) $c_{H_3O^+} c_{HCO_3^-}/(c_{H_2CO_3} + c_{CO_2}) = k_{sh}$ zu ersetzen. In den Nenner wird also die Totalkonzentration unprotolysierter Kohlensäure gesetzt, ohne Rücksicht auf deren Vorhandensein als CO_2 oder H_2CO_3. Aus (a), (b) und (c) erhält man $k_{sh} = k_s k_h/(1+k_h)$. Wenn k_s und k_h Konstanten sind, so ist auch k_{sh} eine Konstante. k_{sh} kann leicht gemessen werden; diese (oder eine entsprechende thermodynamische Konstante) ist es, die in der Regel angegeben und als primäre Dissoziationskonstante der Kohlensäure bezeichnet wird (z. B. in Tab. 3). Man pflegt auch der Kürze halber $c_{H_2CO_3}$ anstatt $(c_{H_2CO_3} + c_{CO_2})$ zu schreiben. Der Gleichgewichtsausdruck (c) wird dann formal mit (a) identisch und kann auf die gleiche Weise angewandt werden, wobei man nur die eigentliche Bedeutung der Bezeichnung $c_{H_2CO_3}$ nicht vergessen darf.

k_{sh} ist immer kleiner als k_s, und wenn k_h klein ist, kann der Unterschied beträchtlich werden. Für H_2CO_3 ist k_{sh}, d. h. also die erwähnte sog. Dissoziationskonstante, von der Größenordnung 10^{-7}, während die eigentliche Dissoziationskonstante k_s von der Größenordnung 10^{-3} ist. Tatsächlich ist also H_2CO_3 sogar stärker als Ameisensäure (s. Tab. 3), wirkt aber wie eine viel schwächere Säure, da ein großer Teil der Totalmenge als unhydratisiertes CO_2 vorhanden ist.

Ein analoges Beispiel ist die schweflige Säure mit dem Hydratationsgleichgewicht $SO_2 + H_2O = H_2SO_3$. Auch die für H_2SO_3 gebräuchliche primäre Dissoziationskonstante ist also tatsächlich eine Konstante der Type k_{sh} (*«scheinbare» Dissoziationskonstante*).

Für eine Base, die in wäßriger Lösung nach

$$b + H_2O = s + OH^- \tag{10}$$

protolysiert, gilt die Gleichgewichtsbeziehung

$$\frac{c_s\, c_{OH^-}}{c_b\, c_{H_2O}} = k \tag{11}$$

und wenn man als «Dissoziationskonstante» der Base $k_b = c_{H_2O}\, k$ bezeichnet

$$\frac{c_{OH^-}\, c_s}{c_b} = k_b\,. \tag{12}$$

Wenn s und b in den Gleichgewichten (7) und (10) die gleichen sind, so daß k_s in (9) und k_b in (12) die Dissoziationskonstanten einer Säure und deren korrespondierenden Base sind, resultiert nach Multiplikation von (9) mit (12) unter Berücksichtigung von (2) die Beziehung

$$k_s\, k_b = k_w \tag{13}$$

bzw. $$\mathrm{p}k_s + \mathrm{p}k_b = \mathrm{p}k_w\,. \tag{14}$$

(13) und (14) bringen also die bereits erwähnte Tatsache zum Ausdruck, daß die Stärke einer Säure umgekehrt proportional derjenigen der korrespondierenden Base ist. Sind die Dissoziationskonstanten einer korrespondierenden Säure und Base bekannt, so kann man daraus k_w nach (13) berechnen.

Die stöchiometrischen Dissoziationskonstanten k_s und k_b, die durch die Ausdrücke (9) und (12) definiert sind, sind nur bei konstanter Ionenstärke angenähert konstant. Wirkliche Konstanten sind dagegen die thermodynamischen Dissoziationskonstanten K_s (vgl. 5c) und K_b, definiert durch

$$\frac{a_{H^+}\, a_b}{a_s} = K_s \tag{15}$$

und

$$\frac{a_{OH^-}\, a_s}{a_b} = K_b \text{ [1]}. \tag{16}$$

Durch Multiplikation von (15) und (16) erhält man für korrespondierende Säuren und Basen die zu (13) und (14) analogen Beziehungen

$$K_s K_b = K_w \tag{17}$$

und

$$\mathrm{p}K_s + \mathrm{p}K_b = \mathrm{p}K_w\,. \tag{18}$$

Die Konstanten K_s und K_b sind natürlich die einzigen wirklich zweckmäßigen Ausdrücke für die Stärke von Säuren und Basen. In Tabelle 3 werden auch diese Konstanten angegeben, soweit sie gemessen sind. Bei Überschlagsrechnungen kann man oft $k_s = K_s$ und $k_b = K_b$ setzen. Bei größerer Genauigkeit sind die Ausführungen von 5b und 7d zu beachten.

Bei Säuren ist die Bindung des Protons an den Rest des Säuremoleküls (die korrespondierende Base) eine ziemlich ausgeprägt *kovalente Bindung*. Auch im Gitter bilden die Säuren Moleküle. Dementsprechend sind auch die meisten Säuren schwach, d. h. ihre Protolyse ist unvollständig. Eine kleine Zahl von Säuren protolysiert jedoch in wäßriger Lösung so vollständig, daß sie als stark bezeichnet werden müssen. Die wichtigsten starken Säuren sind: HCl, HBr, HJ, $HClO_4$, HNO_3, H_2SO_4 (dagegen nicht HSO_4^-, die eine relativ schwache Säure ist). Diese starken Säuren sind jedoch untereinander von sehr verschiedener Stärke. Davon kann man sich überzeugen, wenn man sie in einem Lösungsmittel löst, das eine geringere Tendenz hat, Protonen aufzunehmen als Wasser. In wäßriger Lösung sind sie aber als vollständig protolysiert anzusehen, wenn die Lösung nicht sehr konzentriert ist.

Man kennt keine ungeladenen starken Basen. Von bisher untersuchten ungeladenen Basen ist Guanidin die stärkste. Dagegen sind eine Reihe von Anionenbasen in wäßriger Lösung praktisch völlig protolysiert. Da eine starke Base mit

[1] Diese Beziehung erhält man einfach durch Anwendung von 2 (2) auf das Gleichgewicht (10), wobei man $a_{H_2O} = 1$ setzt.

Tab. 3. K- und pK-Werte für die wichtigsten Säuren und deren korrespondierende Basen. 25° C, wo nichts anderes angegeben

Säure	Formel	K_s	pK_s	Base	Formel	K_b	pK_b
Oxalsäure	$H_2C_2O_4$	$6{,}5 \cdot 10^{-2}$	1,19	Hydrogenoxalation	$HC_2O_4^-$	$1{,}55 \cdot 10^{-13}$	12,81
Hydrogenoxalation	$HC_2O_4^-$	$5{,}18 \cdot 10^{-5}$	4,29	Oxalation	$C_2O_4^{2-}$	$1{,}95 \cdot 10^{-10}$	9,71
Schweflige Säure	H_2SO_3	$1{,}30 \cdot 10^{-2}$	1,89	Hydrogensulfition	HSO_3^-	$7{,}8 \cdot 10^{-13}$	12,11
Hydrogensulfition	HSO_3^-	$1{,}0 \cdot 10^{-7}$ [1]	7,0	Sulfition	SO_3^{2-}	$9{,}9 \cdot 10^{-8}$ [1]	7,00
Hydrogensulfation	HSO_4^-	$1{,}01 \cdot 10^{-2}$	2,00	Sulfation	SO_4^{2-}	$1{,}00 \cdot 10^{-12}$	12,00
Phosphorsäure	H_3PO_4	$7{,}52 \cdot 10^{-3}$	2,12	Dihydrogenphosphation	$H_2PO_4^-$	$1{,}34 \cdot 10^{-12}$	11,87
Dihydrogenphosphation	$H_2PO_4^-$	$6{,}23 \cdot 10^{-8}$	7,21	Hydrogenphosphation	HPO_4^{2-}	$1{,}62 \cdot 10^{-7}$	6,79
Hydrogenphosphation	HPO_4^{2-}	$4{,}8 \cdot 10^{-13}$	12,32	Phosphation	PO_4^{3-}	$2{,}1 \cdot 10^{-2}$	1,68
Phthalsäure	$C_6H_4 \cdot {COOH \atop COOH}$	$1{,}0 \cdot 10^{-3}$	3,00	Hydrogenphthalation	$C_6H_4 \cdot {COO^- \atop COOH}$	$1{,}0 \cdot 10^{-11}$	11,00
Hydrogenphthalation	$C_6H_4 \cdot {COO^- \atop COOH}$	$5{,}4 \cdot 10^{-6}$	5,27	Phthalation	$C_6H_4 \cdot {COO^- \atop COO^-}$	$1{,}9 \cdot 10^{-9}$	8,72
Ameisensäure	$H \cdot COOH$	$1{,}77 \cdot 10^{-4}$	3,75	Formiation	$H \cdot COO^-$	$5{,}70 \cdot 10^{-11}$	10,24
Benzoesäure	$C_6H_5 \cdot COOH$	$6{,}67 \cdot 10^{-5}$	4,18	Benzoation	$C_6H_5 \cdot COO^-$	$1{,}52 \cdot 10^{-10}$	9,82
Essigsäure	HAc	$1{,}75 \cdot 10^{-5}$	4,76	Azetation	Ac^-	$5{,}77 \cdot 10^{-10}$	9,24
Hexaquoaluminiumion (15°)	$Al(H_2O)_6^{3+}$	$1{,}3 \cdot 10^{-5}$	4,89	Hydroxopentaquoaluminiumion (15°)	$Al(H_2O)_5OH^{2+}$	$3{,}5 \cdot 10^{-10}$	9,46
Kohlensäure	H_2CO_3	$4{,}31 \cdot 10^{-7}$	6,37	Hydrogenkarbonation	HCO_3^-	$2{,}34 \cdot 10^{-8}$	7,63
Hydrogenkarbonation	HCO_3^-	$4{,}69 \cdot 10^{-11}$	10,33	Karbonation	CO_3^{2-}	$2{,}15 \cdot 10^{-4}$	3,67
Schwefelwasserstoff (18°)	H_2S	$5{,}7 \cdot 10^{-8}$ [1]	7,24	Hydrogensulfidion (18°)	HS^-	$1{,}0 \cdot 10^{-7}$ [1]	7,00
Hydrogensulfidion (18°)	HS^-	$1{,}2 \cdot 10^{-15}$ [1]	14,92	Sulfidion (18°)	S^{2-}	5 [1]	–0,7
Zyanwasserstoff	HCN	$7{,}2 \cdot 10^{-10}$ [1]	9,14	Zyanidion	CN^-	$1{,}40 \cdot 10^{-5}$ [1]	4,85
Borsäure	H_3BO_3	$5{,}79 \cdot 10^{-10}$	9,24	Dihydrogenboration	$H_2BO_3^-$	$1{,}74 \cdot 10^{-5}$	4,56
Ammoniumion	NH_4^+	$5{,}65 \cdot 10^{-10}$	9,25	Ammoniak	NH_3	$1{,}79 \cdot 10^{-5}$	4,75
Piperidiniumion	$C_5H_{10}NH_2^+$	$6{,}5 \cdot 10^{-12}$ [1]	11,19	Piperidin	$C_5H_{10}NH$	$1{,}5 \cdot 10^{-3}$ [1]	2,81
Guanidiniumion	$(NH_2)_2C{:}NH_2^+$	$2{,}2 \cdot 10^{-14}$ [1]	13,65	Guanidin	$(NH_2)_2C{:}NH$	$4{,}5 \cdot 10^{-1}$ [1]	0,35

[1] Stöchiometrische Konstante k

einer schwachen Säure korrespondiert, sind alle starken Anionenbasen Anionen von sehr schwachen Säuren. Lösungen dieser Anionen, die man z. B. durch Auflösen ihrer Alkalisalze erhält, zeigen stark basische Eigenschaften (nach der klassischen Terminologie durch Hydrolyse verursacht). Zu den in wäßriger Lösung starken Anionenbasen gehört vor allem OH^- (korrespondierend mit der sehr schwachen Säure H_2O).

Die Anionen der starken Säuren (z. B. Cl^-, NO_3^-) sind so schwache Basen, daß man praktisch keine Rücksicht auf ihren Basencharakter zu nehmen braucht.

Bei Tabellarisierung der Stärke von Protolyten ist es wegen der Beziehung (17) unnötig, sowohl K_s für eine Säure, als auch K_b für die korrespondierende Base anzugeben. Um die praktische Anwendung zu erleichtern, wurden trotzdem in Tabelle 3 die Dissoziationskonstanten und pK-Werte einer Anzahl korrespondierender Säuren und Basen angegeben. In der Tabelle stehen korrespondierende Säuren und Basen in gleicher Zeilenhöhe. Die meisten Werte beziehen sich auf die thermodynamischen Konstanten K_s und K_b. In einigen Fällen, in denen nur die Werte k_s und k_b bekannt sind, werden diese angegeben, wobei eine Ionenstärke von etwa 0,1 vorausgesetzt ist.

Aus der Tabelle geht hervor, daß bei mehrwertigen Säuren K_s nach jeder Protonenabgabe beträchtlich kleiner wird. Das beruht hauptsächlich auf einem elektrostatischen Effekt, da die negative Ladung steigt, wenn ein Proton abgegeben wird. Dadurch wird das Abgeben des nächsten Protons erschwert. Eine direkte Folge davon ist, daß bei mehrwertigen Basen K_b nach jeder Protonenaufnahme beträchtlich kleiner wird.

Der elektrostatische Effekt zeigt sich auch sehr deutlich bei der wichtigen Klasse anorganischer Säuren, der die hydratisierten mehrwertigen Metallionen (Aquoionen) angehören, die in 3d behandelt wurden. Ein Al^{3+}-Ion ist beispielsweise in wäßriger Lösung zum Hexaquoaluminiumion $Al(H_2O)_6^{3+}$ hydratisiert. Dieses Ion ist eine Säure und protolysiert unter Beibehaltung der Koordinationszahl 6

$$Al(H_2O)_6^{3+} + H_2O = Al(H_2O)_5OH^{2+} + H_3O^+ . \quad (19)$$

Die Lösung eines Al-Salzes reagiert daher sauer. Nach der klassischen Auffassung beruht dies auf der Hydrolyse des Salzes. Wie aus 3d hervorgeht, sind vermutlich alle Metallionen in wäßriger Lösung hydratisiert. Die Tendenz, sauer zu reagieren, d. h. ein Proton abzugeben, steigt bei Erhöhung der abstoßenden Kraft, die das positiv geladene zentrale Metallion auf ein Proton ausübt. Diese Kraft muß nach dem COULOMBschen Gesetz proportional der Ladung des Metallions sein und umgekehrt proportional dem Quadrat des Abstandes zwischen dem Kern des Metallions und dem Proton. Da die H_2O-Moleküle an der Oberfläche des Metallions angelagert werden, wächst dieser Abstand mit dem Radius des Metallions. In Übereinstimmung damit zeigen einwertige Aquoionen wegen ihrer kleinen Ladung keine (Aquoionen von Alkalimetallen) oder sehr schwach saure (Aquoionen von Cu^+, Ag^+, Au^+) Eigenschaften. Die alkalischen Aquoionen der Erdalkalimetalle sind ebenfalls sehr schwache Säuren. Z. B. ist bei $Ca(H_2O)_6^{2+}$, dessen Zentralatom den Radius $1{,}1 \cdot 10^{-8}$ cm hat, $K_s = 2{,}5 \cdot 10^{-13}$. Wenn der Radius des Zentralatoms bei unveränderter Ladung kleiner wird, werden die Protonen stärker abgestoßen und die Stärke der Säure wächst infolgedessen. Bei $Zn(H_2O)_6{}^{2+}$ mit einem Radius des Zentralatoms von $0{,}8 \cdot 10^{-8}$ cm ist beispielsweise K_s bereits $1{,}6 \cdot 10^{-10}$. Die Säurenstärke ist noch viel größer bei dreiwertigen Aquoionen mit einigermaßen kleinem Radius, z. B. $Al(H_2O)_6{}^{3+}$ ($K_s = 1{,}3 \cdot 10^{-5}$).

Die bei der Protolyse von Aquoionen entstandenen, positiv geladenen Basen bilden oft mit den negativen Ionen der Lösung schwerlösliche Verbindungen, die entweder in kolloiden Zustand übergehen, oder aber aus der Lösung ausfallen (*«basisches Salz»*). Deshalb und weil auch die Protolysenreaktion oft nicht mit Sicherheit bekannt ist, bereitet die quantitative Behandlung der Protolyse von hydratisierten Metallionen meistens große Schwierigkeiten.

Oft können die Aquoionen so viele Protonen abgeben, daß das Ion eine negative Bruttoladung erhält. So wird in alkalischer Lösung das Ion $Al(H_2O)_2(OH)_4{}^-$ gebildet (vgl. auch 9a).

c) Der Säuregrad. Unter der Voraussetzung, daß das Gleichgewicht in einem Protolytsystem durch die Beziehung (9) gegeben ist, hängt der Quotient c_s/c_b für alle Protolytsysteme der Lösung nur von $c_{H_3O^+}$ ab. Enthält die Lösung die Systeme $s_1 - b_1$, $s_2 - b_2$, ..., so gilt nämlich

$$c_{H_3O^+} = k_{s_1} \frac{c_{s_1}}{c_{b_1}} = k_{s_2} \frac{c_{s_2}}{c_{b_2}} = \cdots \qquad (20)$$

Zur Festlegung sämtlicher Quotienten c_s/c_b braucht nur $c_{H_3O^+}$ angegeben zu werden. Das Gleichgewicht eines Protolytsystems wird aber durch (9) nur angenähert wiedergegeben. Exakt gilt dagegen (15). In diesem Fall ist der Ausdruck (20) durch

$$a_{H^+} = K_{s_1} \frac{a_{s_1}}{a_{b_1}} = K_{s_2} \frac{a_{s_2}}{a_{b_2}} = \cdots \qquad (21)$$

zu ersetzen.

Die Protolysengleichgewichte werden also durch die Wasserstoffionenaktivität a_{H^+} exakt bestimmt. Die letztgenannte Größe (und, wenn auch weniger exakt, $c_{H_3O^+}$) nennt man den *Säuregrad* oder auch die *Azidität* einer Lösung.

Als man noch der Ansicht war, daß eine Lösung freie Wasserstoffionen enthalten könne, und bevor der Aktivitätsbegriff größere Verbreitung gefunden hatte, glaubte man natürlich, daß die Wasserstoffionenkonzentration den Säuregrad einer Lösung bestimme. Zur Vereinfachung der Säuregradangaben schlug SÖRENSEN 1909 die Bezeichnung $pH = -\log c_{H^+}$ vor[1]). Man glaubte damals, die Wasserstoffionenkonzentration durch Bestimmung der elektromotorischen Kraft von sog. Konzentrationsketten messen zu können. Später stellte sich aber heraus, daß man dabei in Wirklichkeit die Wasserstoffionenaktivität der Lösung mißt.

---

[1]) Die Größe pH wird in der Literatur auch als Wasserstoffexponent bezeichnet.

Da die genannte Methode nahezu allen Säuregradmessungen zugrunde liegt (auch kolorimetrischen Bestimmungen mit Indikatoren, da letztere immer nach dieser Methode geeicht werden), gibt man Säuregradmessungen beinahe ausnahmslos als Wasserstoffionenaktivitäten an, d. h. also auf die Weise, die man heute als die zweckmäßigste ansehen muß. Gleichzeitig übertrug man auch auf die Größe pH die entsprechend geänderte Definition $\mathrm{pH} = -\log a_{\mathrm{H}^+}$. Da a_{OH^-} oft mit Hilfe der Formel (4) aus a_{H^+} berechnet wird, hat auch pOH meistens die Bedeutung von $-\log a_{\mathrm{OH}^-}$ erlangt.

Zur Vereinfachung wird in den folgenden Abschnitten bei Überschlagsrechnungen meistens $\mathrm{pH} = -\log c_{\mathrm{H_3O^+}}$ und $\mathrm{pOH} = -\log c_{\mathrm{OH}^-}$ gesetzt. Bei nur einigermaßen genauer Rechnung müssen jedoch die Definitionen $\mathrm{pH} = -\log a_{\mathrm{H}^+}$ und $\mathrm{pOH} = -\log a_{\mathrm{OH}^-}$ berücksichtigt werden.

Durch Logarithmierung von (4) erhält man

$$\mathrm{pH} + \mathrm{pOH} = \mathrm{p}K_w \,. \tag{22}$$

Gilt bei Zimmertemperatur der abgerundete Wert $K_w = 10^{-14}$, so ist

$$\mathrm{pH} + \mathrm{pOH} = 14 \,. \tag{23}$$

Für reines Wasser erhält man durch Logarithmierung von (5)

$$\mathrm{pH} = \mathrm{pOH} = \tfrac{1}{2}\,\mathrm{p}K_w = 7 \,. \tag{24}$$

Wenn in einer wäßrigen Lösung pH = pOH ist, nennt man die Lösung *neutral.* Bei Zimmertemperatur ist also in einer neutralen Lösung pH = pOH = 7. Ist $\mathrm{pH} < \mathrm{pOH}$, d. h. wenn bei Zimmertemperatur $\mathrm{pH} < 7$ ist, nennt man die Lösung *sauer.* Ist dagegen $\mathrm{pH} > \mathrm{pOH}$, d. h. wenn bei Zimmertemperatur $\mathrm{pH} > 7$ ist, spricht man von einer *basischen* oder *alkalischen* Lösung.

Da pH eine logarithmische Funktion ist, entspricht eine konstante Änderung des pH-Wertes ganz verschiedenen Änderungen von $c_{\mathrm{H_3O^+}}$ in verschiedenen Gebieten der pH-Skala. Steigt das pH einer Lösung von 1 auf 2, so sinkt $c_{\mathrm{H_3O^+}}$ um 0,09 Mol/l. Steigt dagegen pH von 6 auf 7, so sinkt $c_{\mathrm{H_3O^+}}$ nur um 0,000009 Mol/l. Es ist ferner zu beachten, daß, wenn pH um 0,3 Einheiten steigt, $c_{\mathrm{H_3O^+}}$ auf die Hälfte sinkt ($\log 2 = 0{,}301$).

Wegen der Symmetrie von (4) und der daraus folgenden Analogie von (15) und (16) kann man in jeder Gleichung eines Protolysengleichgewichtes für die Aktivitäten von H^+, OH^-, s und b die Aktivitäten der zugehörigen Werte von OH^-, H^+, b und s substituieren, wobei außerdem noch die Konstanten K_s und K_b miteinander zu vertauschen sind. Ein Protolysengleichgewicht kann ja ebenso gut als Funktion von a_{OH^-} (pOH) und K_b, wie von a_{H^+} (pH) und K_s dargestellt werden, aber man benützt allgemein die letztgenannte Form. Man kann daher im allgemeinen von (15) oder aber von der entsprechenden angenähert gültigen Beziehung (9) ausgehen; in gewissen Fällen können jedoch (16) bzw. (12) formal bequemer sein.

7. KAPITEL

DIE ABHÄNGIGKEIT DES PROTOLYSENGLEICHGEWICHTS VOM SÄUREGRAD

a) Säurebruch und Basenbruch. Man hat oft die Frage zu beantworten, welcher Bruchteil des Protolytsystems als Säure oder als Base vorliegt. Unter dem ersten dieser beiden Ausdrücke, dem *Säurebruch* x_s, versteht man das Verhältnis zwischen der Konzentration c_s der Säure und der Summe der Konzentrationen von Säure und korrespondierender Base $c_s + c_b$. Die eben genannte Summe ist übrigens identisch mit der Totalkonzentration des Systems $s - b$. Man erhält also

$$x_s = \frac{c_s}{c_s + c_b} . \tag{1}$$

Jener Bruchteil des Protolytsystems, der als Base vorliegt, wird analog durch den *Basenbruch* x_b definiert:

$$x_b = \frac{c_b}{c_s + c_b} . \tag{2}$$

Definitionsgemäß ist $x_s + x_b = 1$.

Handelt es sich um einen bestimmten Protolyt, so bezeichnet man die Gleichgewichtslage häufig durch Angabe des *Protolysengrades*. Der Protolysengrad einer Säure ist natürlich jener Bruchteil des Protolytsystems, der zur Base umgewandelt wurde, d. h. er ist gleich dem Basenbruch. Analog ist der Protolysengrad einer Base gleich dem Säurebruch.

b) Die Abhängigkeit des Protolysengleichgewichts vom Säuregrad. Wir wenden die Gleichung 6(9) auf dieses Gleichgewicht an und schreiben sie zu diesem Zwecke folgendermaßen:

$$c_{H_3O^+} = k_s \frac{c_s}{c_b} \tag{3}$$

Vorausgesetzt, daß k_s konstant ist, zeigt (3) unmittelbar, wie sich die Zusammensetzung des Protolytsystems bei Änderung von $c_{H_3O^+}$ ändert. Die Verschiebung dieses Gleichgewichtes bei Änderung des Säuregrades hat für spezielle Fälle verschiedene Namen erhalten, nämlich Neutralisation, Erhöhung oder Zurückdrängung der Dissoziation und Hydrolyse, oder Austreiben einer schwachen Säure bzw. Base aus ihren Salzen. Die hier eingeführte Betrachtungsweise macht diese Namen überflüssig.

Durch Logarithmierung von 6(9) oder (3) erhält man, wenn $pH = -\log c_{H_3O^+}$ ist

$$pH = pk_s + \log \frac{c_b}{c_s} \tag{4}$$

Da sich die Werte von c_b und c_s oft innerhalb sehr weiter Grenzen bewegen, ist die Benützung dieser beiden Größen manchmal unzweckmäßig, besonders wenn es sich um graphische Darstellung handelt. In letzterem Falle ist die Verwendung des Basenbruches vorzuziehen. Aus (1) und (2) folgt, daß

$$\frac{c_b}{c_s} = \frac{x_b}{x_s} = \frac{x_b}{1 - x_b}.$$

Die Beziehung (4) erhält dann die Form

$$pH = pk_s + \log \frac{x_b}{1 - x_b} \tag{5}$$

Aus (5) folgt, daß die Darstellung von pH als Funktion von x_b für alle Protolytsysteme Kurven gleicher Form ergibt. Die Kurven sind nur parallel zur pH-Achse gegeneinander verschoben. Wenn $c_b = c_s$, d.h. also $x_b = x_s = 0{,}5$, wird $c_{H_3O^+} = k_s$ und $pH = pk_s$. Der Punkt in der Kurvenmitte entspricht daher $pH = pk_s$.

Zur Erleichterung der Diskussion von Gleichgewichtsverschiebungen bei Säuregradänderungen ist es vorteilhaft, sich folgende Ziffern einzuprägen: für $x_b = 0{,}1$, bzw. 0,9 ist $x_b/(1 - x_b) = 0{,}11$ bzw. 9, was nach (5) angenähert $pH = pk_s - 1$ bzw. $pk_s + 1$ ergibt. Auf die gleiche Weise erhält man für $x_b = 0{,}01$ bzw. 0,99, angenähert $pH = pk_s - 2$ bzw. $pH = pk_s + 2$. Innerhalb eines Intervalls von 4 pH-Einheiten verschiebt sich also das Gleichgewicht von 99 % Säure zu 99 % Base.

Als Beispiel wählen wir den Zusammenhang zwischen Protolysengleichgewicht und pH in einer Lösung von NaAc und NH_4Cl. In dieser Lösung befinden sich die Protolytsysteme

1. HAc – Ac^- $\quad pk_s = 4{,}8$
2. NH_4^+ – NH_3 $\quad pk_s = 9{,}3$

Wir setzen hier die pk_s-Werte in erster Näherung gleich den pK_s-Werten der Tabelle 3, 6b. Fig. 2 zeigt x_b und x_s als Funktion von pH für diese beiden Systeme.

Man kann unmittelbar aus der Figur die Gleichgewichtslage der verschiedenen Protolytsysteme bei einem bestimmten pH ablesen und ebenfalls die Gleichgewichtsverschiebungen, die bei pH-Änderungen, z. B. bei Zusatz starker Protolyte eintreten.

In diesem Beispiel ist die Base NH_3 flüchtig. Wenn pH und daher auch c_{NH_3} steigt, so erhöht sich der Ammoniakdruck der Lösung, und bei genügend hohem pH gibt daher die Lösung merkbare Mengen NH_3 ab. Ebenso entweichen flüchtige Säuren, wenn das pH der Lösung genügend klein wird. Bei Reaktionen dieser Art sagte man früher, eine starke Base (Säure) «treibe» eine schwächere Base (Säure) «aus».

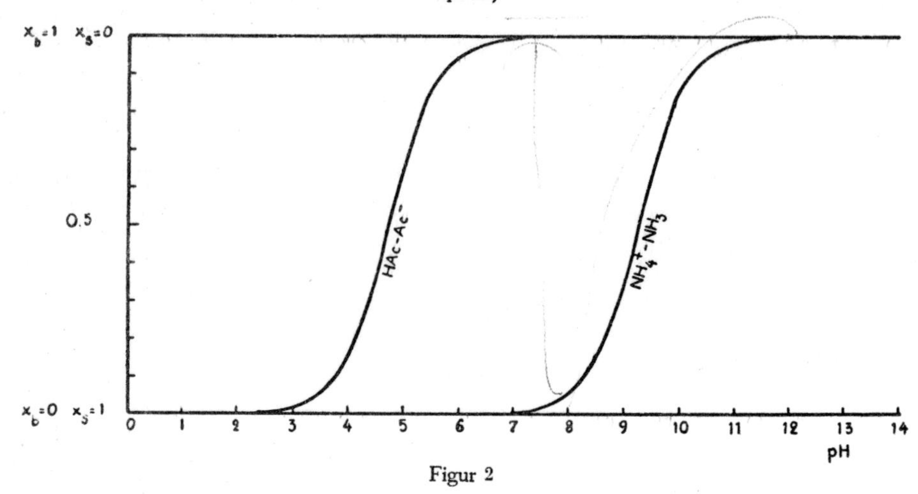

Figur 2

c) Logarithmische Diagramme. Die in 7b beschriebene graphische Methode eignet sich speziell dann, wenn man die Abhängigkeit des Protolysengrades (Säurenbruchs oder Basenbruchs) vom Säuregrad darstellen will. Handelt es sich dagegen um die Abhängigkeit der Größen c_s und c_b vom Säuregrad, so ist die folgende graphische Methode vorzuziehen.

Wir wollen annehmen, daß 6(9) für jedes Protolytsystem der Lösung gilt. Wenn s und b nicht an anderen Gleichgewichten teilnehmen, so ist die Totalkonzentration des Protolytsystems $c_s + c_b$ konstant und soll C genannt werden. Unter Berücksichtigung dieser Tatsache erhält man dann aus 6(9)

$$c_s = \frac{C\, c_{H_3O^+}}{k_s + c_{H_3O^+}} \tag{6}$$

und

$$c_b = \frac{C\, k_s}{k_s + c_{H_3O^+}}\,. \tag{7}$$

Mit Hilfe dieser Formel läßt sich also c_s und c_b als Funktion von $c_{H_3O^+}$ berechnen. Wir wählen ein Koordinatensystem mit log c als Ordinate und pH als Abszisse (am besten mit gleicher Einteilung für beide Achsen) und tragen dann log c_s und log c_b als Funktion von pH ein. In Fig. 3 ist dies für das System HAc – Ac^- ($C = 0{,}1$) und für das System NH_4^+ – NH_3 ($C = 0{,}005$) durchgeführt. Man erhält so die mit HAc und Ac^- bzw. NH_4^+ und NH_3 bezeichneten ausgezogenen Kurven.

Wie aus der Figur ersichtlich ist, weist die Kurve für jede Säure oder Base in der Nähe des pk_s-Wertes des Systems eine starke Richtungsänderung auf. Zu beiden Seiten von pk_s verläuft die Kurve sehr bald nahezu geradlinig. Auf der einen Seite von pk_s geht ihr Neigungswinkel gegen die pH-Achse in 45° über, auf der anderen Seite wird sie parallel zur pH-Achse.

Eine besonders einfache Konstruktion der Kurven gründet sich auf eine getrennte Berechnung der beiden geradlinigen Kurvenäste.

Wenn $pH < pk_s$, d. h. $c_{H_3O^+} > k_s$ ist, so kann bei genügendem Größenunterschied k_s in (6) gegen $c_{H_3O^+}$ vernachlässigt werden. (6) geht dann in $c_s = C$ über. Durch Logarithmierung erhält man $\log c_s = \log C$, was in unserem Koordinatensystem eine zur pH-Achse parallele Gerade mit der Ordinate $\log C$ gibt.

Wenn dagegen $pH > pk_s$ ist, d.h. $c_{H_3O^+} < k_s$, so kann in (6) bei genügendem Größenunterschied $c_{H_3O^+}$ gegen k_s vernachlässigt werden. Dann erhält man $c_s = C c_{H_3O^+}/k_s$ und nach Logarithmierung $\log c_s = -pH + pk_s + \log C$. Auch hier ist $\log c_s$ eine lineare Funktion von pH. Diese Gerade kann leicht konstruiert werden, wenn man bedenkt, daß ihr Richtungskoeffizient -1 ist und daß sie den Punkt $\log c_s = \log C$ für $pH = pk_s$ passieren muß.

Auf gleiche Weise läßt sich (7) genähert durch zwei Gerade darstellen. Wenn $pH < pk_s$ ist, geht (7) in $c_b = C k_s / c_{H_3O^+}$ über, entsprechend der Geraden $\log c_b = pH - pk_s + \log C$. Diese wird mit Hilfe des Richtungskoeffizienten $+1$ und des Punktes $\log c_b = \log C$ für $pH = pk_s$ konstruiert. Wenn dagegen $pH > pk_s$ ist, geht (7) in $\log c_b = \log C$ über, entsprechend einer Geraden parallel zur pH-Achse mit der Ordinate $\log C$.

Zieht man also durch den Punkt $pH = pk_s$, $\log c = \log C$ eine Parallele zur pH-Achse sowie zwei Gerade mit dem Neigungswinkel $+45^0$, bzw. -45^0 gegen die pH-Achse, so erhält man alle jene Geraden, die den Kurvenverlauf von $\log c_s$ und $\log c_b$ angenähert wiedergeben. In Fig. 3 sind die in nächster Nähe von $pH = pk_s$ gelegenen, nicht verwendbaren Teile dieser Linien gestrichelt. Der exakte Kurvenverlauf in der Nähe von $pH = pk_s$ läßt sich aber leicht ermitteln, wenn man bedenkt, daß in (6) und (7) $c_s = c_b = C/2$ für $pH = pk_s$ wird, d. h. $\log c_s = \log c_b = \log C - \log 2$. Die exakten Kurven schneiden einander also im Punkt $pH = pk_s$, $\log c = \log C - \log 2 = \log C - 0{,}30$.

Figur 3

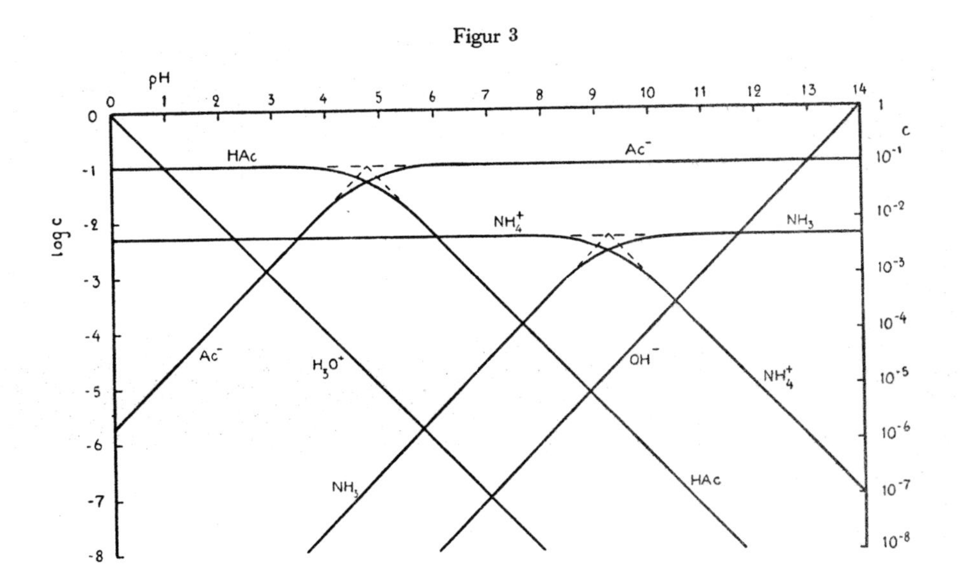

In jeder wäßrigen Lösung befinden sich natürlich auch die Ionenarten H_3O^+ und OH^-. Es empfiehlt sich, auch deren log c-Werte in das Koordinatensystem einzutragen. Die mit H_3O^+ bzw. OH^- bezeichneten Geraden in Fig. 3 folgen unmittelbar aus $\log c_{H_3O^+} = -pH$ und $\log c_{OH^-} = -pOH = pH - pk_w$.

Auf Grund dieser Konstruktionen kann man nun aus Fig. 3 ohne weiteres die Konzentrationen sämtlicher gelöster Protolyte bei jedem pH-Wert entnehmen. Da die Abhängigkeit der Gleichgewichte vom Säuregrad schon früher eingehend diskutiert wurde, sind weitere Kommentare hier überflüssig. Außerdem werden wir auch in späteren Abschnitten bei verschiedenen Gelegenheiten auf diese logarithmischen Diagramme wieder zurückkommen.

d) Die Berücksichtigung der Aktivitätskoeffizienten. Wie genaue Berechnungen ausgeführt werden, bei denen die Aktivitätskoeffizienten zu berücksichtigen sind, wurde der Hauptsache nach in 5b besprochen. Es sei hier jedoch noch besonders darauf hingewiesen, daß man in solchen Fällen die Beziehung $pH = -\log a_{H^+}$ zu beachten hat. Als Beispiel wollen wir die Anwendung der wichtigen Beziehung (4) behandeln, wenn größere Genauigkeit gefordert wird.

Gleichung (4) eignet sich zur genauen Berechnung der Beziehung zwischen dem pH und dem Gleichgewicht, vorausgesetzt, daß man den wahren pk_s-Wert der jeweiligen Lösung einsetzt. Bei dessen Ermittlung ist zu beachten, daß man, wenn $pH = -\log a_{H^+}$ ist, zu (4) nicht durch Logarithmierung von 6(9), sondern durch Logarithmierung der Gleichung

$$\frac{a_{H^+} c_b}{c_s} = k_s \tag{8}$$

gelangt.

k_s wird durch (8) anders definiert als durch 6(9). Da sich a_{H^+} sehr leicht messen läßt, ist diese Definition aber meistens sehr bequem. Infolgedessen beziehen sich auch die meisten k_s-Werte der Literatur auf (8) und nicht auf 6(9). Wir wollen für den durch (8) definierten k_s-Wert, der häufig *unvollständige Dissoziationskonstante* genannt wird, in diesem Buch keinerlei besondere Bezeichnung einführen, da man in den meisten Fällen aus dem Zusammenhang ersieht, um welchen k_s-Wert es sich handelt.

Durch Division von 6(15) durch (8) und Einführung von $f = a/c$ erhält man

$$k_s = K_s \frac{f_s}{f_b}, \tag{9}$$

woraus man durch Logarithmierung

$$pk_s = pK_s + \log \frac{f_b}{f_s} \tag{10}$$

erhält.

Wenn f_s und f_b der betreffenden Lösung bekannt sind, kann man den für diese Lösung geltenden pk_s-Wert unmittelbar berechnen. Fehlen dagegen sichere Daten, so kann man die Größe der f-Werte mit Hilfe von 5(3) angenähert bestimmen. Setzt man die nach 5(3) berechneten Werte von $\log f_b$ und $\log f_s$ in (10) ein, so erhält man

$$\mathrm{p}k_s = \mathrm{p}K_s + \frac{0{,}5\,(z_s^2 - z_b^2)\sqrt{I}}{1+\sqrt{I}} \tag{11}$$

Eine Zusammenstellung von numerischen Werten des zweiten Gliedes der Gleichung (11) ist in Tabelle 4 enthalten. Man sucht den entsprechenden z-Wert im Tabellenkopf auf (da s und b korrespondieren, ist z_b immer um eine positive Einheit kleiner als z_s). Unter jedem z-Wertepaar steht ein Plus- oder Minuszeichen. Man erhält $\mathrm{p}k_s$, wenn man die Zahlenwerte der Spalte diesem Vorzeichen entsprechend zu $\mathrm{p}K_s$ addiert oder von $\mathrm{p}K_s$ subtrahiert. Für z. B. HAc in einer Lösung mit $I = 0{,}1$ erhält man $\mathrm{p}k_s = 4{,}76 - 0{,}12 = 4{,}64$.

Tab. 4. Numerische Werte des zweiten Gliedes von Gleichung (11)

I	z_s / z_b	+1 / 0	0 / −1	+2 / +1	−1 / −2	+3 / +2	−2 / −3
		+	−	+	−	+	−
0,001		0,015		0,05		0,08	
0,002		0,02		0,06		0,11	
0,005		0,03		0,10		0,17	
0,01		0,05		0,14		0,23	
0,02		0,06		0,19		0,31	
0,05		0,09		0,27		0,46	
0,1		0,12		0,36		0,60	
0,2		0,15		0,46		0,77	
0,5		0,21		0,62		1,04	

Übungsbeispiele zu den Kapiteln 6 und 7

1. Wenn k_s für HNO_2 $4{,}0 \cdot 10^{-4}$ ist, wie groß ist dann $\mathrm{p}k_s$ für HNO_2, bzw. k_b und $\mathrm{p}k_b$ für NO_2^-?

2. Wie groß ist nach 7 (11) $\mathrm{p}k_s$ für eine Ameisensäurelösung mit $I = 0{,}01$ und $\mathrm{p}k_b$ für eine NH_3-Lösung mit $I = 0{,}03$?

3. Berechne $\mathrm{p}k_s'$, $\mathrm{p}k_s''$ und $\mathrm{p}k_s'''$ für eine H_3PO_4-Lösung mit $I = 0{,}02$ (k_s', k_s'', k_s''' bezeichnen die drei Dissoziationskonstanten).

4. Für eine Säure HA^{3+} wurden bei verschiedenen Ionenstärken folgende k_s-Werte bestimmt:

I	0,0225	0,0900	0,150	0,300
k_s	$1{,}07 \cdot 10^{-6}$	$6{,}48 \cdot 10^{-7}$	$5{,}52 \cdot 10^{-7}$	$4{,}42 \cdot 10^{-7}$

Berechne K_s durch graphische Extrapolation von k_s für $I = 0$. Die Extrapolation wird am genauesten durchgeführt, wenn man $\mathrm{p}k_s$ als Funktion von $\sqrt{I}$ zeichnet. Wenn I gegen 0 geht, nähert sich 7 (11) in diesem Fall dem Wert $\mathrm{p}k_s = \mathrm{p}K_s + 2{,}5\sqrt{I}$. Die Konstruktion wird also dadurch erleichtert, daß die Kurve sich einer Geraden mit dem Richtungskoeffizienten 2,5 nähert.

8. KAPITEL

EINIGE WICHTIGE PROTOLYSENGLEICHGEWICHTE

a) Lösungen starker Protolyte. Wir wollen annehmen, daß die starke Säure S, die mit der Base b^*[1]) korrespondiert, in reinem Wasser gelöst wird; ihre Totalkonzentration sei C_S. Dabei ist es zweckmäßig, sich vorzustellen, daß das ganze System vor dem Lösen nur aus den beiden Stoffen S und H_2O bestand, die demnach als Ausgangsprotolyte gelten können. Wir stellen uns also vor, daß wir es zunächst mit nicht autoprotolysiertem Wasser zu tun haben und rechnen die Autoprotolyse des Wassers zu den protolytischen Reaktionen, die erst beim Lösen erfolgen. Die Ausgangsprotolyte S und H_2O reagieren dabei folgendermaßen:

$$S = b^* + H^+$$

$$H_2O = OH^- + H^+$$

$$H_2O + H^+ = H_3O^+$$

Da S eine starke Säure ist, protolysiert sie vollständig zu b^*; folglich wird $c_{b^*} = C_S$. Folgendes Schema, in dem die von einem bestimmten Ausgangsprotolyt gebildete Base oder Säure in der gleichen Horizontalzeile steht wie der Ausgangsprotolyt, gibt eine Übersicht über das Resultat der protolytischen Reaktion beim Lösen.

Ausgangsprotolyte	*Gebildete Basen*	*Gebildete Säuren*
S in der Totalkonz. C_S	b^* in der Konz. C_S	—
H_2O	OH^- in der Konz. c_{OH^-}	H_3O^+ in der Konz. $c_{H_3O^+}$

Da die protolytischen Reaktionen darin bestehen, daß Säuren (die dabei in Basen übergehen) Protonen an Basen (die dabei in Säuren übergehen) abgeben, muß die Summe der Konzentrationen aller gebildeten Basen der Summe der Konzentrationen aller gebildeter Säuren gleich sein. Folglich wird

$$c_{H_3O^+} = C_S + c_{OH^-}\,. \tag{1}$$

Wenn c_{OH^-} nach 6 (2) durch $k_w / c_{H_3O^+}$ substituiert wird, erhält man

---

[1]) Im folgenden soll eine starke Säure mit S und eine starke Base mit B bezeichnet werden. Die mit S korrespondierende Base und die mit B korrespondierende Säure, die beide sehr schwach sein müssen, werden mit b^* bzw. s^* bezeichnet. S korrespondiert also nie mit B und s^* nie mit b^*.

$$c_{H_3O^+} = \frac{C_S}{2} + \sqrt{\frac{C_S^2}{4} + k_w} \tag{2}$$

(wobei ein Minuszeichen vor der Wurzel nicht in Frage kommt, da $c_{H_3O^+} > 0$ sein muß).

Hieraus kann $c_{H_3O^+}$ und somit auch pH berechnet werden, wenn die Totalkonzentration der Säure bekannt ist.

In einer Lösung mehrerer starker Säuren protolysieren diese praktisch unabhängig voneinander. Die Formeln (1) und (2) gelten also auch dann, wenn man an Stelle von C_S die Summe der Totalkonzentrationen der Säuren, ΣC_S, einsetzt.

In allen Fällen von praktischer Bedeutung ist die Totalkonzentration der starken Säure so groß, daß c_{OH^-} in (1) gegen C_S vernachlässigt werden kann, was die Vernachlässigung der Autoprotolyse des Wassers bedeutet. In diesem Fall erhält man die einfache Beziehung

$$c_{H_3O^+} = C_S \,. \tag{3}$$

Sogar in einer so stark verdünnten Lösung wie z. B. 0,0001-C HCl ist $c_{OH^-} = 10^{-10}$ und kann gegen $C_S = 10^{-4}$ ohne weiteres vernachlässigt werden. Hier ist also $c_{H_3O^+} = 10^{-4}$. Bei noch verdünnteren Lösungen, die ausschließlich starke Säuren enthalten, hat eine Berechnung von $c_{H_3O^+}$ und pH keine praktische Bedeutung mehr. In solchen Lösungen, wie übrigens auch in reinem Wasser, ist $c_{H_3O^+}$ so empfindlich gegen die geringsten Spuren von Verunreinigungen, daß ein berechneter pH-Wert niemals mit der Wirklichkeit übereinstimmt (vgl. auch 12).

Die Berechnung von $c_{H_3O^+}$ in der Lösung einer starken Base geschieht auf analoge Weise. Hat die Lösung der starken Base die Totalkonzentration C_B und ist sie selbst vollständig zu s^* protolysiert, so ist das Resultat der protolytischen Reaktionen

Ausgangsprotolyte	*Gebildete Basen*	*Gebildete Säuren*
B in der Totalkonz. C_B	–	s^* in der Konz. C_B
H_2O	OH^- in der Konz. c_{OH^-}	H_3O^+ in der Konz. $c_{H_3O^+}$

Also ist

$$c_{OH^-} = C_B + c_{H_3O^+} \,. \tag{4}$$

In der Lösung einer starken Base kann $c_{H_3O^+}$ in der Praxis immer gegen C_B vernachlässigt werden, so daß

$$c_{OH^-} = C_B \tag{5}$$

wird.

Substituiert man c_{OH^-} durch $k_w/c_{H_3O^+}$, so erhält man

$$c_{H_3O^+} = \frac{k_w}{C_B} \,. \tag{6}$$

Bei einer Lösung mehrerer starker Basen hat man C_B durch ΣC_B zu ersetzen.

Schließlich wollen wir noch die Formel für die Berechnung von $c_{H_3O^+}$ in solchen wäßrigen Lösungen ableiten, die sowohl eine starke Säure als auch eine starke Base enthalten. Die Totalkonzentration der starken Säure S bzw. der starken Base B in Lösung seien C_S bzw. C_B. Die Ausgangsprotolyte S, B und H_2O reagieren:

$$S = b^* + H^+$$
$$B + H^+ = s^*$$
$$H_2O = OH^- + H^+$$
$$H_2O + H^+ = H_3O^+$$

S und B protolysieren vollständig zu b^*, bzw. s^*, so daß $c_{b^*} = C_S$ und $c_{s^*} = C_B$ wird. Man erhält also

Ausgangsprotolyte	*Gebildete Basen*	*Gebildete Säuren*
S in der Totalkonz. C_S	b^* in der Konz. C_S	—
B in der Totalkonz. C_B	—	s^* in der Konz. C_B
H_2O	OH^- in der Konz. c_{OH^-}	H_3O^+ in der Konz. $c_{H_3O^+}$

Folglich ist

$$c_{H_3O^+} = C_S - C_B + c_{OH^-} \,. \tag{7}$$

Für C_B bzw. $C_S = 0$ erhält man (1), bzw. (4) als Spezialfall von (7).

Wird $k_w / c_{H_3O^+}$ für c_{OH^-} eingesetzt, so erhält man

$$c_{H_3O^+} = C_S - C_B + \frac{k_w}{c_{H_3O^+}} \,. \tag{8}$$

Berechnet man $c_{H_3O^+}$ aus (8), so erhält man

$$c_{H_3O^+} = \frac{C_S - C_B}{2} + \sqrt{\frac{(C_S - C_B)^2}{4} + k_w} \tag{9}$$

Wenn die Lösung mehrere starke Säuren und Basen enthält, so ist C_S und C_b durch ΣC_S und ΣC_B zu ersetzen.

Wenn die vorhandenen Mengen von starken Säuren und starken Basen einander äquivalent sind, wird $C_S = C_B$ und $c_{H_3O^+} = \sqrt{k_w} = 10^{-7}$. Die Lösung ist also neutral.

Schon bei geringen Abweichungen vom Neutralpunkt kann in (7) entweder c_{OH^-} oder $c_{H_3O^+}$ gegen die übrigen Konzentrationen vernachlässigt werden. Ist die Lösung sauer, so wird c_{OH^-} vernachlässigt, wobei (7) in

$$c_{H_3O^+} = C_S - C_B \tag{10}$$

übergeht, ist sie dagegen basisch, so wird $c_{H_3O^+}$ vernachlässigt, wobei

$$c_{OH^-} = C_B - C_S \tag{11}$$

wird.

Mit Hilfe von (10) und (11) läßt sich der Säuregrad der Lösung sofort berechnen.

Unter der Voraussetzung, daß die Totalkonzentrationen C_S und C_B in Mol/l ausgedrückt werden, gelten alle Formeln dieses Abschnittes nur dann, wenn die starken Protolyte einwertig sind, was in der Regel der Fall ist (H_2SO_4 ist als starke Säure nur einwertig). Für mehrwertige starke Protolyte gelten die Formeln nur dann, wenn die Totalkonzentration der mehrwertigen Protolyte in Äqu/l ausgedrückt wird. Die Formeln sind daher in einschlägigen Fällen im folgenden stets in diesem Sinn zu verstehen.

b) Die Lösung eines schwachen Protolytsystems. Beim Lösen einer schwachen Säure in Wasser wird das Gleichgewicht 6 (7), zumindest bei endlicher Verdünnung, nie vollständig nach rechts verschoben. Beispiele dafür sind z. B. 4 (5) und 4 (8). Beim Lösen einer schwachen Base stellt sich ein Gleichgewicht entsprechend 6 (10) ein [vgl. die Beispiele 4 (6) und 4 (7)]. Wie bereits erwähnt, gibt es nach der neuen Säure-Basen-Definition keinen prinzipiellen Unterschied zwischen 4 (5) und 4 (8), bzw. zwischen 4 (6) und 4 (7), obwohl nach der klassischen Terminologie 4 (5) und 4 (6) als Dissoziation, 4 (7) und 4 (8) dagegen als Hydrolyse bezeichnet wurde.

Wenn s und b an keinen anderen Gleichgewichten teilnehmen, so ist die Totalkonzentration des Protolytsystems $c_s + c_b$ gleich der Totalkonzentration der Säure oder Base C. Demnach ist nach 7 (1) und 7 (2)

$$x_s = \frac{c_s}{C} \quad \text{und} \quad x_b = \frac{c_b}{C} .$$

Vernachlässigt man die H_3O^+-Ionen, die bei der Autoprotolyse des Wassers gebildet werden, so wird nach 6 (7) $c_b = c_{H_3O^+}$. 6 (9) erhält dann die Form

$$\frac{c_b^2}{c_s} = k_s .$$

Wird für $c_s = Cx_s = C(1 - x_b)$ und für $c_b = Cx_b$ eingesetzt, so erhält man

$$\frac{C x_b^2}{1 - x_b} = k_s . \tag{12}$$

In analoger Weise erhält man für die Basenprotolyse

$$\frac{C x_s^2}{1 - x_s} = k_b . \tag{13}$$

Aus (12) und (13) geht hervor, daß der Protolysengrad (nach der klassischen Terminologie der Dissoziations-, bzw. Hydrolysengrad) mit zunehmender Verdünnung, d. h. abnehmender Konzentration steigt. Außerdem folgt aus diesen

Gleichungen die bereits bekannte Tatsache, daß bei einer bestimmten Totalkonzentration C der Protolysengrad um so größer ist, je stärker die Säure, bzw. Base ist.

Der Säuregrad einer Protolytlösung wird auf folgende Weise berechnet. Nehmen wir zunächst an, daß der gelöste Protolyt die Säure s sei, die nach 6 (7) unter Bildung der Base b protolysiert. Die Totalkonzentration der Säure sei $C = c_s + c_b$.

Man erhält also folgendes Protolysenschema:

Ausgangsprotolyte	*Gebildete Basen*	*Gebildete Säuren*
s in der Totalkonz. C	b in der Konz. c_b	—
H_2O	OH^- in der Konz. c_{OH^-}	H_3O^+ in der Konz. $c_{H_3O^+}$

Folglich ist

$$c_b = c_{H_3O^+} - c_{OH^-} \tag{14}$$

und

$$c_s = C - c_b = C - c_{H_3O^+} + c_{OH^-} \,. \tag{15}$$

Werden diese Werte für c_b und c_s in 6 (9) eingesetzt, so erhält man die Beziehung

$$\frac{c_{H_3O^+}\,(c_{H_3O^+} - c_{OH^-})}{C - c_{H_3O^+} + c_{OH^-}} = k_s \,. \tag{16}$$

Wird c_{OH^-} durch $k_w / c_{H_3O^+}$ [vgl. 6 (2)] substituiert, so erhält man eine Gleichung, aus der $c_{H_3O^+}$ berechnet werden kann. Diese Gleichung ist zwar in bezug auf $c_{H_3O^+}$ vom dritten Grad, läßt sich jedoch fast immer vereinfachen. Wenn die Lösung nur einigermaßen sauer ist, kann c_{OH^-} gegen $c_{H_3O^+}$ vernachlässigt werden. Dies ist dann der Fall, wenn die Säure nicht allzu schwach und die Totalkonzentration C nicht allzu klein ist. Unter dieser Voraussetzung wird

$$\frac{c^2_{H_3O^+}}{C - c_{H_3O^+}} = k_s \,. \tag{17}$$

Gleichung (17) erhält man direkt, wenn man die Autoprotolyse des Wassers vernachlässigt. In diesem Fall wird nach 6 (7) $c_b = c_{H_3O^+}$ und folglich $c_s = C - c_{H_3O^+}$. Gleichung (17) ist in den meisten Fällen anwendbar und ermöglicht eine bequeme Berechnung von $c_{H_3O^+}$.

Eine Säurelösung kann nahezu neutral sein, wenn die Säure entweder sehr schwach ist, oder aber wenn sie mittelschwach ist und in nur sehr geringer Konzentration C vorliegt. Ist ersteres der Fall und ist C nicht allzu klein, so kann, da $c_{H_3O^+}$ und c_{OH^-} nahezu gleich sind, die Differenz $(-c_{H_3O^+} + c_{OH^-})$ im Nenner von (16) gegen C vernachlässigt werden. Man erhält dann

$$\frac{c^2_{H_3O^+} - k_w}{C} = k_s \,, \quad \text{woraus} \quad c_{H_3O^+} = \sqrt{k_s C + k_w} \quad \text{folgt.} \tag{18}$$

Häufig kann (17) noch weiter vereinfacht werden. Wenn C so groß ist, daß $c_{H_3O^+}$ gegen C vernachlässigt werden kann, erhält man

$$\frac{c^2_{H_3O^+}}{C} = k_s \quad \text{und folglich} \quad c_{H_3O^+} = \sqrt{k_s C} \,. \tag{19}$$

Durch Logarithmierung von (19) erhält man unter Berücksichtigung, daß $pH = -\log c_{H_3O^+}$ ist, eine bequeme Formel für die direkte Berechnung des pH-Wertes einer Lösung:

$$pH = \tfrac{1}{2}\, pk_s - \tfrac{1}{2} \log C \,. \tag{20}$$

Ob die der Gleichung (19) zugrunde liegende Vereinfachung von (17) zulässig ist, zeigt eine Berechnung von $c_{H_3O^+}$ aus (19) und ein Vergleich des so gefundenen Wertes mit C. Aus Formel (19) ergibt sich nämlich immer die richtige Größenordnung von $c_{H_3O^+}$.

Wenn die Autoprotolyse des Wassers vernachlässigt werden kann und somit die zu (17) führenden Voraussetzungen bestehen, kann man aus einem logarithmischen Diagramm das pH einer Säurelösung unmittelbar ablesen. Unter diesen Voraussetzungen ist, wie erwähnt, nach 6 (7) $c_b = c_{H_3O^+}$. Das pH der Lösung entspricht daher dem Punkt, bei dem diese Bedingung erfüllt ist, d. h. dem Schnittpunkt der c_b- und $c_{H_3O^+}$-Kurven. Aus Fig. 3, 7c, geht hervor, daß in 0,1-C HAc pH = 2,9 und in 0,005-C NH_4^+ pH = 5,8 ist.

Zur Berechnung des Säuregrades einer Basenlösung sei angenommen, daß die Base b gemäß 6 (10) unter Bildung der Säure s protolysiert. Wenn die Totalkonzentration der Base C ist, erhält man analog zu (14) usw.

$$c_s = c_{OH^-} - c_{H_3O^+} \tag{21}$$

$$\text{und} \qquad c_b = C - c_s = C - c_{OH^-} + c_{H_3O^+} \,. \tag{22}$$

Nach 6 (12) wird dann

$$\frac{c_{OH^-}(c_{OH^-} - c_{H_3O^+})}{C - c_{OH^-} + c_{H_3O^+}} = k_b \tag{23}$$

Die Beziehung (23) entspricht der Beziehung (16) und geht aus dieser direkt hervor, wenn $c_{H_3O^+}$ gegen c_{OH^-}, bzw. k_s gegen k_b ausgetauscht wird und umgekehrt. Beziehungen, die in gleicher Weise den aus (16) abgeleiteten vereinfachten Formeln entsprechen, erhält man aus (23) unter analogen Voraussetzungen. Man erhält z. B.

$$\frac{c^2_{OH^-}}{C - c_{OH^-}} = k_b \tag{24}$$

$$\text{und} \qquad c_{OH^-} = \sqrt{k_b C} \,. \tag{25}$$

Aus (25) erhält man durch Logarithmierung

$$pH = pk_w - \tfrac{1}{2}\, pk_b + \tfrac{1}{2} \log C \,. \tag{26}$$

Auch das pH einer Basenlösung kann, wenn die Autoprotolyse des Wassers vernachlässigt werden darf, direkt aus einem logarithmischen Diagramm abgelesen werden. In diesem Fall ist nämlich nach 6 (10) $c_s = c_{OH^-}$. Das pH der Lösung liegt demnach im Schnittpunkt der c_s- und c_{OH^-}-Kurven. Aus Fig. 3, 7c, geht hervor, daß in 0,1-C Ac^- pH = 8,9 und in 0,005-C NH_3 pH = 10,5 ist.

c) Lösungen von mehreren schwachen Protolytsystemen. Die Berechnung der Ionenkonzentrationen in Lösungen von mehreren schwachen Protolytsystemen ist prinzipiell einfach. Für jedes Protolytsystem $s - b$ sind die Gleichungen

$$\frac{c_{H_3O^+}\, c_b}{c_s} = k_s \qquad \text{und} \qquad C = c_s + c_b$$

aufzustellen. In diesen sind $c_{H_3O^+}$, c_s und c_b unbekannt. Die Anzahl der Unbekannten ist also um 1 größer als die Anzahl der Gleichungen. Zur Lösung ist daher eine weitere Gleichung nötig, die man unter Beobachtung der früher erwähnten Tatsache, daß die Summe der Konzentrationen aller gebildeten Basen gleich der Summe der Konzentrationen aller gebildeten Säuren ist, erhält. In speziellen Fällen gelangt man oft einfacher zu einer gleichwertigen Beziehung, wenn man beachtet, daß die Anzahl der positiven Ladungen gleich der Anzahl der negativen Ladungen sein muß (*Elektroneutralitätsbedingung*). Die Summe aller Produkte aus Ionenkonzentration × zugehöriger positiver Ladung muß also der Summe aller Produkte aus Ionenkonzentration × zugehöriger negativer Ladung gleich sein. Kommt auch c_{OH^-} in den Gleichungen vor, so ist außerdem die Gleichung 6 (2) zu benützen.

Unter der Voraussetzung, daß sämtliche Dissoziationskonstanten bekannt sind, erhält man also eine genügende Anzahl von Gleichungen zur Berechnung sämtlicher Konzentrationen. Die praktische Durchführung ist oft recht unbequem, da man gewöhnlich Gleichungen von ziemlich hohem Grad erhält. In vielen Fällen lassen sich jedoch die Verhältnisse in der Lösung auch unter vereinfachten Annahmen hinlänglich genau wiedergeben. Diese Vereinfachungen bestehen gewöhnlich in der Vernachlässigung kleiner Konzentrationen. Die Größenordnung der verschiedenen Konzentrationen läßt sich dabei am einfachsten mit Hilfe eines logarithmischen Diagrammes beurteilen.

d) Lösungen von mehrwertigen Protolyten. In der Lösung eines mehrwertigen Protolyts sind mehrere Protolytsysteme vorhanden. In diesem Fall sind die Totalkonzentrationen der verschiedenen Protolytsysteme voneinander abhängig. Es liege z. B. eine Lösung einer zweiwertigen Säure vor, die wir mit H_2A bezeichnen wollen. Diese Säure protolysiere unter Bildung von HA^-, einer Verbindung, die ihrerseits wieder unter Bildung von A^{2-} protolysieren möge. HA^- kann also in diesem Fall sowohl die Rolle einer Base wie auch die einer Säure spielen. In der Lösung bestehen die Gleichgewichte

$$H_2A + H_2O = HA^- + H_3O^+ \qquad (27)$$

$$HA^- + H_2O = A^{2-} + H_3O^+ \qquad (28)$$

Die Dissoziationskonstante der Säure H_2A (die «primäre Dissoziationskonstante» der Säure H_2A) wollen wir mit k_s', diejenige der Säure HA^- (die «sekundäre Dissoziationskonstante» der Säure H_2A) mit k_s'' bezeichnen. Dann gilt

$$\frac{c_{H_3O^+}\, c_{HA^-}}{c_{H_2A}} = k_s' \tag{29}$$

$$\frac{c_{H_3O^+}\, c_{A^{2-}}}{c_{HA^-}} = k_s'' \,. \tag{30}$$

Ist C die Totalkonzentration von H_2A, so gilt

$$C = c_{H_2A} + c_{HA^-} + c_{A^{2-}} \,. \tag{31}$$

Schließlich gibt die Elektroneutralitätsbedingung:

$$c_{H_3O^+} = c_{HA^-} + 2\, c_{A^{2-}} + c_{OH^-} \,. \tag{32}$$

Zusammen mit 6 (2) erhält man fünf Gleichungen für die Berechnung der fünf Unbekannten $c_{H_3O^+}$, c_{OH^-}, c_{H_2A}, c_{HA^-} und $c_{A^{2-}}$. Da die Lösung sauer ist, kann jedoch in der Regel c_{OH^-} vernachlässigt werden, wodurch 6 (2) überflüssig wird.

Die Berechnung soll hier nicht durchgeführt werden. Wir wollen jedoch für die folgende Betrachtung (30) durch (29) dividieren und erhalten

$$\frac{c_{A^{2-}}}{c_{HA^-}} = \frac{k_s''}{k_s'} \cdot \frac{c_{HA^-}}{c_{H_2A}} \,. \tag{33}$$

Wie bereits in 6b gezeigt wurde, sinkt die Dissoziationskonstante einer mehrwertigen Säure stark bei jeder Protonenabgabe. k_s'' ist daher im allgemeinen von viel kleinerer Größenordnung als k_s' und folglich auch $c_{A^{2-}}/c_{HA^-}$ nur ein geringer Bruchteil von c_{HA^-}/c_{H_2A}. Solange c_{HA^-}/c_{H_2A} nicht allzu groß, d. h. der Protolysengrad in (27) mäßig ist, ist auch $c_{A^{2-}}/c_{HA^-}$ eine sehr kleine Zahl, und folglich der Protolysengrad nach (28) unbedeutend. Unter diesen Umständen braucht man in der Regel nur die Protolyse nach (27) zu berücksichtigen und kann den Säuregrad der Lösung so berechnen, als ob die Säure H_2A einwertig wäre und nur die Dissoziationskonstante k_s' besäße. Die in 8b abgeleiteten Formeln gelten also.

In der reinen Lösung einer dreiwertigen Säure macht sich natürlich die Protolyse bei der Abgabe des dritten Protons noch weniger geltend. In einer nicht zu verdünnten Lösung von H_3PO_4 ist demnach $c_{H_3PO_4}$ und $c_{H_2PO_4^-}$ vorherrschend, während $c_{HPO_4^{2-}}$ gering und $c_{PO_4^{3-}}$ ganz unbedeutend ist. Das hindert jedoch nicht, daß bei Zusatz eines PO_4^{3-}-Ionen fällenden Reagenz praktisch genommen die Gesamtmenge der gelösten H_3PO_4 ausgefällt werden kann. Wird nämlich $c_{PO_4^{3-}}$ durch die Fällung verringert, so verschieben sich dadurch alle Protolysengleichgewichte.

Die Lösungen mehrwertiger Basen verhalten sich analog. Wenn die zweiwertige Base A^{2-} in Form von z. B. Na_2A in Wasser gelöst wird, stellen sich folgende Protolysengleichgewichte ein:

$$A^{2-} + H_2O = HA^- + OH^- \quad (34)$$

$$HA^- + H_2O = H_2A + OH^- \quad (35)$$

Da bei einer mehrwertigen Base die Dissoziationskonstante nach jeder Protonenaufnahme rasch sinkt ist hier in der Regel die Protolyse (34) ausschlaggebend für den Säuregrad der Lösung. Bei nicht allzu großer Verdünnung proto-

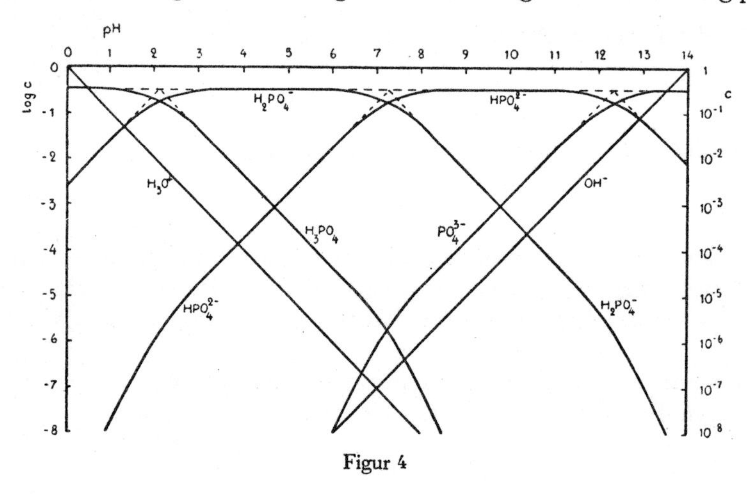

Figur 4

lysiert HA^- nur in geringem Maß nach (35). In diesem Fall kann also der Säuregrad (nach klassischer Auffassung die Hydrolyse des Salzes Na_2A genannt) so berechnet werden, als ob die Base A^{2-} einwertig wäre.

Die Konzentrationsverhältnisse der Lösung eines mehrwertigen Protolyts lassen sich am übersichtlichsten durch ein logarithmisches Diagramm darstellen, wie es z. B. in Fig. 4 für die Phosphorsäuresysteme der Totalkonzentration $C = 0{,}3$ erfolgt. Die Kurven verlaufen der Hauptsache nach so, als ob jedes einzelne der drei Protolytsysteme in der Totalkonzentration $C = 0{,}3$ allein vorhanden wäre. Die Konzentrationsabhängigkeit der verschiedenen Systeme äußert sich nur darin, daß die Kurven bei sehr niederen Konzentrationen einen steileren Verlauf annehmen. (Die Richtungskoeffizienten ± 1 gehen in ± 2 über.) Die Richtungsänderungen finden in der Nähe der pk_s-Werte statt und sind durch die großen Gleichgewichtsverschiebungen in der Nähe dieser Punkte verursacht. In der Praxis braucht man auf diese steileren Kurventeile nur selten Rücksicht zu nehmen.

Die eben erwähnten Konzentrationsverhältnisse in einer Lösung von H_3PO_4 gehen unmittelbar aus Fig. 4 hervor.

e) Die Protolyse zwischen einer schwachen Säure und einer schwachen Base. Wird eine schwache Säure s_1 und eine schwache Base b_2 in Wasser gelöst, so findet außer den Protolysen

$$s_1 + H_2O = b_1 + H_3O^+ \tag{36}$$

$$b_2 + H_2O = s_2 + OH^- \tag{37}$$

auch die Protolyse

$$s_1 + b_2 = b_1 + s_2 \tag{38}$$

statt.

Bezeichnet man die Dissoziationskonstante von s_1 mit k_{s_1} und von b_2 mit k_{b_2}, so gilt

$$\frac{c_{H_3O^+}\, c_{b_1}}{c_{s_1}} = k_{s_1} \tag{39}$$

$$\frac{c_{OH^-}\, c_{s_2}}{c_{b_2}} = k_{b_2}\,. \tag{40}$$

Durch Division von (39) durch (40) sowie Anwendung von 6 (2) erhält man

$$c_{H_3O^+} = \sqrt{\frac{k_{s_1}}{k_{b_2}}\, k_w\, \frac{c_{s_1}\, c_{s_2}}{c_{b_1}\, c_{b_2}}}\,. \tag{41}$$

Der vorliegende Fall trifft bei der Lösung eines Salzes ein, in dem das eine Ion eine schwache Säure und das andere eine schwache Base ist. Eine Lösung von z. B. NH_4Ac enthält eine Lösung der schwachen Säure NH_4^+ und der schwachen Base Ac^-. In diesem Fall sind die Totalkonzentrationen der beiden Protolytsysteme einander gleich, d. h.

$$c_{s_1} + c_{b_1} = c_{s_2} + c_{b_2}\,. \tag{42}$$

Die nach (36) und (37) gebildeten Mengen b_1 bzw. s_2 sind gleich den gebildeten Mengen H_3O^+ bzw. OH^-. Wenn daher $c_{H_3O^+}$ und c_{OH^-} im Vergleich mit c_{b_1} bzw. c_{s_2} klein sind, geht daraus hervor, daß die Protolysen (36) und (37) nur unbedeutend im Vergleich mit der Protolyse (38) sind. In diesem Fall können oft (36) und (37) gegen (38) vernachlässigt werden. Nach (38) ist dann $c_{b_1} = c_{s_2}$. Aus (42) folgt, daß $c_{s_1} = c_{b_2}$. Die Beziehung (41) erhält dann die Form

$$c_{H_3O^+} = \sqrt{\frac{k_{s_1}}{k_{b_2}}\, k_w}\,. \tag{43}$$

Durch Logarithmieren erhält man

$$\mathrm{pH} = \tfrac{1}{2}(\mathrm{p}k_w + \mathrm{p}k_{s_1} - \mathrm{p}k_{b_2})\,. \tag{44}$$

Der Säuregrad hängt also in diesem Fall nur von k_{s_1} und k_{b_2} ab, ist dagegen unabhängig von der Totalkonzentration des Salzes. Ist $k_{s_1} > k_{b_2}$, so wird $c_{H_3O^+} > \sqrt{k_w}$, d. h. die Lösung reagiert sauer. Ist dagegen $k_{s_1} < k_{b_2}$, so wird $c_{H_3O^+} < \sqrt{k_w}$ und die Lösung reagiert basisch.

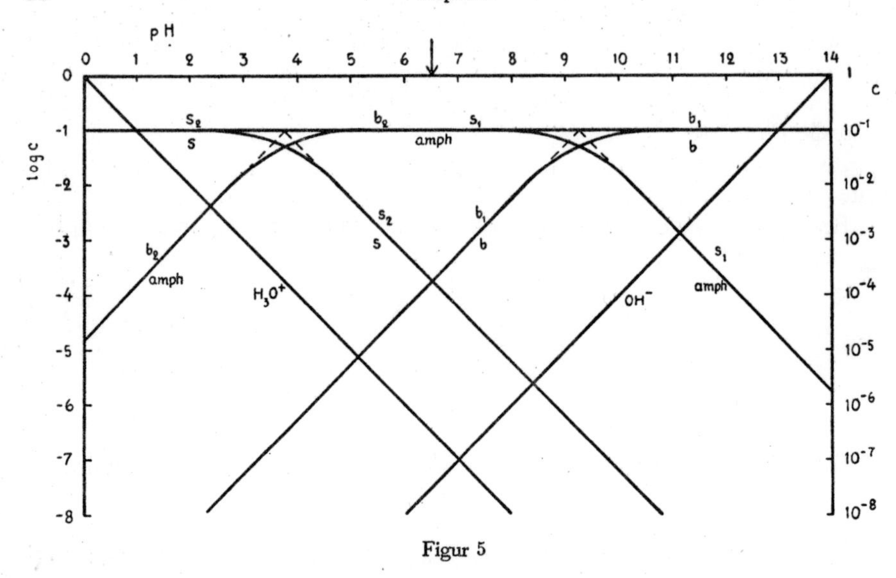

Figur 5

Verwendet man anstatt (40) den gleichwertigen Ausdruck $c_{H_3O^+} c_{b_2}/c_{s_2} = k_{s_2}$, so erhält man durch Multiplikation desselben mit (39)

$$c_{H_3O^+} = \sqrt{k_{s_1} k_{s_2}} \tag{45}$$

$$\text{bzw.} \quad pH = \tfrac{1}{2}(pk_{s_1} + pk_{s_2}) \; . \tag{46}$$

(45) folgt übrigens direkt aus (43), wenn man die für korrespondierende Protolyte geltende Gleichung 6 (13) benützt.

Auch hier ersieht man wieder am besten aus einem logarithmischen Diagramm, wie sich die Lösung eines Salzes dieser Art verhält. Fig. 5 entspricht dem konkreten Fall einer 0,1-*C* Ammoniumformiatlösung. Hier ist $s_1 = NH_4^+$, $b_1 = NH_3$, $s_2 = H \cdot COOH$, $b_2 = H \cdot COO^-$. (Die unter den Kurven stehenden Bezeichnungen *Amph*, *s* und *b*, beziehen sich auf die Ausführungen des nächsten Kapitels.) In der Figur ist $c_{b_1} = c_{s_2}$ und $c_{s_1} = c_{b_2}$ bei dem (durch einen Pfeil bezeichneten) pH-Wert, der dem Schnittpunkt der c_{b_1}- und c_{s_2}-Linien entspricht. Das ist aber der pH-Wert, den man aus den Gleichungen (43) bis (46) erhält, bei deren Ableitung $c_{b_1} = c_{s_2}$ vorausgesetzt wurde. In diesem Fall sind $c_{H_3O^+}$ und c_{OH^-} im erwähnten Schnittpunkt so klein, daß sie gegen c_{b_1} und c_{s_2} vernachlässigt werden können. Der Säuregrad wird also von (43) bis (46) bzw. dem pH-Wert des Schnittpunktes mit guter Annäherung wiedergegeben.

Bei Erhöhung oder Verminderung der Totalkonzentration des Salzes heben bzw. senken sich alle zu den beiden Protolytsystemen gehörigen Kurven. Der pH-Wert im Schnittpunkt der c_{b_1}- und c_{s_2}-Linien bleibt dabei aber unverändert. So lange das pH der Lösung mit dem pH-Wert dieses Schnittpunktes übereinstimmt, was damit gleichbedeutend ist, daß die Gleichungen (43) bis (46) den Säuregrad richtig wiedergeben, ist auch das pH der Lösung unabhängig von der

Totalkonzentration des Salzes. Wird dagegen die Totalkonzentration so niedrig, daß $c_{H_3O^+}$ und c_{OH^-} gegen c_{b_1} und c_{s_2} nicht mehr vernachlässigt werden können, so beginnt das pH der Lösung vom pH-Wert des Schnittpunktes abzuweichen.

Aus Fig. 5 geht hervor, daß die Übereinstimmung um so besser wird, je näher die beiden pk_s-Werte aneinanderrücken. Je kleiner der Abstand zwischen den pk_s-Werten ist, desto höher liegt nämlich der Schnittpunkt der c_{b_1}- und c_{s_2}-Linien. Außerdem wird die Übereinstimmung um so besser, je mehr sich das pH des Schnittpunktes und damit auch das pH der Lösung dem Wert 7 nähert.

Man kommt also zum Ergebnis, daß die Formeln (43) bis (46) um so genauer gelten, je näher aneinander die beiden pk_s-Werte liegen, je mehr das pH der reinen Lösung sich dem Wert 7 nähert und je höher die Totalkonzentration des Salzes ist.

Übungsbeispiele zu Kapitel 8

1. Wie groß ist das pH von HCl-Lösungen der folgenden Konzentrationen: 0,001, 0,005, 0,01, 0,05, 0,1 und 0,5?

2. Berechne mit Hilfe der Formel 5 (3) a_{H^+} und daraus genauer die pH-Werte der Lösungen im Beispiel 1.

3. Berechne $c_{H_3O^+}$ und pH einer Lösung, die durch Mischen von 1 Volumen 0,1-C HCl mit 3 Volumina 0,02-C NaOH entsteht.

4. Einer Lösung von Ameisensäure wird soviel NaOH zugesetzt, bis ihr pH 4,20 beträgt. Berechne das Verhältnis zwischen den Konzentrationen des Formiations und der unprotolysierten Ameisensäure bei diesem pH-Wert.

5. Berechne den Protolysengrad einer 0,1-C Lösung von a) Essigsäure, b) Zyanwasserstoffsäure.

6. Berechne $c_{H_3O^+}$ und pH einer a) 0,1-C HAc-Lösung, b) 0,0001-C HAc-Lösung.

7. Berechne das pH der folgenden Lösungen: a) 0,1-C NH_3, b) 0,1-C NaAc, c) 0,1-C NH_4Cl, d) 0,3-C H_3PO_4, e) 0,2-C NH_4Ac.

8. Stelle die Elektroneutralitätsbedingung für a) eine Lösung von H_3PO_4, b) eine Lösung von $NaHCO_3$ mit der Totalkonzentration C auf.

9. Der Lösung einer zweiwertigen Säure H_2A wird eine starke Base zugesetzt, bis das pH den Wert 9,0 erreicht. Berechne das Verhältnis zwischen $c_{A^{2-}}$ und der Totalkonzentration der Säure, wenn $k_s' = 2{,}2 \cdot 10^{-8}$ und $k_s'' = 4{,}0 \cdot 10^{-12}$ ist. Ermittle das gleiche Verhältnis graphisch aus einem logarithmischen Diagramm.

10. Welches Volumen 0,1-C HCl muß einer 0,05-C $NaHCO_3$-Lösung zugesetzt werden, damit eine Mischung mit pH 7 entsteht?

9. KAPITEL

AMPHOLYTE

a) Definitionen und Beispiele. Viele Molekül- und Ionenarten können gleichzeitig sowohl als Säure wie auch als Base reagieren, d. h. sie können sowohl Protonen abgeben als auch solche aufnehmen. Eine Verbindung dieser Art nennt man einen *Ampholyt* (früher verwendete man häufig die Bezeichnung *amphoterer Elektrolyt*). Bereits erwähnte Beispiele von Ampholyten sind Wasser und jene Ionen, die intermediär bei der Protolyse mehrwertiger Protolyte (z. B. HCO_3^-) auftreten.

Ein Ampholyt (hier mit *Amph* bezeichnet) kann also sowohl als Säure reagieren

$$Amph = b + H^+ \tag{1}$$

wie auch als Base

$$Amph + H^+ = s\ . \tag{2}$$

Wird ein Ampholyt in Wasser gelöst, so erfolgt daher die Protolyse:

$$Amph + H_2O = b + H_3O^+\ , \tag{3}$$

$$Amph + H_2O = s + OH^-\ . \tag{4}$$

Außerdem erfolgt die Protolyse

$$Amph + Amph = s + b\ . \tag{5}$$

Diese letztere Protolyse kann schon im reinen Ampholyt oder in dessen Lösung in einem nicht-protolysierenden Lösungsmittel auftreten. Für diese Art von Protolyse wurde in 6a die Bezeichnung *Autoprotolyse* eingeführt.

Die Art des Zusammenhanges zwischen s, *Amph* und b gestattet es, jeden Ampholyt als ein Zwischenprodukt der Protolyse einer zwei- oder mehrwertigen Säure s zu betrachten, die in der Reihenfolge $s \rightarrow Amph \rightarrow b$ protolysiert.

Charakteristisch für einen Ampholyt ist eine «saure» Dissoziationskonstante k_s, die das Gleichgewicht (3), und eine «basische» Dissoziationskonstante k_b, die das Gleichgewicht (4) bestimmt. Für jede Ampholytlösung gilt also

$$\frac{c_{H_3O^+}\, c_b}{c_{Amph}} = k_s \tag{6}$$

und

$$\frac{c_{OH^-}\, c_s}{c_{Amph}} = k_b\ . \tag{7}$$

Oft zieht man es aus formalen Gründen vor, den Ampholyt durch die k_s-Werte der beiden teilnehmenden Protolytsysteme $s - Amph$ und $Amph - b$ zu charakterisieren. Diese k_s-Werte entsprechen der primären bzw. sekundären Dissoziationskonstante der zweiwertigen Säure s. Werden diese Konstanten wie gewöhnlich mit k_s' und k_s'' bezeichnet, so ist die durch (6) definierte Konstante $k_s = k_s''$ bzw. die durch (7) definierte Konstante $k_b = k_w/k_s'$.

Wichtige Beispiele von Ampholyten sind, von Wasser und den genannten intermediären Ionen abgesehen, gewisse Hydroxyde. So löst sich z. B. Al-Hydroxyd in Säuren unter Bildung von Al^{3+}-Ionen und in Basen unter Bildung von Aluminationen. Es erwies sich bald als ziemlich schwierig, die Säurefunktion des Hydroxyds in der letztgenannten Reaktion als eine H^+-Abgabe des $Al(OH)_3$ zu erklären. Man versuchte daher, die Säurefunktion anstatt dessen als eine OH^--Aufnahme unter gleichzeitiger Bildung von Aluminationen $Al(OH)_4^-$ zu deuten. BRÖNSTED dagegen geht von der Tatsache aus, daß das Al^{3+}-Ion eine starke Tendenz hat, die Koordinationszahl 6 (siehe 3d und 6b) zu erreichen, und gibt damit der Auffassung der Säure-Basen-Funktion eine formal einheitliche Deutung, die der Wirklichkeit mindestens recht nahe kommen dürfte.

Die Konstitution des gefällten Al-Hydroxyds ist unbekannt. In den in geringer Menge in Lösung befindlichen Hydroxydmolekülen erreicht aber wahrscheinlich das Al^{3+}-Ion durch Anlagerung von Wasser und Bildung von $Al(H_2O)_3(OH)_3$ die Koordinationszahl 6. Bei Zusatz einer starken Säure nimmt jedes derartige Hydroxydmolekül bis zu 3 Protonen auf, so daß folgendes Schlußresultat erreicht wird:

$$Al(H_2O)_3(OH)_3 + 3\,H_3O^+ = Al(H_2O)_6^{3+} + 3\,H_2O\ . \tag{8}$$

Es werden also hydratisierte Al^{3+}-Ionen gebildet. Infolge der Verringerung der $Al(H_2O)_3(OH)_3$-Konzentration geht das Al-Hydroxyd in Lösung.

Bei Zusatz einer starken Base gibt das Hydroxydmolekül 1 Proton ab:

$$Al(H_2O)_3(OH)_3 + OH^- = Al(H_2O)_2(OH)_4^- + H_2O\ . \tag{9}$$

Dabei bildet sich also ein hydratisiertes Alumination und das Al-Hydroxyd geht in Lösung.

Andere wichtige amphotere Hydroxyde sind die Hydroxyde von Zn^{2+}, Cr^{3+}, Pb^{2+}, Sn^{2+}, Sn^{4+}, Sb^{3+}, As^{3+}. Die Säure- und Basenfunktionen dieser Hydroxyde sind wahrscheinlich analoger Art wie in obigem Fall, obgleich die Koordinationszahlen variieren können. Da die Reaktionen bei der Protolyse dieser Hydroxyde oft nur unvollständig bekannt sind und die Hydroxydlösungen meist kolloiden Charakter haben, fehlen in der Regel verläßliche Unterlagen für eine quantitative Behandlung der Protolyse von Hydroxyden.

b) Der Säuregrad einer Ampholytlösung. In 8e behandelten wir die Gleichgewichte in der Lösung einer schwachen Säure und einer schwachen Base. Die Berechnung der Gleichgewichte in einer Ampholytlösung unterscheidet sich nicht prinzipiell von diesem Fall. Auch hier hat man es mit der Lösung einer schwachen Säure und einer schwachen Base zu tun, obwohl Säure und Base aus artgleichen Molekülen bestehen, ja mitunter sogar nur aus dem gleichen Molekül (wegen letzterem Falle vgl. 9d).

Für den Säuregrad einer Ampholytlösung erhält man daher eine Beziehung, die analog der entsprechenden Gleichung in 8e ist, wenn man, unter Anwendung von 6 (2), (6) durch (7) dividiert:

$$c_{H_3O^+} = \sqrt{\frac{k_s}{k_b} k_w \frac{c_s}{c_b}} . \tag{10}$$

Sind die Größen $c_{H_3O^+}$ und c_{OH^-} im Verhältnis zu c_b bzw. c_s klein, so sind die Protolysen (3) und (4) im Vergleich mit der Protolyse (5) nur gering. Vernachlässigt man (3) und (4), so wird nach (5) $c_s = c_b$.

Die Gleichung (10) geht dann in

$$c_{H_3O^+} = \sqrt{\frac{k_s}{k_b} k_w} \tag{11}$$

über. Aus (11) geht hervor, daß die Lösung für $k_s > k_b$ sauer, für $k_s < k_b$ dagegen basisch ist. Bei $k_s = k_b$ ist die Lösung neutral.

Der Säuregrad einer Ampholytlösung kann auch durch die Dissoziationskonstanten der Säure s ausgedrückt werden, wenn man in (11) $k_s = k_s''$ und $k_b = k_w/k_s'$ einführt. Man erhält dann

$$c_{H_3O^+} = \sqrt{k_s' \, k_s''} \tag{12}$$

und daraus durch Logarithmierung

$$\mathrm{pH} = \tfrac{1}{2} (\mathrm{p}k_s' + \mathrm{p}k_s'') . \tag{13}$$

Die Bedingungen für die Zulässigkeit dieser vereinfachten Ableitung sowie für den Geltungsbereich der Gleichungen (11) bis (13) sind analog den Bedingungen für die Zulässigkeit der entsprechenden Vereinfachungen in 8e. Sie werden gleichfalls durch Fig. 5 in 8e erläutert, die in diesem Fall die verschiedenen Konzentrationen in einer 0,1-C Lösung eines Ampholyts darstellt, dessen beide Protolytsysteme die pk_s-Werte 3,75 und 9,25 haben. Hier ist $s_1 = b_2 = Amph$, $b_1 = b$ und $s_2 = s$. Die zugehörigen Bezeichnungen sind unter die betreffenden Konzentrationskurven der Figur gesetzt.

c) Lösungen «saurer» Salze. In einer Lösung, z. B. der Verbindung NaHA, die das «saure» Salz der Säure H_2A darstellen soll, ist das Anion ein Ampholyt. Wenn die Konstanten k_s' und k_s'' der Säure H_2A bekannt sind, kann der Säuregrad der Lösung nach (12) oder (13) berechnet werden, vorausgesetzt, daß die Bedingungen für die Gültigkeit dieser Gleichungen erfüllt sind.

Für eine Lösung von NaH_2PO_4 ergibt die Formel (13) pH $= \frac{1}{2}(2{,}1 + 7{,}2) = 4{,}7$. Dieser pH-Wert ist in Fig. 4, 8d, durch den Schnittpunkt der Konzentrationskurven von H_3PO_4 und HPO_4^{2-} bestimmt. Bei der diesem Beispiel entsprechenden Totalkonzentration von $C = 0{,}3$ ist für pH 4,7 $c_{H_3PO_4} = c_{HPO_4^{2-}} = 1 \cdot 10^{-3}$ und $c_{H_3O^+} = 2 \cdot 10^{-5}$. $c_{H_3O^+}$ ist also nur 2 % von $c_{HPO_4^{2-}}$ und kann daher gegen diese Konzentration ohne größeren Fehler vernachlässigt werden. Der pH-Wert der Lösung muß daher für $C = 0{,}3$ in der Nähe von 4,7 liegen. Bei kleinerer Totalkonzentration ergeben sich jedoch bald starke Abweichungen.

Für eine Lösung von Na_2HPO_4 ergibt die Formel (13) $\mathrm{pH} = \frac{1}{2}(7{,}2 + 12{,}3) = 9{,}8$. Fig. 4 zeigt, daß bei $C = 0{,}3$ dieser Wert etwas schlechter wiedergegeben wird als der vorhergehende.

d) Ampholytisomerie und Amphoionen. Wenn die Protonen einer zwei- oder mehrwertigen Säure an ungleichwertigen Stellen des Säuremoleküls gebunden sind, entstehen bei der Protolyse verschiedene Ionen, je nachdem das eine oder andere Proton zuerst abgegeben wird. Diese Erscheinung ist in der organischen Chemie nicht ungewöhnlich. Z. B. kann die Protolyse der Monobrombernsteinsäure auf zwei verschiedene Arten erfolgen, indem nämlich das dem Bromatom benachbarte oder das von ihm entferntere Proton zuerst abgegeben wird, wie das folgende Schema zeigt:

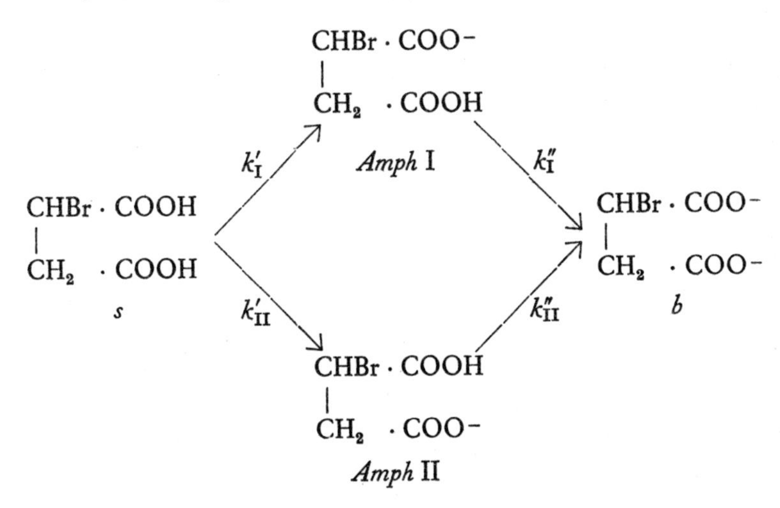

Man kann demnach zwei miteinander isomere Ampholyte erhalten, die wir ganz allgemein mit *Amph* I und *Amph* II bezeichnen wollen. Isomerie dieser Art, die wie ersichtlich nur bei Ampholyten auftreten kann, wird *Ampholytisomerie* genannt.

Wir geben den vier verschiedenen Säuredissoziationskonstanten die neben den Pfeilen stehenden Bezeichnungen und definieren sie allgemein durch die nachstehenden Gleichgewichtsgleichungen

$$\frac{c_{H_3O^+}\, c_{Amph\ I}}{c_s} = k'_I \qquad (14)$$

$$\frac{c_{H_3O^+}\, c_b}{c_{Amph\,I}} = k''_{I} \tag{15}$$

$$\frac{c_{H_3O^+}\, c_{Amph\,II}}{c_s} = k'_{II} \tag{16}$$

$$\frac{c_{H_3O^+}\, c_b}{c_{Amph\,II}} = k'_{II}\,. \tag{17}$$

Wird (14) durch (16) und (15) durch (17) dividiert, so erhält man folgende Beziehung:

$$\frac{k'_{I}}{k'_{II}} = \frac{k''_{II}}{k''_{I}} = \frac{c_{Amph\,I}}{c_{Amph\,II}}\,. \tag{18}$$

In der Lösung eines Ampholyts, bei dem Ampholytisomerie auftreten kann, müssen theoretisch *Amph* I, *Amph* II, s und b vorhanden sein. Die Gesamtkonzentration des Ampholyts ist dann

$$C = c_{Amph\,I} + c_{Amph\,II} + c_s + c_b\,. \tag{19}$$

c_s und c_b können bestimmt werden und daher auch $c_{Amph\,I} + c_{Amph\,II}$. Dagegen kann man im allgemeinen die Konzentration eines Ampholytisomeren nicht direkt bestimmen. Es fehlt daher die Möglichkeit, die oben angegebenen Konstanten zu berechnen. Anstatt dessen definiert man zwei scheinbare Dissoziationskonstanten k'_s und k''_s durch die Gleichungen

$$\frac{c_{H_3O^+}\,(c_{Amph\,I} + c_{Amph\,II})}{c_s} = k'_s \tag{20}$$

$$\frac{c_{H_3O^+}\, c_b}{c_{Amph\,I} + c_{Amph\,II}} = k''_s\,. \tag{21}$$

(vgl. die Methode bei H_2CO_3 nach 6b).

Auf Grund von (14) bis (17) findet man

$$k'_s = k'_{I} + k'_{II} \tag{22}$$

$$k''_s = \frac{k''_{I} \cdot k''_{II}}{k''_{I} + k''_{II}}\,. \tag{23}$$

Mit Hilfe von (20) und (21) sowie der Kenntnis der Konstanten k'_s und k''_s können die Gleichgewichtsverhältnisse bei Lösungen von Ampholytisomeren auf die gleiche Weise behandelt werden, wie bei Lösungen von anderen Ampholyten. Auch in diesem Fall pflegt man häufig eine «saure» Konstante $k_s = k''_s$ und eine «basische» Konstante $k_b = k_w/k'_s$ anzugeben.

Oft kann man durch Analogieschluß entscheiden, welches der beiden Ampholytisomeren in der Lösung vorherrschen muß. Bei der Monobrombernsteinsäure genügt die Erfahrung, daß die Einführung von Halogen in eine einwertige Karbonsäure die Stärke der Säure immer vergrößert, und dies um so mehr, je näher sich die Halogenatome der Karboxylgruppe befinden. Bei der Monobrombernsteinsäure wird also das erste Proton am leichtesten von der dem Bromatom benachbarten Karboxylgruppe abgegeben. Die Protolyse muß also hauptsächlich zu *Amph* I führen.

Eine sehr wichtige Gruppe organischer Ampholyte sind die Aminosäuren. Man glaubte früher, daß die einfache Aminosäure Glykokoll (Aminoessigsäure) als Säure nach der Formel

$$NH_2 \cdot CH_2 \cdot COOH = NH_2 \cdot CH_2 \cdot COO^- + H^+$$

und als Base nach der Formel

$$NH_2 \cdot CH_2 \cdot COOH + H^+ = {}^+NH_3 \cdot CH_2 \cdot COOH$$

reagiere, war sich aber bald im klaren darüber, daß auch ein und dasselbe Glykokollmolekül gleichzeitig als Säure und als Base reagieren könne, wobei, wie man annahm, $^+NH_3 \cdot CH_2 \cdot COO^-$ gebildet werde. Dieses Molekül besitzt keine Nettoladung und kann deshalb in einem elektrischen Feld nicht wandern. Trotzdem pflegt man ein derartiges Molekül als Ion zu bezeichnen, nämlich als *Amphoion* oder *Zwitterion.*

Man kann den Ampholyt $NH_2 \cdot CH_2 \cdot COOH$ als erstes Stadium der Protolyse der zweiwertigen Säure $^+NH_3 \cdot CH_2 \cdot COOH$ auffassen. Dabei läßt sich aber nicht ohne weiteres sagen, ob das an die Aminogruppe gebundene Proton zuerst abgespalten wird. Man muß daher bei der Protolyse mit zwei verschiedenen Möglichkeiten rechnen, wie aus folgendem Schema hervorgeht:

$$\begin{array}{ccccc} & & NH_2 \cdot CH_2 \cdot COOH & & \\ & \nearrow & \textit{Amph}\ \mathrm{I} & \searrow & \\ {}^+NH_3 \cdot CH_2 \cdot COOH & & & & NH_2 \cdot CH_2 \cdot COO^- \\ & \searrow & & \nearrow & \\ s & & {}^+NH_3 \cdot CH_2 \cdot COO^- & & b \\ & & \textit{Amph}\ \mathrm{II} & & \end{array}$$

N. Bjerrum hat gezeigt, daß das Karboxylproton am leichtesten abgespalten wird, und daß die Protolyse daher zum größten Teil über das Amphoion *Amph* II geht. *Amph* I-Moleküle gibt es dagegen in Glykokollösungen nur in äußerst geringer Menge (nach Bjerrum ist $c_{Amph\,I} / c_{Amph\,II} = 0{,}0004$). Der Ampholyt Glykokoll besteht also nicht, wie man früher glaubte, aus $NH_2 \cdot CH_2 \cdot COOH$, sondern hauptsächlich aus der isomeren Verbindung $^+NH_3 \cdot CH_2 \cdot COO^-$. Kristalle von Glykokoll besitzen einige typische Salzeigenschaften (Härte, geringe Löslichkeit in organischen Lösungsmitteln und relativ hohen Schmelzpunkt), die auf starke elektrostatische Kräfte zwischen den Molekülen schließen lassen. Die Glykokollmoleküle sind offenbar geladen und treten daher auch im Kristallgitter als Amphoionen auf.

Die übrigen aliphatischen Aminosäuren verhalten sich analog dem Glykokoll. Bei den aromatischen Aminosäuren dagegen überwiegt das Amphoion nicht immer gegenüber dem anderen Isomer.

e) Der isoelektrische Punkt. Bei Erhöhung des Säuregrads einer Ampholytlösung verschiebt sich das Gleichgewicht (3) nach links, das Gleichgewicht (4) dagegen nach rechts. Bei Verringerung des Säuregrads verschieben sich diese Gleichgewichte in entgegengesetzter Richtung. Infolgedessen müssen die Protolysengrade gemäß (3) und (4) bei einem bestimmten Säuregrad einander gleich werden. Der Ampholyt ist dann als Säure und Base gleich stark protolysiert. Bei diesem Säuregrad, den man den *isoelektrischen Punkt* des Ampholyts nennt, ist also $c_b = c_s$. Der Säuregrad im isoelektrischen Punkt muß demnach den Gleichungen (11) bis (13) entsprechen, bei deren Ableitung die Bedingung $c_b = c_s$ Voraussetzung war. In Fig. 5, 8e, bezeichnet der Pfeil die Lage des isoelektrischen Punktes.

Wenn also der Säuregrad der reinen Ampholytlösung durch die Näherungsformeln (11) bis (13) richtig wiedergegeben wird, befindet sich die Lösung im isoelektrischen Punkt oder in dessen Nähe.

Aus Fig. 5 geht unmittelbar hervor, daß bei einer bestimmten Totalkonzentration c_{Amph} (bzw. $c_{Amph\,I} + c_{Amph\,II}$ im Fall von Ampholytisomerie) im isoelektrischen Punkt ein Maximum aufweist, $c_s + c_b$ dagegen ein Minimum. Aus diesem Grund kann man auch bei vielen Eigenschaften der Ampholytlösungen im isoelektrischen Punkt Maxima und Minima beobachten.

Übungsbeispiele zu Kapitel 9

1. Berechne das pH einer 0,2-*C* $NaHCO_3$-Lösung.

2. Berechne die zweite Dissoziationskonstante der Weinsäure, wenn $c_{H_3O^+}$ einer 0,1-*C*-Lösung von saurem Natriumtartrat $1{,}64 \cdot 10^{-4}$ und die erste Dissoziationskonstante der Weinsäure $9{,}6 \cdot 10^{-4}$ ist.

3. Berechne den isoelektrischen Punkt von Glykokoll, dessen Konstanten $k_s = 1{,}67 \cdot 10^{-10}$ und $k_b = 2{,}26 \cdot 10^{-12}$ sind.

10. KAPITEL

pH-INDIKATOREN

Wenn eine Lösung ein Protolytsystem enthält, in dem Säure und korrespondierende Base verschieden gefärbt sind, so muß bei einer Änderung des Protolysengleichgewichtes auch eine Farbänderung stattfinden. Bei einer bestimmten Konzentration ist die Farbe des Protolytsystems vom Säuregrad der Lösung abhängig und kann daher zu dessen Bestimmung herangezogen werden. Protolyte, die man zu diesem Zweck verwendet, heißen *protolytische Indikatoren* oder pH-*Indikatoren.*

Bei einigen Indikatorsystemen haben sowohl Säure wie auch Base eine für das Auge sichtbare Farbe (Lichtabsorption im sichtbaren Teil des Spektrums), bei anderen dagegen ist nur die eine Komponente gefärbt, die andere aber farblos. Indikatoren der ersteren Art nennt man *zweifarbig*, die letztgenannten dagegen *einfarbig.*

Wir nehmen an, die Säure des Indikatorsystems besitze eine bestimmte Farbe, die wir der Einfachheit halber «sauer» nennen wollen, die Base dagegen eine andere, die wir dementsprechend «basisch» nennen. Wir greifen zur Erörterung dieses Falles auf Gleichung 7 (5) zurück, die folgende Form hatte:

$$\mathrm{pH} = \mathrm{p}k_s + \log \frac{x_b}{1 - x_b} \,. \qquad (1)$$

k_s ist hier die Dissoziationskonstante der Indikatorsäure und x_b der Basenbruch des Indikatorsystems.

Wenn die Lösung anfänglich so sauer ist, daß die Hauptmenge des Indikators als Säure vorhanden ist, so ist $x_s \sim 1$ und $x_b \sim 0$. Die basische Farbe kann daher nicht wahrgenommen werden. Bei Verringerung des Säuregrades wird x_s kleiner, x_b dagegen größer. Der Anteil der basischen Farbe wird also größer. Man kann annehmen, daß der basische Farbanteil sichtbar zu werden beginnt, wenn die Basenmenge infolge Verringerung des Säuregrades so weit angestiegen ist, daß etwa 10 Prozent der Indikatormenge als Base vorliegt, d. h. wenn $x_s = 0{,}9$ und $x_b = 0{,}1$. Nach (1) erfolgt dies in der Nähe von $\mathrm{pH} = \mathrm{p}k_s - 1$.

Wenn bei weiterem Sinken des Säuregrades $x_s = x_b = 0{,}5$ wird, besitzt die Hälfte der Indikatormenge saure, die andere Hälfte basische Farbe. Nach (1) erfolgt dies, wenn $\mathrm{pH} = \mathrm{p}k_s$ ist.

Bei noch weiterem Sinken des Säuregrades wird auch die Menge der Indikatorsäure bzw. der sauren Farbe immer kleiner. So wie früher nehmen wir an, daß, wenn nur mehr 10 Prozent der Indikatormenge als Säure vorliegt, der Anteil der sauren Farbe so gering ist, daß eine weitere Verringerung nicht mehr wahrgenommen werden kann. Dies trifft also ein, wenn $x_s = 0{,}1$ und $x_b = 0{,}9$, d. h. nach (1) in der Nähe von $pH = pk_s + 1$ ist.

Die Abhängigkeit von x_s und x_b von pH-Änderungen entspricht selbstverständlich einer Kurve von der gleichen Gestalt wie die Kurven in Figur 2, 7b.

Unter diesen Voraussetzungen ändert sich also die Farbe merklich innerhalb eines pH-Gebietes, dessen Mittelpunkt bei $pH = pk_s$ liegt, und das sich von ungefähr $pH = pk_s - 1$ bis $pH = pk_s + 1$ erstreckt. Der Indikator besitzt demnach ein *Umschlagsgebiet*, das etwa 2 pH-Einheiten breit ist. Der pk_s-Wert des Indikators, der die Lage des Intervalls bestimmt, wurde früher oft *Indikatorexponent* genannt (bzw. mit pH_I oder p_I bezeichnet).

Selbstverständlich haben die Grenzen des Umschlagsgebietes keinerlei theoretische Bedeutung, sondern begrenzen nur ein pH-Gebiet, innerhalb dessen das Auge unter bestimmten Voraussetzungen eine Farbenveränderung wahrnehmen kann. Ändern sich die Voraussetzungen, so verändert sich auch die Lage dieser Grenzen. Handelt es sich z. B. um zwei solche Farben, bei denen das Auftreten der ersten sauren Farbspuren im basischen Farbbereich für das Auge leichter wahrnehmbar ist als das Auftreten der ersten basischen Farbspuren im sauren Bereiche, so sind natürlich die Grenzen des Intervalls asymmetrisch in bezug auf $pH = pk_s$.

Ferner ist zu berücksichtigen, daß sich der Farbton eines zweifärbigen Indikators innerhalb des Umschlagsgebietes ändert (Änderung des Stärkeverhältnisses zweier Farben). Da dieses Stärkeverhältnis bei einem bestimmten pH-Wert praktisch unabhängig von der Indikatorkonzentration ist, muß daher das gleiche auch für den Farbton selbst gelten. Bei einem einfarbigen Indikator dagegen verändert sich innerhalb des Umschlagsgebietes nur die Farbintensität. Da die Intensität außerdem noch von der Totalkonzentration des gelösten Indikators abhängig ist, verschiebt sich in diesem Fall auch das Umschlagsgebiet bei Änderungen der Indikatorkonzentration. Angenommen z. B., daß bei einer bestimmten Konzentration des einfärbigen Indikators Phenolphthalein die rote Farbe der Indikatorbase bei pH 8,6 gerade sichtbar zu werden beginnt, dann erhält man bei zehnmal größerer Totalkonzentration des Indikators die gleiche Indikatorbasenkonzentration, d. h. also die gleiche Farbintensität, schon bei einem um 1 Einheit niedrigeren pH, also bei pH 7,6. Angaben, die sich auf die Grenzen des Umschlagsgebietes von einfarbigen Indikatoren beziehen, gelten daher nur unter der Voraussetzung, daß man die Indikatorkonzentration annähernd konstant hält.

Alle gebräuchlichen pH-Indikatoren, die heute verwendet werden, sind organische Protolyte. In vielen Fällen wird der Farbunterschied zwischen Säure und Base durch Umlagerungen im Indikatormolekül verursacht, die eine Folge der protolytischen Reaktion sind. Derartige Umlagerungen ändern jedoch nichts an der eben entwickelten Theorie der Indikatoren.

Es gibt einige Indikatoren, die mehrwertige Protolyte sind. In einer Lösung der zweiwertigen Indikatorsäure H_2A sind die beiden Protolytsysteme $H_2A - HA^-$ und $HA^- - A^{2-}$ vorhanden. Wenn die intermediäre Komponente HA^- eine andere Farbe hat als H_2A und A^{2-}, so finden zwei Farbumschläge statt. Bei genügendem Unterschied zwischen den pk_s-Werten der beiden Säuren H_2A und HA^- gibt es dann auch zwei getrennte Umschlagsgebiete (siehe Thymolblau in Tabelle 5). Die beiden pk_s-Werte können aber auch so nahe aneinander liegen, daß nur ein wahrnehmbares, aber breiteres Umschlagsgebiet resultiert.

Da alle pH-Indikatoren Protolyte sind, ist es klar, daß die Protolysengleichgewichte in einer Lösung vom Indikator beeinflußt werden. Wird der Säuregrad mit einem Indikator bestimmt, so ändert er sich also bei Zusatz des Indikators. In der Regel braucht man aber bei gewöhnlichen analytischen Arbeiten keine Rücksicht darauf zu nehmen, wenn man mit keiner allzu hohen Indikatorkonzentration arbeitet. Aus diesem Grund, aber auch um einen möglichst deutlichen Farbumschlag zu erzielen, ist darauf zu achten, daß bestimmte Indikatorkonzentrationen eingehalten werden. Für einfarbige Indikatoren kommt außerdem noch der weiter oben erwähnte Grund hinzu.

Bei genauen kolorimetrischen pH-Bestimmungen kann man den Einfluß des Indikators auf das Protolysengleichgewicht in der Probelösung nahezu eliminieren, wenn man den Säuregrad der Indikatorlösung vor dem Zusatz demjenigen der Probelösung gleich macht (*«isohydrische»* Indikatorlösung).

Da der pk_s-Wert eines Indikators von der Ionenstärke beeinflußt wird, muß sich auch dessen Umschlagsgebiet bei Änderungen der Ionenstärke entsprechend verschieben (*«Salzfehler»* des Indikators). Ist die Ladung von s und b bekannt, so kann die Größe der Verschiebung aus Tab. 4, 7 d berechnet werden. Bei genauen kolorimetrischen pH-Bestimmungen muß der Salzfehler berücksichtigt werden. Durch Wahl solcher Indikatoren, deren s und b möglichst niedrige Ladungen tragen (+1 und 0, bzw. 0 und −1), kann der Salzfehler niedrig gehalten werden.

Das Umschlagsgebiet der Indikatoren wird auch in Gegenwart von Eiweißstoffen (Proteinen) verschoben. Bei pH-Bestimmungen von biologischen Lösungen tritt daher häufig ein *«Proteinfehler»* auf.

In Tabelle 5 sind einige der wichtigsten pH-Indikatoren zusammengestellt. Die Tabelle enthält auch drei sog. *Fluoreszenzindikatoren.* Hier fluoreszieren Säure und korrespondierende Base bei Bestrahlung mit ultraviolettem Licht in verschiedenen Farben. Solche Indikatoren können beim Titrieren farbiger Lösungen, in denen der Umschlag eines Farbindikators nicht beobachtet werden kann, von großem Nutzen sein. Beim Titrieren bestrahlt man die Lösung mit einer Quecksilberlampe, deren sichtbares Spektrum man nach Möglichkeit wegfiltriert.

Unter der Rubrik «Umschlagsgebiet» sind in Tabelle 5 die ungefähren Grenzen jenes Gebietes angegeben, innerhalb dessen pH-Bestimmungen einigermaßen sicher ausgeführt werden können. Es ist oft etwas kleiner als das gesamte wahrnehmbare Gebiet.

In gewissen Fällen verwendet man beim Titrieren einen sog. *Mischindikator*, der z. B. aus einem Indikator und einem indifferenten Farbstoff bestehen kann. Die Farbe des Farbstoffes muß zu einem Farbton komplementär sein, der innerhalb des Umschlagsgebietes des Indikators auftritt. Bei dem pH-Wert, bei dem sonst die Umschlagsfarbe des reinen Indikators aufgetreten wäre, nimmt die Mischung in diesem Fall einen neutralgrauen Farbton an. Dieser graue Farbton tritt innerhalb eines sehr begrenzten pH-Gebietes auf, und, da das Auge gegen

Tab. 5. Die wichtigsten pH-Indikatoren

Farbenindikatoren	Umschlagsgebiet	Farbe sauer	Farbe basisch
Thymolblau	1,2– 2,8	rot	gelb
Dimethylgelb	2,9– 4,1	rot	gelb
Methylorange	3,1– 4,4	rot	orange
Bromphenolblau	3,0– 4,6	gelb	purpur
Bromkresolgrün	3,8– 5,4	gelb	blau
Methylrot	4,4– 6,2	rot	gelb
Bromthymolblau	6,0– 7,6	gelb	blau
Phenolrot	6,4– 8,2	gelb	rot
Thymolblau	8,0– 9,6	gelb	blau
Phenolphthalein	8,0– 9,8 [1]	farblos	rotviolett
Thymolphthalein	9,3–10,5 [1]	farblos	blau
Alizaringelb R	10,1–12,0	gelb	violett

Fluoreszenzindikatoren	Umschlagsgebiet	Fluoreszenzfarbe sauer	Fluoreszenzfarbe basisch
Akridin	4,1– 5,7	grün	violettblau
β-Methylumbelliferon	5,8– 7,5	keine	blau
2-Naphtol-3,6-disulfonsaures Na	8,6–10,6	keine	grünblau

[1] Bei Zusatz von ungefähr 1 bis 2 Tropfen 0,1 % Indikatorlösung zu 10 ml.

Abweichungen von einer neutralen Farbe besonders empfindlich ist, kontrastieren die beiderseits angrenzenden Farben sehr scharf gegen das graue Gebiet. Ein Beispiel dafür ist die Mischung Dimethylgelb (5 Teile) + Methylenblau (3 Teile), die bei pH 3,8 eine neutralgraue Farbe annimmt, auf der sauren Seite dagegen in Lila und auf der basischen Seite in Grün übergeht.

Ein Mischindikator kann auch aus zwei Indikatoren bestehen, deren Umschlagsgebiete mehr oder weniger zusammenfallen und deren Farben bei einem bestimmten pH komplementär sind. Ein solcher Mischindikator ist z. B. Bromkresolgrün (1 Teil) + Methylrot (1 Teil), der bei pH 5,4 eine neutralgraue Farbe annimmt, auf der sauren Seite dagegen rot und auf der basischen Seite grün ist.

Die Mischindikatoren ermöglichen Titrationen bis zu ziemlich wohldefinierten pH-Werten. Es ist klar, daß die Mischungsverhältnisse der verschiedenen Komponenten genau nach Vorschrift einzuhalten sind, wenn man ein richtiges Resultat erhalten will.

Zur ungefähren Bestimmung des Säuregrades innerhalb eines größeren Gebietes als des Wirkungsbereichs eines einzigen Indikators eignen sich Indikatormischungen (*«Universalindikatoren»*), die bis zu fünf verschiedene Indikatoren enthalten können. Die Genauigkeit der pH-Messung mit Universalindikatoren ist jedoch bedeutend geringer als mit einfachen Indikatoren.

Zur raschen Orientierung verwendet man oft *Indikatorpapier*, d. h. mit Indikatorlösung getränkte und dann getrocknete Streifen aus Filtrierpapier. Besonders geeignet sind Indikatorpapiere, deren Packung eine Farbskala enthält, die den verschiedenen pH-Werten im Umschlagsgebiet des verwendeten Indikators entspricht. Außerdem gibt es Indikatorpapiere, die mit Universalindikatorlösung getränkt sind und zu groben Schätzungen innerhalb des Gebietes pH 1–10 verwendet werden können.

Bei allen Indikatorpapieren ist zu beachten, daß die hohe Indikatorkonzentration im Papier den Säuregrad von Lösungen mit niedriger Pufferkapazität (Näheres über diese Größe siehe 12a) beträchtlich verändern kann.

11. KAPITEL

pH-KURVEN BEI DER PROTOLYTISCHEN TITRATION

Die Darstellung der pH-Änderungen einer Lösung bei Zusatz von starken Säuren oder Basen ist nicht nur von größter Bedeutung für die quantitative Analyse, bei der sie den Ausgangspunkt der protolytischen Titrationsanalyse bildet, sondern auch für die qualitative Analyse und die Theorie der analytischen Chemie überhaupt.

Der Einfachheit halber nehmen wir bei der Berechnung von Titrationskurven in diesem und den späteren Kapiteln an, daß das Volumen der Lösung bei den verschiedenen Zusätzen nicht vergrößert wird, sondern konstant bleibt. Diese Voraussetzung vereinfacht die Rechnung und ermöglicht eine übersichtliche graphische Darstellung. Der Verlauf der Kurven kann dann im Prinzip ohne weiteres auf konkrete Fälle übertragen werden.

a) Die Lösung enthält keine schwachen Protolyte. Die Formeln zur Berechnung von $c_{H_3O^+}$, bzw. pH für die Mischung einer starken einwertigen Säure und einer starken einwertigen Base sind bereits in 8a abgeleitet worden. Die Formel 8 (9) ermöglicht also eine exakte Berechnung des gesamten Kurvenverlaufs bei der Titration von starken Säuren mit starken Basen oder umgekehrt. Wenn $C_S = C_B$ ist, d. h. Säure- und Basenmenge äquivalent sind (*Äquivalenzpunkt*), wird $c_{H_3O^+} = \sqrt{k_w} = 10^{-7}$ und pH $= 7$. Die Lösung ist also neutral.

Rascher und mit genügender Genauigkeit läßt sich die Titrationskurve auf Grund der Näherungsformeln 8 (10) und 8 (11) konstruieren.

Alle diese Beziehungen gelten allgemein für einwertige und mehrwertige Protolyte, wenn man die Totalkonzentrationen C_S und C_B in Äqu/l angibt.

Eine auf diese Weise berechnete Titrationskurve ist in Figur 6[1]) wiedergegeben. Wenn man beispielsweise die Lösung einer starken Säure S der Totalkonzentration $C_S = 0{,}1$ mit einer starken Base B titriert, geht man von einem Ordinatenwert $C_B - C_S = -0{,}1$ aus und folgt der Kurve nach rechts. Titriert man dagegen die Lösung einer starken Base B der Totalkonzentration $C_B = 0{,}1$ mit einer starken Säure S, so geht man von dem Ordinatenwert $+0{,}1$ aus und folgt der Kurve nach links. Als Ausgangspunkt kann natürlich jeder beliebige Punkt der Kurve gewählt werden; will man z. B. wissen, wie sich das pH bei

[1]) Hier wie in den folgenden Figuren wird pH als Abszisse aufgetragen, obwohl es als Konzentrationsfunktion berechnet wurde. Einerseits wird dadurch der Übergang zu der Darstellung in 12 erleichtert, andererseits erhält die pH-Achse auf diese Weise in sämtlichen Figuren des Buches die gleiche Lage.

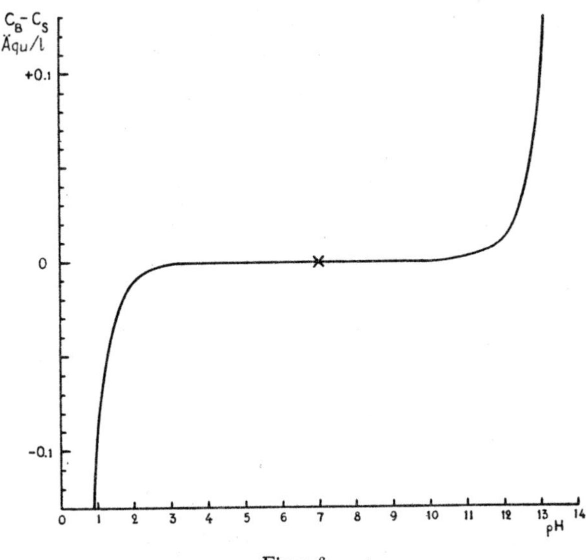

Figur 6

Zusatz einer starken Base oder starken Säure zu reinem Wasser ändert, so wählt man den Ordinatenwert $0\,(C_B = C_S = 0)$ als Ausgangspunkt.

Die Kurve zeigt, daß sich das pH bei der Titration von starken Säuren und Basen nur langsam ändert, solange die pH-Werte relativ niedrig bzw. hoch sind. Die Konzentrationen $c_{H_3O^+}$, bzw. c_{OH^-} haben hier so hohe Werte, daß große Zusätze nötig sind, damit die Konzentrationsänderung die Größenordnung einer Zehnerpotenz erreicht. Innerhalb eines schmalen Konzentrationsbereiches zu beiden Seiten des Äquivalenzpunktes ändert sich dagegen das pH sehr schnell. Enthält die Lösung einen Indikator, dessen Umschlagsgebiet innerhalb des pH-Bereiches liegt, das dem nahezu waagrechten Teil der Kurve entspricht, so zeigt der Umschlag des Indikators, daß der Äquivalenzpunkt erreicht ist, und zwar um so genauer, je näher das Umschlagsgebiet dem pH-Wert des Äquivalenzpunktes liegt. In der Regel kann man Methylrot und Phenolphthalein verwenden, sowie alle Indikatoren, deren Umschlagsgebiet zwischen diesen beiden Indikatoren liegt. Methylorange dagegen ist ungeeignet (siehe 13).

b) Die Lösung enthält schwache Protolyte. Das Vorhandensein eines schwachen Protolytsystems in der Lösung kann die Titrationskurve in hohem Grad verändern. Enthält nämlich die Lösung das schwache Protolytsystem $s - b$, so protolysiert nahezu die gesamte Menge des Systems von s zu b oder von b zu s innerhalb eines relativ schmalen pH-Gebietes zu beiden Seiten des $\mathrm{p}k_s$-Wertes des Systems (siehe 7b). Wird einem System, das auf der sauren Seite von $\mathrm{p}k_s$ zum größten Teil als s vorliegt, eine starke Base, z. B. OH^- zugesetzt, so protolysiert diese starke Base s gemäß $s + OH^- = b + H_2O$. Dadurch werden die zugesetzten OH^--Ionen verbraucht. Dieser Verbrauch, der sein Maximum erreicht, wenn pH = pk_s ist, bewirkt, daß bei Basenzusatz pH in der Nähe von pk_s viel langsamer ansteigt, als es ohne das Vorhandensein des Systems $s - b$ in der Lösung der Fall wäre. Setzt man dagegen einer Lösung, die b enthält, eine starke Säure zu, so wird ein großer Teil der H_3O^+-Ionen innerhalb des gleichen pH-Gebietes durch die Reaktion $b + H_3O^+ = s + H_2O$ verbraucht.

Die Gegenwart des schwachen Protolytsystems bewirkt also, daß die Lösung in der Nähe des Punktes pH = pk_s den pH-ändernden Einflüssen von Protolytzusätzen erhöhten Widerstand entgegensetzt. Man sagt, daß das Protolytsystem als *Puffer* wirkt und der Lösung eine größere *Pufferwirkung* verleiht. Wenn die Koordinatenachsen der Titrationskurven die gleiche Lage haben wie in dem vorliegenden Fall, ist die Pufferwirkung der Lösung offenbar um so größer, je steiler der Verlauf der Titrationskurve ist. Die Pufferwirkung der Lösung ist in einem bestimmten Punkt demnach der Neigung der Kurve, d. h. dem Differentialquotienten in diesem Punkt proportional.

Figur 6 zeigt, daß Lösungen, die nur starke Protolyte enthalten, eine sehr geringe Pufferwirkung bei einem Säuregrad von etwa pH 7 ausüben. Die Titrationskurve verläuft hier nahezu waagrecht, und schon sehr kleine Zusätze starker Säuren oder Basen verursachen große pH-Änderungen. Die Pufferwirkung steigt, je weiter sich pH von 7 entfernt und kann daher auch für diese Lösungen bei großen Abweichungen vom Äquivalenzpunkt beträchtliche Werte annehmen.

Bei Vorhandensein von schwachen Protolyten muß die Pufferwirkung der Lösung in der Nähe des pk_s-Wertes des Protolytsystems steigen. Die Gegenwart eines schwachen Protolytsystems bewirkt also, daß die Titrationskurve in der Umgebung des pk_s-Wertes steiler verläuft als sonst.

Um uns ein Bild vom Verlauf der Titrationskurve bei Vorhandensein eines schwachen Protolytsystems zu machen, nehmen wir an, daß die Ausgangslösung die schwache einwertige Säure s in der Totalkonzentration C gelöst enthält.

Die starke Base B wird solange zugesetzt, bis die Totalkonzentration C_B Äqu/l erreicht ist. Dabei wird B vollständig in s^* protolysiert. Es ergibt sich dann folgendes Schema:

Ausgangsprotolyte	*Gebildete Basen*	*Gebildete Säuren*
B in der Totalkonz. C_B	–	s^* in der Konz. C_b
s in der Totalkonz. C	b in der Konz. c_b	–
H_2O	OH^- in der Konz. c_{OH^-}	H_3O^+ in der Konz. $c_{H_3O^+}$

Also ist

$$c_b = C_B + c_{H_3O^+} - c_{OH^-} \tag{1}$$

und

$$c_s = C - c_b = C - C_B - c_{H_3O^+} + c_{OH^-}\,. \tag{2}$$

Werden diese Werte von c_b und c_s in 6 (9) eingesetzt, so erhält man

$$\frac{c_{H_3O^+}\,(C_B + c_{H_3O^+} - c_{OH^-})}{C - C_B - c_{H_3O^+} + c_{OH^-}} = k_s\,. \tag{3}$$

Vor dem Zusatz der starken Base befindet sich nur s in Lösung. Für $C_B = 0$ geht daher (3) in 8 (16) über. Zur Berechnung des pH-Wertes der reinen Säurelösung kann man meistens eine der aus 8 (16) abgeleiteten Näherungsformeln, z. B. 8 (20) benützen.

Wenn die Menge zugesetzter Base der Gesamtmenge der schwachen Säure äquivalent ist und infolgedessen auch $C_B = C$ wird, ist die Lösung mit Hinblick auf Protolyte identisch mit einer Lösung, die nur *b* in der Totalkonzentration *C* enthält. Übereinstimmend damit geht (3) bei $C_b = C$ in 8 (23) über. Um dies zu beweisen, dividieren wir (3) durch k_w und setzen $c_{H_3O^+}/k_w = 1/c_{OH^-}$ und $k_s/k_w = 1/k_b$. Man kann übrigens zur Berechnung von pH häufig eine der aus 8 (23) abgeleiteten Näherungsformeln, z. B. 8 (26) verwenden.

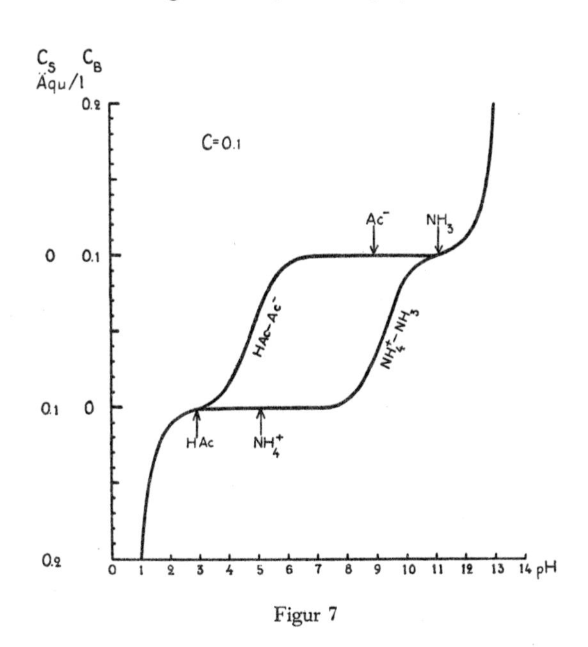

Figur 7

Figur 7 zeigt die mit Hilfe von Gleichung (3) berechneten Titrationskurven für die zwei Protolytsysteme $HAc - Ac^-$ und $NH_4^+ - NH_3$, beide in der Totalkonzentration $C = 0{,}1$. Für beide Systeme soll $k_s = K_s$ sein. Die einer Lösung von reinem *s* ($C_B = 0$) entsprechenden Punkte sind mit HAc bzw. NH_4^+ bezeichnet. Die Kurven sind über diese Punkte hinaus bis zu $C_B = 0{,}2$ gezogen. Dabei gehen sie bei $C_B = C = 0{,}1$ durch die Punkte, die der Lösung von reinem *b* entsprechen und mit Ac^- bzw. NH_3 bezeichnet sind. Bereits wenn C_B unbedeutend größer als *C* wird, nehmen die beiden Kurven einen identischen Verlauf.

Die Gleichung (3) kann zur Berechnung der Titrationskurve oft bedeutend vereinfacht werden.

Ist die Lösung genügend sauer, so kann man c_{OH^-} gegen $c_{H_3O^+}$ vernachlässigen, ist sie dagegen genügend basisch, so vernachlässigt man $c_{H_3O^+}$ gegen c_{OH^-}. Weicht der Säuregrad nicht allzusehr vom Neutralpunkt ab, so wird die Differenz

$c_{H_3O^+} - c_{OH^-}$ oft so geringfügig, daß sie, falls C_B und $C - C_B$ nicht zu klein sind, gegenüber diesen vernachlässigt werden kann. Man erhält dann

$$\frac{c_{H_3O^+}\, C_B}{C - C_B} = k_s\,. \tag{4}$$

Die Bedingung, daß C_B und $C - C_B$ nicht zu kleine Werte annehmen dürfen, bedeutet, daß C nicht zu klein werden darf und daß C_B sich genügend von 0 bzw. von C unterscheiden muß. Diese Näherungsformel wird also unzuverlässig, je mehr man sich der Lösung von reinem s bzw. von reinem b nähert.

Durch Logarithmieren von (4) erhält man

$$\mathrm{pH} = \mathrm{p}k_s + \log \frac{C_B}{C - C_B}\,. \tag{5}$$

(5) kann also als eine vereinfachte Form von 7 (4) betrachtet werden, wobei c_b der Totalkonzentration der starken Base C_B gleichgesetzt wurde.

Gleichung (5) gestattet eine besonders einfache Berechnung und gibt in der Regel den Verlauf jenes Teiles der Titrationskurve, der zwischen der Lösung von s und der Lösung von b liegt, genügend genau wieder. Man erhält auf Grund dieser Gleichung für alle Protolytsysteme S-Kurven der gleichen Form, die aber längs der pH-Achse gegeneinander verschoben sind. Für $C_B = C/2$ wird nach (5) $\mathrm{pH} = \mathrm{p}k_s$, und die Titrationskurve weist an dieser Stelle einen Wendepunkt auf. Das trifft also ein, wenn die zugesetzte Menge starker Base der halben Säuremenge äquivalent ist.

In den eben genannten Beispielen unterscheiden sich die $\mathrm{p}k_s$-Werte nur so wenig von 7, daß der Kurventeil zwischen den Punkten für die Lösung von reinem s bzw. reinem b nach (5) berechnet werden kann. Figur 7 zeigt auch dementsprechend die Übereinstimmung der beiden Kurvenstücke zwischen den Punkten $C_B = 0$ und $C_B = 0{,}1$.

Auch für den Teil der Titrationskurve, der dem Gebiet $C_B > C$ entspricht, kann (3) unter bestimmten Voraussetzungen weitgehend vereinfacht werden. Dieser Teil der Kurve liegt nämlich immer in einem Bereich sehr niederer $c_{H_3O^+}$-Werte. Aus (3) ist zu ersehen, daß wenn $c_{H_3O^+}$ gegen c_{OH^-} vernachlässigt werden kann und gleichzeitig k_s so groß ist, daß der Bruch $c_{H_3O^+}/k_s$ sehr kleine Werte annimmt, auch $C - C_B + c_{OH^-} = 0$, d.h.

$$c_{OH^-} = C_B - C \tag{6}$$

wird.

Wenn (6) gilt, ist also der Säuregrad der Lösung unabhängig von der Natur des Protolytsystems. Diese Näherungsformel besagt also, daß wenn die Säure s genügend stark und daher die Base b genügend schwach ist, die Protolyse von b in genügend basischer Lösung so vollständig zurückgedrängt wird, daß c_{OH^-} dem Überschuß von starker Base entspricht. Das Zusammenfallen der beiden Titrationskurven in Figur 7 für $C_B > C$ beweist, daß die Anwendung von (6) in diesen Fällen zulässig ist.

Bisher war nur von der Titration einer schwachen Säure mit einer starken Base die Rede. Bedenken wir aber, daß ein Zusatz von starker Säure gleichbedeutend ist mit dem Verschwinden von starker Base, so erhalten wir offenbar die pH-Änderungen, die durch den Zusatz einer starken Säure zur Base *b* verursacht werden, wenn wir von dem Punkt ausgehend, der der reinen Lösung von *b* entspricht (in der Figur 7 mit Ac^-, bzw. NH_3 bezeichnet), die Kurven in entgegengesetzter Richtung wie bisher verfolgen. Deshalb ist in der Figur auch eine C_S-Skala parallel der Ordinate und entgegengesetzt der C_B-Skala eingezeichnet, deren 0-Punkt der reinen Lösung von *b* entspricht. Allerdings haben wir den Verlauf der Kurve im Bereich $C_S > C$ bisher noch nicht berechnet. Zur Konstruktion dieses Kurvenstückes müssen wir zunächst analog der Ableitung von (3) die folgende Gleichung aufstellen:

$$\frac{c_{H_3O^+}(C - C_S + c_{H_3O^+} - c_{OH^-})}{C_S - c_{H_3O^+} + c_{OH^-}} = k_s \, . \qquad (7)$$

Diese Gleichung kann auf genau dieselbe Weise vereinfacht werden, wie es bei (3) erfolgt ist. Bei der Berechnung des Kurvenverlaufes im Bereich $C_S > C$ kann häufig c_{OH^-} gegen $c_{H_3O^+}$ vernachlässigt werden. Wenn außerdem k_s so klein ist, daß auch der Bruch $k_s / c_{H_3O^+}$ einen sehr kleinen Wert annimmt, so wird

$$c_{H_3O^+} = C_S - C \, . \qquad (8)$$

Auch diese Näherungsformel besagt wiederum, daß, wenn die Säure *s* genügend schwach ist, die Protolyse von *s* in einer genügend sauren Lösung so vollständig zurückgedrängt wird, daß $c_{H_3O^+}$ dem Überschuß von starker Säure entspricht. Wie aus Figur 7 hervorgeht, kann das Kurvenstück im Bereich $C_S > C$ in beiden Beispielen nach (8) berechnet werden.

Wir wollen nun die Kurven in Figur 7 speziell auf die Möglichkeit hin untersuchen, die Äquivalenzpunkte beim Titrieren zu ermitteln. Geht man von einer 0,1-*C* HAc-Lösung aus (entsprechend dem mit HAc bezeichneten Punkt) und titriert mit starker Base, so ist die zugesetzte Menge starker Base der HAc-Menge äquivalent, wenn pH den Wert 8,9 erreicht hat (entsprechend dem mit Ac^- bezeichneten Punkt). In der Umgebung dieses Äquivalenzpunktes, der praktisch mit einem Wendepunkt der Kurve zusammenfällt, ändert sich pH bei Zusatz von Base sehr rasch. Die Neigung der Kurve ist hier innerhalb eines sehr großen pH-Gebietes so gering, daß der Äquivalenzpunkt mit Hilfe eines geeigneten Indikators, z. B. Phenolphthalein, leicht festgelegt werden kann. Mit diesem Indikator kann also die Essigsäuremenge durch Titration bestimmt werden. Erst nach Überschreiten eines pH-Wertes von etwa 11 beginnt das Tempo des pH-Anstieges bei Basenzusatz wieder relativ langsam zu wachsen.

Je schwächer die Säure ist, d. h. je höher ihr pk_s-Wert liegt, um so mehr verschiebt sich der S-förmige Kurventeil parallel zu sich selbst gegen höhere pH-Werte. Der pH-Wert des Äquivalenzpunktes wird immer höher und gleichzeitig wird der waagrechte Teil der Titrationskurve immer schmäler. Die Wahl des Indikators muß also mit immer größerer Genauigkeit erfolgen. Bei einer so schwachen Säure wie NH_4^+ wird die Neigung der Kurve auch im (mit NH_3 bezeichneten) Äquivalenzpunkt so groß, daß die allen Indikatormethoden anhaftende Unsicherheit der pH-Bestimmung eine genaue Festlegung dieses Punktes nicht mehr zuläßt. Bei weiterer Zunahme von pk_s (Verringerung der Säurestärke) wird die Richtungsänderung in der Nähe des Äquivalenzpunktes immer unbedeutender und schließlich verschwindet auch der Wendepunkt.

Handelt es sich um die Titration einer schwachen Base mit einer starken Säure, so wählt man die Lösung der reinen Base als Ausgangspunkt (in der Figur mit Ac^-, bzw. NH_3 bezeichnet) und verfolgt die Kurven in entgegengesetzter Richtung. Aus der Figur geht unmittelbar hervor, daß NH_3 mit großer Genauigkeit bestimmt werden kann. Der Äquivalenzpunkt (bezeichnet mit NH_4^+) kann z. B. mit Methylrot bestimmt werden. Bei der Titration von Ac^- kann dagegen der (mit HAc bezeichnete) Äquivalenzpunkt nicht mehr mit genügender Sicherheit bestimmt werden. Nimmt pk_s noch kleinere Werte an, so verschwindet schließlich auch der Wendepunkt in der Nähe des Äquivalenzpunktes.

Enthält die Lösung zwei verschieden starke Säuren, so gibt zuerst die stärkere Säure Protonen an die zugesetzte starke Base ab. Ist die Stärke der beiden Säuren sehr verschieden, so kann die stärkere Säure nahezu vollständig protolysieren, bevor die Protolyse der schwächeren Säure in merklichem Grade einsetzt. Die Protolyse erfolgt in diesem Falle also in zwei getrennten Stufen. Ist dagegen der Stärkeunterschied zwischen den beiden Säuren klein, so geben die Säuren ihre Protonen mehr oder weniger gleichzeitig ab.

An Hand von Figur 7 läßt sich auch die Titration der Mischung einer starken und einer schwachen Säure erörtern. Wir wollen annehmen, daß die Lösung die Säuren HCl und NH_4^+, beide in der Konzentration 0,1 enthält (also z. B. gleichzeitig 0,1-C HCl und 0,1-C NH_4Cl). Ferner wählen wir als Ausgangspunkt den niedrigsten Punkt der Kurve bei pH 1. Läßt man starke Base zufließen, so deckt diese ihren Protonenbedarf in erster Linie von den H_3O^+-Ionen. Die Kurve verläuft daher im Anfang genau so wie bei der Titration von nur starker Säure. Je mehr man sich dem Punkte nähert, wo die Menge der zugesetzten Base der HCl-Menge äquivalent ist, um so waagrechter verläuft auch die Kurve und steigt erst wieder rascher, wenn die Protolyse der schwachen Säure merkbar zu werden beginnt. Da NH_4^+ eine sehr schwache Säure ist, erfolgt dies erst bei einem relativ hohen pH-Wert und daher weist auch die Kurve in diesem (ersten) Äquivalenzpunkt eine sehr starke pH-Änderung auf. Die HCl-Menge kann deshalb mit einem passenden Indikator mit großer Genauigkeit bestimmt werden.

Nach weiterer Zugabe einer der Gesamtmenge schwacher Säure äquivalenten Menge starker Base erreicht man den zweiten Äquivalenzpunkt. Infolge der geringen Säurestärke von NH_4^+ läßt sich dieser jedoch nicht genau bestimmen. Dagegen wird die Genauigkeit nicht durch die Gegenwart der starken Säure verringert. In einer Mischung von HCl und NH_4^+ kann man demnach jede der beiden Säuren praktisch ebenso genau bestimmen, als ob jede für sich allein in der Lösung vorhanden wäre.

Titriert man eine Mischung, in der NH_4^+ durch die schwache Säure HAc ersetzt ist, so beginnt letztere bereits bei einem so niedrigen pH-Wert zu protolysieren, daß die Kurve im ersten Äquivalenzpunkt nicht den waagrechten Verlauf nimmt, der für eine genaue Bestimmung dieses Punktes erforderlich wäre. Dagegen läßt sich der zweite Äquivalenzpunkt hier mit großer Genauigkeit bestimmen. Bei der Titration von schwachen Säuren, die noch größere Säurestärke besitzen, verschwindet schließlich der in der Nähe des ersten Äquivalenzpunktes gelegene Wendepunkt.

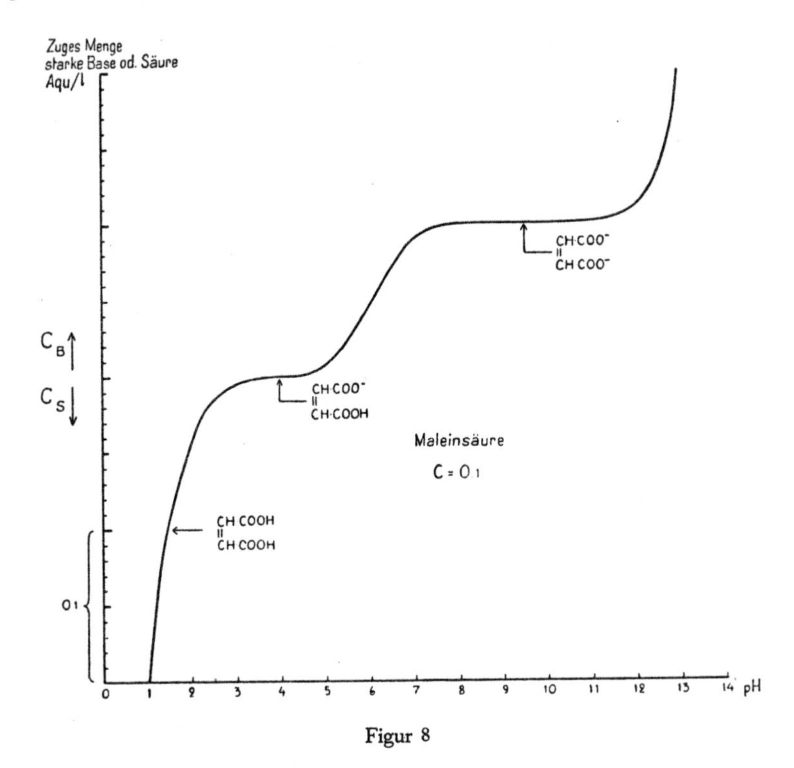

Figur 8

Alle diese Ausführungen lassen sich ohne weiteres auch auf Mischungen von mehr als zwei Säuren und auf die Titration von Mischungen mehrerer Basen mit einer starken Säure übertragen. In letzterem Falle folgt man den Kurven in entgegengesetzter Richtung.

Die Lösung eines mehrwertigen Protolyts verhält sich wie die Mischung mehrerer Protolytsysteme, deren Dissoziationskonstanten den Konstanten der einzelnen Protolysenstufen entsprechen. Ob die Äquivalenzpunkte auf der Titrationskurve deutlich hervortreten, hängt davon ab, ob die verschiedenen Dissoziationskonstanten sich genügend voneinander unterscheiden.

Figur 8 zeigt die für die zweibasische Maleinsäure berechnete Kurve. Der Rechnung liegen die Werte $pk_s' = pK_s' = 1{,}85$ und $pk_s'' = pK_s'' = 6{,}07$ zugrunde[1]). Die 0,1-C Lösung der reinen Säure $\left(\text{bezeichnet mit } \begin{matrix} CH\,.\,COOH \\ \| \\ CH\,.\,COOH \end{matrix}\right)$ besitzt den pH-Wert 1,4. Die korrespondierende Base $\begin{matrix} CH\,.\,COO^- \\ \| \\ CH\,.\,COOH \end{matrix}$ ist ein Ampholyt. Der pH-Wert der Ampholytlösung kann daher nach 9 (13) berechnet werden. Der Kurvenabschnitt zwischen diesen beiden Punkten läßt sich nach (3) berechnen, wobei c_{OH^-} vernachlässigt werden kann. Die Kurve im Bereich des zweiten Protolysestadiums berechnet man am einfachsten nach (5) und den mit $\begin{matrix} CH.COO^- \\ \| \\ CH.COO^- \end{matrix}$ bezeichneten Punkt nach 8 (26). Die Kurve im Bereich des Überschusses von starker Base berechnet man nach (6). Aus der Figur ist zu ersehen, daß die beiden Protolysenstufen der Maleinsäure sich deutlich voneinander unterscheiden, was auf der großen Verschiedenheit der beiden pk_s-Werte beruht. Man kann also den ersten Äquivalenzpunkt mit relativ großer Genauigkeit ermitteln und dadurch die Säuremenge bestimmen. Man pflegt in diesem Falle zu sagen, daß man die Säure «einbasisch» bestimmt. Der zweite Äquivalenzpunkt läßt sich jedoch noch genauer ermitteln als der erste. Die Titration sollte daher, sofern kein besonderer Grund dagegen spricht, immer bis zu diesem Punkt durchgeführt werden. Man sagt dann in diesem zweiten Falle, daß die Säure «zweibasisch» bestimmt wurde.

Liegen die beiden pk_s-Werte einer zweibasischen Säure nahe aneinander, so können die beiden Protolysenstufen einander so stark überdecken, daß die Neigung der Titrationskurve im Äquivalenzpunkt zwischen pk_s' und pk_s'' zu groß und daher eine genaue Feststellung dieses Äquivalenzpunktes nicht möglich ist. Dies ist z. B. bei der Oxalsäure der Fall (siehe Tabelle 3), die daher nicht einbasisch, dagegen aber sehr gut zweibasisch titriert werden kann.

Bei dreibasischen Säuren sind die Verhältnisse vollkommen analog. So liegen z. B. die drei pk_s-Werte der dreibasischen Zitronensäure so nahe beisammen, daß diese Säure weder ein- noch zweibasisch, sondern nur dreibasisch bestimmt werden kann.

Wir haben bisher immer vorausgesetzt, daß die Titration mit einem starken Protolyt ausgeführt wird. Es läßt sich leicht zeigen, daß bei der Titration einer schwachen Säure mit einer schwachen Base oder umgekehrt die Titrationskurve im Äquivalenzpunkt immer so stark geneigt ist, daß dieser Punkt nicht genau bestimmt werden kann. Solche Titrationen kommen daher für quantitative Bestimmungen nicht in Frage.

Eine genauere Darstellung der allgemeinen Bedingungen für die Ausführung von protolytischen Titrationen ist in Kapitel 13 zu finden.

---

[1]) Da zwei schwache Protolytsysteme vorliegen, kann man sowohl für C_B als auch für C_S verschiedene 0-Punkte wählen. Der 0-Punkt ist daher in der Figur nicht fixiert.

12. KAPITEL

PUFFERKAPAZITÄT UND PUFFERLÖSUNGEN

a) Definition der Pufferkapazität. Wenn wir für die Titrationskurve das gleiche Koordinatensystem benützen wie im vorhergehenden Kapitel, so wird, wie schon erwähnt, die Pufferwirkung der Lösung an einer bestimmten Stelle der Neigung proportional, d. h. also dem Differentialquotienten der Kurve an dieser Stelle. Bei der Definition einer Maßeinheit für die Pufferwirkung wollen wir die Festsetzung treffen, daß die zugesetzte Menge starker Base in Äquivalenten je Liter Lösung angegeben und mit C_B bezeichnet werden soll. Die Pufferwirkung ist bei Zusatz von starker Base dann dem Differentialquotienten $\mathrm{d}C_B/\mathrm{d\,pH}$ proportional. Diesen Differentialquotienten benützen wir als Maß für die Pufferwirkung und nennen ihn die *Pufferkapazität* β. Für diese Größe gilt daher folgende Definition:

$$\beta = \frac{\mathrm{d}C_B}{\mathrm{d\,pH}} \quad \frac{\text{Äqu}/\text{l}}{\text{pH-Einheit}}\,. \tag{1}$$

β ist auf Grund dieser Definition immer positiv, da bei Basenzusatz auch immer eine Zunahme von pH erfolgt. Da andererseits der Zusatz von starker Säure mit dem Verschwinden von starker Base gleichbedeutend ist, wird $\mathrm{d}C_B$ in diesem Falle negativ. Gleichzeitig wird aber auch pH kleiner bzw. d pH negativ. Infolgedessen ist auch hier das Vorzeichen der Pufferkapazität positiv.

Wendepunkte der Titrationskurve bedingen Maxima oder Minima der Kurve, die man erhält, wenn man β als Funktion von pH aufträgt. Wendepunkten an den Stellen $\mathrm{pH} = \mathrm{p}k_s$ entsprechen β-Maxima, an Äquivalenzpunkten dagegen β-Minima. Die Pufferkapazität gibt also besonders wichtige und meistens vollkommen ausreichende Aufschlüsse über den Verlauf der Titrationskurve. Außerdem ist es meistens einfacher, β für eine Lösung als Funktion von pH zu konstruieren als die Titrationskurve selbst zu ermitteln. Das hat vor allem darin seinen Grund, daß sich β für eine Lösung additiv aus solchen Einzelgliedern zusammensetzt, die jeweils nur von einem einzigen Protolytsystem abhängen.

b) Die Berechnung der Pufferkapazität. Wenn eine starke Base B, deren korrespondierende Säure wir mit s^* bezeichnen, einer Lösung zugesetzt wird, die eine Anzahl verschiedener Protolytsysteme mit der fortlaufenden Bezeichnung 1, 2, ... enthält, so wird die Base mit allen Säuren der Lösung, nämlich H_3O^+, H_2O, s_1, s_2, ... reagieren, wobei sich folgende Protolysengleichgewichte einstellen:

$$\begin{aligned} B + H_3O^+ &= s^* + H_2O \\ B + H_2O &= s^* + OH^- \\ B + s_1 &= s^* + b_1 \\ B + s_2 &= s^* + b_2 \end{aligned}$$

....

Da B eine starke Base ist, kann man annehmen, daß alle diese Gleichgewichte ganz nach rechts verschoben sind. Die zugesetzte Menge starker Base wird also ganz verbraucht. Ein Basenzusatz muß daher einer Verringerung von $c_{H_3O^+}$ bzw. einer Erhöhung von c_{OH^-}, c_{b_1}, c_{b_2} ... entsprechen. Eine unendlich kleine Zunahme der Totalkonzentration der zugesetzten starken Base, $\mathrm{d}C_B$, entspricht daher den unendlich kleinen Zunahmen $-\mathrm{d}c_{H_3O^+}$, $\mathrm{d}c_{OH^-}$, $\mathrm{d}c_{b_1}$, $\mathrm{d}c_{b_2}$, ... Also ist

$$\mathrm{d}C_B = -\mathrm{d}c_{H_3O^+} + \mathrm{d}c_{OH^-} + \mathrm{d}c_{b_1} + \mathrm{d}c_{b_2} + \cdots \tag{2}$$

Wenn wir die Summe $\mathrm{d}c_{b_1} + \mathrm{d}c_{b_2} + \cdots$ mit Hilfe des Summenzeichens zu $\Sigma \mathrm{d}c_b$ vereinigen, erhalten wir

$$\mathrm{d}C_B = -\mathrm{d}c_{H_3O^+} + \mathrm{d}c_{OH^-} + \Sigma \mathrm{d}c_b . \tag{3}$$

Die Pufferkapazität der Lösung ist daher

$$\beta = \frac{\mathrm{d}C_B}{\mathrm{d}\,\mathrm{pH}} = -\frac{\mathrm{d}c_{H_3O^+}}{\mathrm{d}\,\mathrm{pH}} + \frac{\mathrm{d}c_{OH^-}}{\mathrm{d}\,\mathrm{pH}} + \Sigma \frac{\mathrm{d}c_b}{\mathrm{d}\,\mathrm{pH}} . \tag{4}$$

β setzt sich also aus je einem Glied für jedes schwache Protolytsystem der Lösung zusammen. Die beiden ersten Glieder entsprechen den beiden «Wassersystemen» und müssen daher bei jeder wäßrigen Lösung in der Gleichung von β auftreten.

Die Differentialquotienten der Gleichung (4) berechnen wir folgendermaßen: Wir nehmen an, daß für pH und $c_{H_3O^+}$ bzw. c_{OH^-} die Beziehung gilt

$$\mathrm{pH} = -\log c_{H_3O^+} = \mathrm{p}k_w - \mathrm{pOH} = \mathrm{p}k_w + \log c_{OH^-} .$$

Durch Differentiation folgt

$$\mathrm{d}\,\mathrm{pH} = -\mathrm{d} \log c_{H_3O^+} = \mathrm{d} \log c_{OH^-} . \tag{5}$$

Da ferner

$$\frac{\mathrm{d} \log x}{\mathrm{d}x} = \frac{1}{x} \log \mathrm{e} , \tag{6}$$

so wird

$$-\frac{\mathrm{d}c_{H_3O^+}}{\mathrm{d}\,\mathrm{pH}} = \frac{\mathrm{d}c_{H_3O^+}}{\mathrm{d} \log c_{H_3O^+}} = \frac{1}{\log \mathrm{e}} c_{H_3O^+} \tag{7}$$

$$\frac{\mathrm{d}c_{OH^-}}{\mathrm{d}\,\mathrm{pH}} = \frac{\mathrm{d}c_{OH^-}}{\mathrm{d} \log c_{OH^-}} = \frac{1}{\log \mathrm{e}} c_{OH^-} . \tag{8}$$

Für das schwache Protolytsystem $s - b$ erhält man nach 6 (9), wenn die Totalkonzentration $C = c_s + c_b$ ist

$$c_b = \frac{Ck_s}{k_s + c_{H_3O^+}} \,. \tag{9}$$

Durch Differentiation von (9) erhält man

$$\frac{dc_b}{dc_{H_3O^+}} = -\frac{Ck_s}{(k_s + c_{H_3O^+})^2} \,. \tag{10}$$

Erweitert man $dc_b/d\,pH$ mit $dc_{H_3O^+}$, so erhält man unter gleichzeitiger Anwendung von (7) und (10)

$$\frac{dc_b}{dpH} = \frac{dc_b}{dc_{H_3O^+}} \cdot \frac{dc_{H_3O^+}}{dpH} = \frac{1}{\log e} \cdot \frac{Ck_s c_{H_3O^+}}{(k_s + c_{H_3O^+})^2} \,. \tag{11}$$

Setzen wir (7), (8) und (11) in (4) ein, so erhalten wir mit $1/\log e = 2{,}30$

$$\beta = 2{,}30 \left(c_{H_3O^+} + c_{OH^-} + \sum \frac{Ck_s c_{H_3O^+}}{(k_s + c_{H_3O^+})^2}\right) \frac{\text{Äqu/l}}{\text{pH-Einh.}} \tag{12}$$

Unter Benützung von 7 (6) und 7 (7) lassen sich die Einzelglieder des hinter dem Summenzeichen stehenden Ausdruckes auf die Form $c_s c_b / C$ bringen. (12) geht dann in

$$\beta = 2{,}30 \left(c_{H_3O^+} + c_{OH^-} + \sum \frac{c_s c_b}{C}\right) \frac{\text{Äqu/l}}{\text{pH-Einh.}} \tag{12a}$$

über. Der Ausdruck (12a) wird später in Kapitel 13c benutzt.

Figur 9

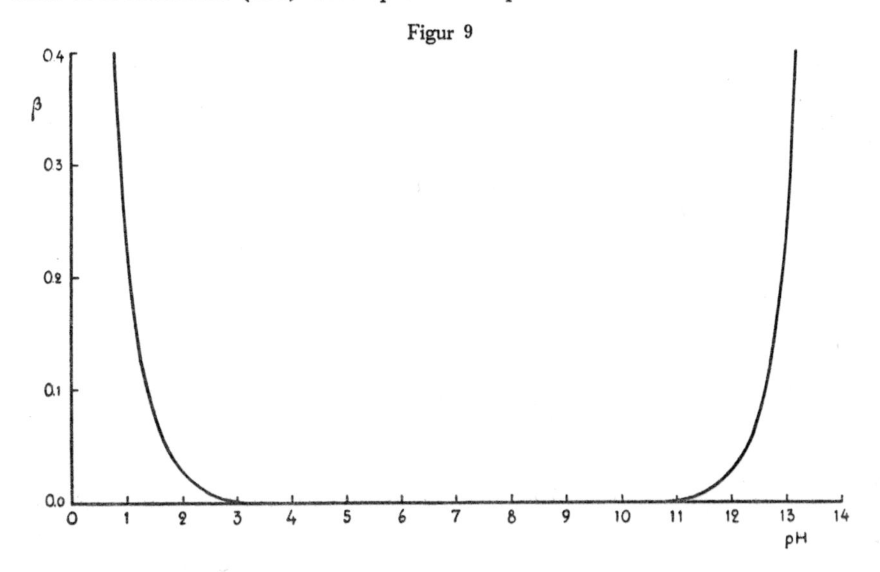

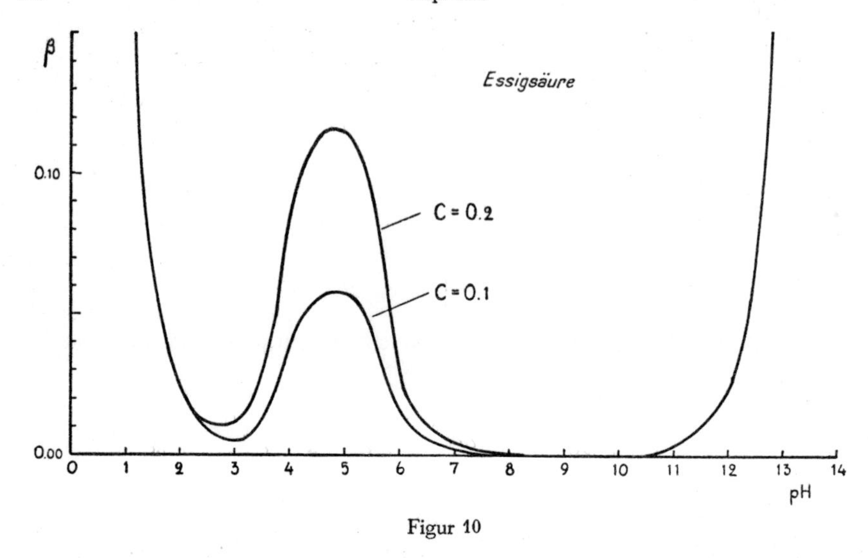

Figur 10

Mit Hilfe von (12) ist β sehr einfach zu berechnen. Enthält die Lösung keine anderen schwachen Protolytsysteme als die Wassersysteme, so besteht die Gleichung nur aus den beiden ersten Gliedern. In Figur 9 sind die für diesen Spezialfall berechneten β-Werte als Funktion von pH aufgetragen. Diese Figur zeigt also den Verlauf von β für Lösungen, die keine gelösten schwachen Protolytsysteme enthalten. Man sieht, was übrigens auch aus Figur 6, 11 a, hervorgeht, daß β bei pH 7 ein Minimum hat, aber außerdem innerhalb eines großen pH-Gebietes, das sich von ungefähr pH 3 bis pH 11 erstreckt, sehr klein ist. Erst außerhalb dieses Gebietes gewinnt der Einfluß von β an Bedeutung.

Figur 11

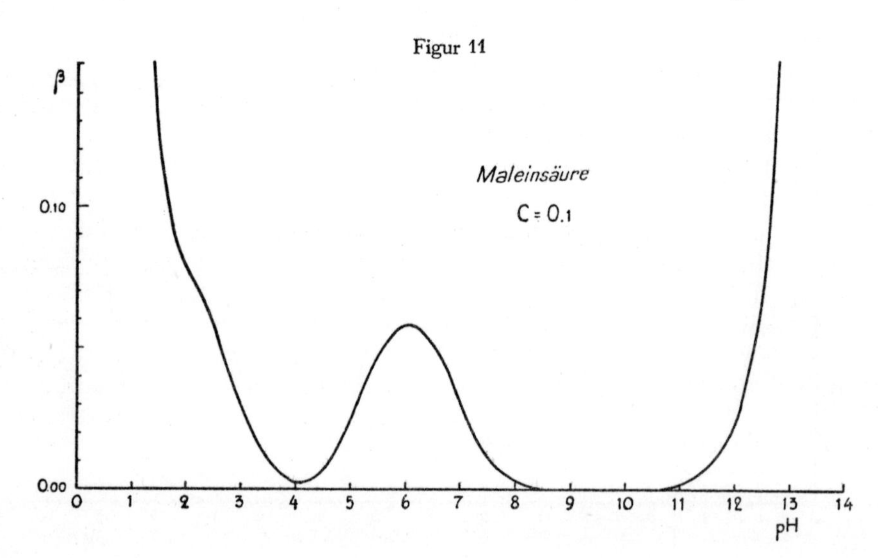

Jedes neu hinzukommende schwache Protolytsystem bedingt ein zusätzliches Glied in Gleichung (12), von der Form des hinter dem Summenzeichen stehenden Ausdruckes. Die Größe dieses Gliedes ist proportional der Totalkonzentration C des betreffenden Protolytsystems. Ferner besitzt jedes Glied ein Maximum bei $c_{H_3O^+} = k_s$, d. h. für $pH = pk_s$. Der Wert dieses β-Maximums ist 0,58 C. Beiderseits des Maximums sinkt der Wert von β ziemlich rasch.

In Figur 10 ist β als Funktion von pH für zwei Lösungen berechnet, die $HAc - Ac^-$ in der Totalkonzentration $C = 0{,}1$ bzw. 0,2 enthalten. Der Rechnung liegt der Wert $pk_s = pK_s = 4{,}76$ zugrunde. Das Maximum von β bei $pH = pk_s$ entspricht dem Wendepunkt bei dem gleichen pH-Wert in Figur 7, 11b. Die beiden Minima bei etwa pH 3 und pH 9 liegen in der Nähe der beiden Äquivalenzpunkte, die in Figur 7 mit HAc bzw. Ac^- bezeichnet sind. Die Ordinate des zweiten Minimums ist besonders klein, entsprechend dem sehr niedrigen Wert des Differentialquotienten der Titrationskurve in diesem Punkt. Die Ordinate des ersten Minimums ist größer, da $c_{H_3O^+}$ hier einen größeren Wert besitzt. In diesem Punkt ist ja auch die Neigung der Titrationskurve ziemlich groß.

In Figur 11 ist β für eine Maleinsäurelösung mit der Totalkonzentration $C = 0{,}1$ berechnet. Der Beitrag der Maleinsäure zu β besteht aus zwei Gliedern, die den beiden Protolysenstadien entsprechen. Die beiden Glieder haben ihre Maxima bei den entsprechenden pk_s-Werten, die hier einfachheitshalber den pK_s-Werten 1,85 bzw. 6,07 gleichgesetzt sind. Das Maximum des dem ersten Protolysestadiums entsprechenden Gliedes liegt aber bei einem so niederen pH-Wert, daß eine Überlagerung durch das von $c_{H_3O^+}$ abhängige Glied erfolgt und auf diese Weise die Ausbildung eines Maximums verhindert wird. Das Fehlen dieses Maximums macht sich auch bei der Titrationskurve Figur 8, 11b, bemerkbar, die keinen Wendepunkt in der Nähe von pH 1,85 besitzt.

Das Maximum bei pH 6,07 entspricht dem Wendepunkt der Titrationskurve bei diesem Wert. Die beiden Minima beiderseits des Maximums sind mit den beiden Äquivalenzpunkten nahezu identisch. Da dem Minimum bei pH 4,0 ein größerer β-Wert entspricht als dem Minimum bei pH 9,5, ist die zweibasische Bestimmung der Maleinsäure am genauesten.

Enthält eine Lösung mehrere Protolytsysteme mit genügend dicht aneinanderliegenden pk_s-Werten, so behält β oft innerhalb eines großen pH-Intervalles hohe Werte bei. Dieser Fall tritt oft bei den Lösungen mehrbasischer Säuren ein.

Die Pufferwirkung von schwachen Protolytsystemen ist für die chemischen Prozesse in der Pflanzen- und Tierwelt von größter Bedeutung. Die meisten Körperflüssigkeiten sind infolge ihres Gehaltes an schwachen Protolytsystemen stark gepuffert und können daher ziemlich unabhängig von äußeren Einflüssen den pH-Wert einhalten, der für die oft sehr empfindlichen Prozesse erforderlich ist, die in ihnen stattfinden. Die pH-Variationen von normalem menschlichen Blut bewegen sich z. B. nur zwischen 7,3 und 7,5.

c) Pufferlösungen. Man ist oft vor die Aufgabe gestellt, das pH einer Lösung möglichst konstant zu halten und es auch möglichst unabhängig von kleineren Zusätzen starker Säure oder Base zu machen. Das kann durch Zusatz eines Protolytsystems erreicht werden, dessen pk_s-Wert nahe dem gewünschten pH liegt. Lösungen dieser Art, die zur Erzielung hoher Pufferkapazität dienen, nennt man *Pufferlösungen*. Derartige Lösungen sind für alle Arbeiten, bei denen die Konstanthaltung des pH-Wertes gefordert wird, von größter Bedeutung.

Bei sehr hohen oder sehr niederen pH-Werten wird bereits durch den Zusatz von nur starker Säure bzw. Base eine recht hohe Pufferkapazität erzielt, wie aus Figur 9 zu ersehen ist. Die gleiche Figur zeigt aber, welchen niederen Wert die Pufferkapazität annimmt, wenn die Lösung weder stark sauer noch stark basisch ist. Zur Herstellung einer Lösung mit pH 5 könnte man theoretisch eine Salzsäurelösung der Konzentration $C = 10^{-5}$ verwenden. Diese Lösung hat aber eine so geringe Pufferkapazität, daß schon die immer vorhandenen Spuren unvermeidlicher Verunreinigungen einen ganz anderen pH-Wert bewirken würden. Wenn man dagegen zu einer HAc-Lösung starke Base zufließen läßt, bis pH 5 erreicht ist, so erhält man infolge der Nähe des pk_s-Wertes von HAc eine Lösung mit großer Pufferkapazität. Wie wir in 12b sahen, ist der Beitrag, den ein schwaches Protolytsystem zur Pufferkapazität liefert, proportional dessen Totalkonzentration. Um Komplikationen durch allzu hohe Ionenkonzentrationen zu vermeiden, verwendet man jedoch selten höhere Konzentrationen als $C = 0{,}2$. Bei einem einzelnen Protolytsystem kann man aber auch dann nur innerhalb des Intervalles $\mathrm{pH} = pk_s - 1$ bis $\mathrm{pH} = pk_s + 1$ mit einer einigermaßen wirksamen Pufferkapazität rechnen (siehe Figur 10).

Eine Pufferlösung stellt man gewöhnlich am einfachsten durch Mischen der korrespondierenden Protolyte s und b her. Im oben genannten Beispiel kann man also zu diesem Zweck die Lösungen von HAc und NaAc miteinander mischen. Ein Zusatz von starker Base zur Lösung von s, bzw. starker Säure zur Lösung von b, führt natürlich zum gleichen Resultat.

Für Untersuchungen, die höhere Ansprüche an die Genauigkeit stellen, bereitet man gewöhnlich die Pufferlösungen nach Spezialvorschriften, die bestimmte wohldefinierte pH-Werte gewährleisten. Derartige Vorschriften sind in der einschlägigen Fachliteratur zu finden[1]. In erster Näherung läßt sich jedoch der pH-Wert einer Pufferlösung immer mit Hilfe der Formel 7 (4) berechnen. Unter Voraussetzungen, die denjenigen analog sind, die zu den Näherungsformeln 11 (4) durch Vereinfachung von 11 (3) führten, kann man nämlich c_b und c_s gleich den Totalkonzentrationen C_b und C_s der Base bzw. Säure setzen. Man erhält dann

$$\mathrm{pH} = pk_s + \log \frac{C_b}{C_s} \tag{13}$$

Für $C_s = C_b$ wird $\mathrm{pH} = pk_s$, und die Pufferkapazität erreicht ihren Maximalwert.

Stellt man die Pufferlösung durch Mischen einer Lösung von s mit einer starken Base her (Totalkonzentration C_B Äqu/l), so kann man in Gleichung 7 (4)

[1]) Vgl. z. B. J. M. KOLTHOFF u. H. A. LAITINEN, pH *and Electro Titrations*. 2nd Ed. New York 1944

in erster Näherung $c_b = C_B$ und $c_s = C_S - C_B$ setzen. Stellt man die Pufferlösung dagegen durch Mischen einer Lösung von b mit einer starken Säure her (Totalkonzentration C_S Äqu/l), so gilt genähert $c_s = C_S$ und $c_b = C_B - C_S$.

Es empfiehlt sich, zu diesen Rechnungen immer einen möglichst exakten pk_s-Wert zu verwenden, wie man ihn z. B. mit Hilfe von Formel 7 (11) erhält.

Bei Verwendung von mehrbasischen Säuren lassen sich Pufferlösungen herstellen, die entweder innerhalb mehrerer pH-Bereiche große Pufferkapazität besitzen, oder aber, wenn die verschiedenen pk_s-Werte genügend nahe aneinander liegen, innerhalb eines größeren zusammenhängenden pH-Bereiches. So kann man z. B. Pufferlösungen, die aus Zitronensäure + NaOH hergestellt sind, innerhalb des Intervalles pH 2—6 verwenden. Außer der eben erwähnten Essig- bzw. Zitronensäure wird auch Phosphorsäure, Phthalsäure, Borsäure usw. oft zu Pufferlösungen verwendet. Bei Analysen benützt man auch häufig das Protolytsystem $NH_4^+ - NH_3$. Diese Pufferlösung, deren maximale Pufferkapazität bei pH 9,3 liegt, leistet bei verschiedenen Hydroxydfällungen, wo c_{OH^-} nicht zu hoch werden darf, gute Dienste. Wegen der Flüchtigkeit des Ammoniaks und der Ammoniumsalze bietet sich hier außerdem die Möglichkeit, durch Eindampfen und Abrauchen der Ammoniumsalze die Puffersubstanzen wieder zu entfernen.

Übungsbeispiele zu den Kapiteln 10 bis 12

1. Der zweifarbige Indikator Bromphenolblau gibt in einer bestimmten Lösung eine Mischfarbe, deren Zusammensetzung kolorimetrisch zu 32% saurer und 68% basischer Farbe gemessen wurde. Berechne das pH der Lösung, wenn der pk_s-Wert des Indikators bei der betreffenden Ionenstärke schätzungsweise 4,10 beträgt.

2. Die Konstante k_s eines einfarbigen Indikatorsystems, dessen Base gefärbt ist, wurde auf folgende Weise bestimmt. 100,0 ml einer Pufferlösung mit pH 6,51 wurden zusammen mit 5,0 ml einer verdünnten Lösung des Indikators in einen Glaszylinder gefüllt. Zu 0,1-C NaOH-Lösung, die sich in einem zweiten gleichartigen Zylinder befand, wurde solange die gleiche Indikatorlösung zugesetzt, bis die gesamte Flüssigkeit nach Auffüllen auf 105,0 ml die gleiche Farbstärke aufwies. Berechne k_s, wenn dazu 3,4 ml Indikatorlösung verbraucht wurden.

3. Berechne und konstruiere die Titrationskurven der Figuren 6 bis 8 in Kapitel 11.

4. Berechne die ungefähren pH-Werte der folgenden Pufferlösungen:

a) 6 ml 0,2-C HAc + 14 ml 0,2-C NaAc
b) 40 ml 0,2-C HAc + 15 ml 0,2-C NaOH
c) 30 ml 0,1-C HCl + 20 ml 0,2-C NaAc
d) 25 ml 0,1-C NH_4Cl + 15 ml 0,1-C NaOH

5. Wieviel ml 0,01-C HCl muß man zu 15 ml 0,15-C NaAc zusetzen, um den pH-Wert 6,3 zu erhalten.

6. In einer Pufferlösung, die durch Mischen von 14,7 ml 0,2-C HAc mit 5,3 ml 0,2-C NaAc hergestellt wurde, erhielt man mit Bromkresolgrün eine Farbe, die aus 66% saurer und 34% basischer Farbe bestand. Berechne den pk_s-Wert des Indikators für diese Lösung.

13. KAPITEL

TITRATIONSFEHLER BEI DER PROTOLYTISCHEN TITRATIONSANALYSE

a) Einleitung und Definitionen. Die Erörterung von Titrationsproblemen gewinnt an Bequemlichkeit, wenn man die gelösten Stoffe, die zu Beginn der Titration vorliegen und deren Konzentrationsverhältnis bestimmt werden soll, als *Titrator* bzw. *Titrand* bezeichnet. Bei protolytischen Titrationen sind beide Protolyte. Man läßt die Titratorlösung, in der also der Titrator gelöst ist, aus einer Bürette zur Titrandlösung zufließen. In der Regel ist die Titrandmenge unbekannt, die Konzentration der Titratorlösung dagegen bekannt. Bei der erstmaligen Bestimmung der Konzentration (des sog. *Titers*) einer Titratorlösung kann sich dieses Verhältnis jedoch in gewissem Sinne umkehren; man verfährt hier nämlich oft so, daß man eine bekannte Titrandmenge (die «Urtitersubstanz») z. B. in einem Kolben löst, während die Konzentration der Titratorlösung, die man dann wieder aus einer Bürette zufließen läßt, zunächst nur ihrem ungefähren Wert nach bekannt ist. Was den Titrand betrifft, so kann dieser gleichzeitig aus mehreren Protolyten bestehen. Die Mischung von Titrator- und Titrandlösung, die man nach Beendigung der Titration erhält, wird *Endlösung* genannt. Für das Endgleichgewicht ist es natürlich gleichgültig, ob ein bestimmter Stoff ursprünglich Titrator oder Titrand gewesen ist.

Bei jeder Titrationsanalyse soll die Anzeige des Äquivalenzpunktes so genau erfolgen bzw. der Punkt auf der Titrationskurve, bei dem die Titration beendet wird (*Endpunkt*), dem Äquivalenzpunkt so nahe liegen, daß die beabsichtigte Analysengenauigkeit auch wirklich eingehalten wird. Bei der protolytischen Titration verwendet man für diese Anzeige entweder einen geeigneten Indikator, oder man bestimmt a_{H^+} während der Titration auf elektrometrischem Wege (elektrometrische Titration). Bei der Titration hat man gewöhnlich mit einer größeren Zahl verschiedener Meßfehler zu rechnen (Ablesungsfehler, Tropfenfehler usw.), deren Größe man am zweckmäßigsten in Äqu/l angibt. Als *Titrationsfehler* im engeren Sinne bezeichnet man jedoch nur diejenigen Fehler, die durch das Nicht-Zusammenfallen von Endpunkt und Äquivalenzpunkt verursacht werden. Im Äquivalenzpunkt ist der Titrationsfehler also definitionsgemäß gleich Null. Man muß zwei Arten von Titrationsfehlern voneinander unterscheiden. Oft befindet man sich in der Zwangslage, Endpunkt und Äquivalenzpunkt ganz bewußt voneinander abweichen zu lassen. Die Veranlassung dazu kann bei der Titration mit einem Farbindikator einfach darin bestehen, daß es überhaupt keinen geeigneten Indikator gibt. Diese Art von *Abweichung*, die in der Folge mit A bezeichnet und in Äqu/l angegeben wird, besitzt den Charakter eines *systematischen Titrationsfehlers*. Außerdem ist natürlich die Bestimmung jenes pH-Wertes, den man zu erreichen beabsichtigt, immer mit einem Unsicherheitsfaktor behaftet, dessen Größe von der Art der gewählten Meßmethode abhängt. Am größten ist die Ungenauigkeit bei der Verwendung von pH-Indikatoren und kann hier, wenn nicht besondere Vorsichtsmaßregeln getroffen werden, bis zu $\pm 0{,}4$ pH-Einheiten betragen; am kleinsten ist sie bei der elektrometrischen Titration. Immer wird aber durch die Unsicherheit der pH-Bestimmung ein *zufälliger Titrationsfehler F* bedingt. Auch F soll in Äqu/l angegeben werden[1]).

Die Fehler A und F sind absolute Fehler; von größerem Interesse für die Fehlerrechnung sind jedoch die entsprechenden *relativen Titrationsfehler*, die wir mit A_{rel} bzw. F_{rel} bezeichnen. Da A und F in Äqu/l angegeben werden, sind die relativen Fehler gleich A bzw. F dividiert durch die Anzahl der Äquivalente per Liter, die bei der Titration protolysiert werden. Bei der Titration eines einwertigen Protolyts mit der Totalkonzentration C Mol/l ist demnach $A_{\mathrm{rel}} = A/C$ und $F_{\mathrm{rel}} = F/C$. Bei der Titration eines mehrwertigen Protolyts hängt der relative Fehler davon ab, wie viele Protolysenstadien des Protolyts bei der Titration durchlaufen werden. Wenn man bei der Titration eines mehrwertigen Protolyts mit der Totalkonzentration C Mol/l ein Protolysenstadium (= einen $\mathrm{p}k_s$-Wert des Protolyts) passiert, so ist $A_{\mathrm{rel}} = A/C$ und $F_{\mathrm{rel}} = F/C$. Werden n Protolysenstadien (= n $\mathrm{p}k_s$-Werte) passiert, so ist $A_{\mathrm{rel}} = A/n\,C$ und $F_{\mathrm{rel}} = F/n\,C$.

Nicht selten bestimmt man bei der Titration von mehrwertigen Protolyten oder Mischungen von mehreren Protolytsystemen die Menge der Titratorlösung, die zwischen zwei mit Indikatoren markierten Äquivalenzpunkten verbraucht wird. In diesem Falle treten zwei Einzelfehler bei der Bestimmung der beiden Äquivalenzpunkte auf, deren Summe den totalen Titrationsfehler ergibt.

b) Systematische Titrationsfehler. Wir wollen in diesem Abschnitt die systematischen Titrationsfehler besprechen, die entstehen, wenn der Endpunkt um einen bestimmten Betrag vom Äquivalenzpunkt abweicht. Natürlich gilt die unten abgeleitete Formel auch dann, wenn diese Abweichung nicht systematischer Natur ist, d. h. durch die Unsicherheit der pH-Bestimmung hervorgerufen ist. Wir behandeln daher in diesem Zusammenhang auch einige Beispiele, wo eine solche Unsicherheit vorausgesetzt wird.

Es empfiehlt sich, schon von vornherein eine Beziehung von allgemeinster Gültigkeit aufzustellen. Wir wollen daher voraussetzen, daß gleichzeitig mehrere starke und mehrere schwache Säuren (gemeinsam mit ΣS bzw. Σs bezeichnet) zu bestimmen sind, die hier also die Rolle des Titranden spielen. Die «titrierten» schwachen Säuren müssen natürlich im Endpunkt der Hauptsache nach zu Basen protolysiert sein, oder mit anderen Worten, das pH des Endpunktes muß merklich größer als die $\mathrm{p}k_s$-Werte dieser schwachen Säuren sein. Ferner sei vorausgesetzt, daß die Titrandlösung außerdem mehrere schwache Säuren, gemeinsam mit Σs_0

[1]) Die Theorie der Titrationsfehler wurde von N. Bjerrum (1914) begründet, der Formeln für den systematischen Titrationsfehler angab. Formeln für den zufälligen Titrationsfehler wurden 1937 von H. Arnfelt angegeben. Die graphische Methode für die Bestimmung von Titrationsfehlern, die später behandelt werden soll, geht im Prinzip auf Bjerrum zurück und wurde von Arnfelt weiterentwickelt.

bezeichnet, enthalte, die nicht bestimmt werden sollen. Diese «nicht-titrierten» Säuren, wie wir sie der Kürze halber nennen wollen, dürfen im Endpunkt nur in geringem Ausmaß zu Basen protolysiert sein, d. h. das pH der Lösung muß merklich kleiner als die pk_{s_0}-Werte dieser schwachen Säuren sein.

Die Titration wird mit einer starken Base B ausgeführt, die also Titrator ist. Die Anzahl der Äquivalente von B, die bis zum Endpunkt der Titration je Liter Lösung zugesetzt wurden (d. h. also die Totalkonzentration von B in der Endlösung), nennen wir C_B, die Totalkonzentration der Titrandsäuren in der Endlösung ΣC_S und ΣC_s. Ferner ist $\Sigma C_s = \Sigma c_s + \Sigma c_b$.

Der Titrationsfehler muß gleich der Totalkonzentration der Titratorbase in der Endlösung minus der Totalkonzentration der Titrandsäuren in der gleichen Lösung sein und nimmt daher folgende Form an

$$A = C_B - (\Sigma C_S + \Sigma C_s) = C_B - (\Sigma C_S + \Sigma c_s + \Sigma c_b) \, . \tag{1}$$

Die protolytischen Reaktionen bei der Titration lassen sich, wie nachstehendes Schema zeigt, folgendermaßen zusammenfassen:

Ausgangsprotolyte		*Gebildete Basen*		*Gebildete Säuren*	
B in der Totalkonz.	C_B	—		s^* in der Konz.	C_B
ΣS in der Totalkonz.	ΣC_S	Σb^* in der Konz.	ΣC_S	—	
Σs in der Totalkonz.	ΣC_s	Σb in der Konz.	Σc_b	—	
Σs_0 in der Totalkonz.	ΣC_{s_0}	Σb_0 in der Konz.	Σc_{b_0}	—	
H_2O		OH^- in der Konz.	c_{OH^-}	H_3O^+ in d. Konz.	$c_{H_3O^+}$

Hieraus folgt

$$\Sigma C_S + \Sigma c_b + \Sigma c_{b_0} + c_{OH^-} = C_B + c_{H_3O^+}$$

d. h.

$$C_B - \Sigma C_S - \Sigma c_b = c_{OH^-} - c_{H_3O^+} + \Sigma c_{b_0} \, . \tag{2}$$

Setzt man (2) in (1) ein, so erhält man

$$A = c_{OH^-} - c_{H_3O^+} + \Sigma c_{b_0} - \Sigma c_s \, . \tag{3}$$

Wenn Endpunkt und Äquivalenzpunkt exakt übereinstimmen, so heben die Glieder der rechten Seite einander auf, so daß $A = 0$ wird. Aber dieser Fall tritt in der Praxis äußerst selten ein.

Aus der bisherigen Darstellung folgt, daß der Endpunkt zwischen die pk_s-Werte der titrierten und die pk_{s_0}-Werte der nicht titrierten Säuren verlegt werden muß. Der Beitrag, den eine titrierte schwache Säure zu A liefert, kann daher nur von den c_s-Werten herrühren, die in dem Bereich $pH > pk_s$ liegen. Analog rührt der Beitrag, den eine nicht titrierte schwache Säure zu A liefert, nur von jenen c_{b_0}-Werten her, die im Bereich $pH < pk_{s_0}$ liegen. Folglich tragen nur jene c-Werte zum Titrationsfehler bei, die im logarithmischen Diagramm dem vom pk_s-Wert begrenzten, stark geneigten Teil der $\log c$-Kurve zugehören.

Wir behandeln nun den zweiten Fall, daß nämlich die Titranden aus mehreren starken Basen ΣB und mehreren schwachen Basen Σb bestehen. Außerdem möge die Titrandlösung wiederum eine Anzahl schwacher Basen Σb_0 enthalten, die nicht titriert werden sollen. Titrator sei die starke Säure S, mit der Totalkonzentration C_S in der Endlösung. Die Totalkonzentration der Titrandbasen in der Endlösung sei ΣC_B und $\Sigma C_b = \Sigma c_s + \Sigma c_b$.

In diesem Falle ist der Titrationsfehler

$$A = C_S - (\Sigma C_B + \Sigma c_s + \Sigma c_b) \,. \tag{4}$$

Durch Aufstellung eines analogen Protolysenschemas wie oben erhalten wir

$$C_S - \Sigma C_B - \Sigma c_s = -c_{OH^-} + c_{H_3O^+} + \Sigma c_{s_0} \,. \tag{5}$$

Setzen wir (5) in (4) ein, so folgt

$$A = -c_{OH^-} + c_{H_3O^+} - \Sigma c_b + \Sigma c_{s_0} \,. \tag{6}$$

Jede Base, die einem Protolytsystem angehört, deren pk_s-Wert während der Titration überschritten wurde, wird titriert, die übrigen Basen werden nicht titriert. Auf (6) läßt sich sinngemäß alles übertragen, was bereits bezüglich Gleichung (3) gesagt wurde: Nur jene c-Werte können einen Beitrag zum Titrationsfehler liefern, die im logarithmischen Diagramm dem vom pk_s-Wert begrenzten, stark geneigten Teil der log c-Kurve zugehören. Berücksichtigt man diese Tatsache, indem man z. B. zur Ermittlung der Titrationsfehler ein logarithmisches Diagramm benützt, das nur diese Kurventeile enthält (*Titrationsfehlerdiagramm*), so erübrigt sich eine spezielle Indexbezeichnung der nicht titrierten Säuren bzw. Basen. Die Formeln (3) und (6) lassen sich dann zur folgenden allgemeingültigen Beziehung vereinigen

$$A = \pm(c_{OH^-} - c_{H_3O^+} + \Sigma c_b - \Sigma c_s) \text{ Äqu/l} \,, \tag{7}$$

in der das Pluszeichen gilt, wenn der Titrator eine Base ist, dagegen das Minuszeichen, wenn er eine Säure ist. Diese Formel läßt sich leicht dem Gedächtnis einprägen, sofern man nur beachtet, daß alle Glieder, in denen Protolyte vorkommen, die von der gleichen Art wie der Titrator sind, positives Vorzeichen, alle anderen Glieder dagegen negatives Vorzeichen besitzen.

Zur Berechnung des relativen systematischen Fehlers hat man A durch die Summe der Totalkonzentrationen aller Titranden zu dividieren, wobei zu beachten ist, daß bei mehrwertigen Protolyten die Totalkonzentration mit der Zahl der durchlaufenen Protolysenstadien multipliziert werden muß. Führt man für diese Summe die Bezeichnung ΣC ein, so folgt

$$A_{\text{rel}} = \pm \frac{c_{OH^-} - c_{H_3O^+} + \Sigma c_b - \Sigma c_s}{\Sigma C} \,. \tag{8}$$

Die beiden ersten Glieder von (8), $c_{OH^-}/\Sigma C$ und $c_{H_3O^+}/\Sigma C$ sind bei konstantem pH (und infolgedessen ebenfalls konstantem c_{OH^-} und $c_{H_3O^+}$) der Summe

ΣC umgekehrt proportional. Alle anderen Glieder enthalten Quotienten $c/\Sigma C$, die bei konstantem pH und einer bestimmten Titrandmenge von der Verdünnung unabhängig sind.

Nur jener Teil des relativen Fehlers, der durch Hydronium- und Hydroxylionen bedingt wird, ist also von der Verdünnung abhängig und wächst mit steigender Verdünnung. Liegt der Endpunkt der Titration bei hohen $c_{H_3O^+}$- oder c_{OH^-}-Werten, so hat man also darauf zu achten, daß das Endvolumen der Lösung klein ist. Das läßt sich z. B. durch Wahl eines kleinen Anfangsvolumens und durch hohe Konzentration = kleines Volumen der Titratorlösung erreichen. Das Volumen der Titratorlösung darf andererseits aber nicht so klein werden, daß sich der Einfluß der Ablesungsfehler zu stark geltend machen kann. Bei Benützung gewöhnlicher Büretten soll die abgelesene Menge Titratorlösung nicht kleiner als 20 ml sein. Allzu hohe Konzentrationen sind auch deshalb zu vermeiden, damit die hohe Ionenstärke nicht zu große Verschiebungen der pk_s-Werte der Protolyt- und Indikatorsysteme hervorruft.

Die Titration von nur starken Protolyten. In diesem Fall nimmt (7) folgende Form an

$$A = \pm (c_{OH^-} - c_{H_3O^+}) \text{ Äqu/l} . \qquad (9)$$

Ist der Titrand ein einwertiger Protolyt mit der Totalkonzentration C in der Endlösung, so wird der relative systematische Fehler

$$A_{rel} = \pm \frac{c_{OH^-} - c_{H_3O^+}}{C} . \qquad (10)$$

Für pH 7, also im Äquivalenzpunkt, ist $c_{H_3O^+} = c_{OH^-}$ und demnach $A = 0$. Schon in geringer Entfernung von diesem Punkt kann eines der beiden Glieder von (9) gegen das andere vernachlässigt werden. (Bei einer Differenz von nur einer pH -Einheit ist das eine Glied nur mehr $^1/_{100}$ des anderen.)

Soll für $C = 0{,}1$ ein maximaler relativer Fehler von $10^{-4} = 0{,}01\,\%$ nicht überschritten werden, so darf nach (10) der Absolutwert der Differenz (c_{OH^-} − − $c_{H_3O^+}$) höchstens $= 10^{-5}$ sein, d. h. das pH der Endlösung ist zwischen 5 und 9 einzustellen. Die Titration läßt sich also mit dem maximalen Fehler von 0,01 % ausführen, wenn man die Indikatoren Methylrot (Orangefärbung bei ungefähr pH 5,8) oder Phenolphthalein (schwache Rotfärbung bei ungefähr pH 8,2 und nicht allzu geringer Indikatorkonzentration) oder irgendeinen anderen Indikator verwendet, dessen Umschlagsgebiet zwischen diesen beiden liegt. Auch wenn man bei diesen Indikatoren mit einer Unsicherheit von ± 0,4 pH-Einheiten bei der pH-Bestimmung rechnet, hält sich der Fehler unter dem angegebenen Maximalwert. Bei der Verwendung von Methylorange (Intervall pH 3,1–4,4) hat man dagegen mit größeren Fehlern zu rechnen.

Die Titration von schwachen Protolyten. In Gegenwart von gelösten schwachen Protolyten lassen sich die Titrationsfehler am einfachsten mit Hilfe eines logarithmischen Diagramms bestimmen. Wie schon früher erwähnt, verwendet man nur den vom pk_s-Wert begrenzten, stark geneigten Teil der log c-Kurven. Bei der Konstruktion des Titrationsfehlerdiagramms zieht man Gerade mit dem Richtungskoeffizienten +1 bzw. −1, die sich bereits in geringer Entfernung vom Punkte pH = pk_s der log c-Kurve stark nähern. Da der Endpunkt einer brauchbaren Titration meistens weit entfernt von jedem pk_s-Wert liegt, sind gewöhnlich nur die nahezu geradlinigen Abschnitte der Kurvenstücke von praktischer Bedeutung für die Fehlerbestimmung. Das Titrationsfehlerdiagramm besteht dann nur aus einer Anzahl von *Fehlerlinien*, von denen jede ein Glied der Fehlergleichung, also einen *Partialfehler* darstellt.

Alle Basen-Fehlerlinien haben den Richtungskoeffizienten +1, alle Säure-Fehlerlinien den Richtungskoeffizienten −1. Jeder Schnittpunkt zweier Fehlerlinien wird also von je einer Basen- und Säurelinie gebildet. Da die Basen- und Säureglieder der Fehlergleichung verschiedene Vorzeichen besitzen, ist im Schnittpunkt die Summe der beiden Glieder gleich Null. Im Schnittpunkt jener beiden Linien, die den größten Partialfehlern bei dem betreffenden pH-Wert entsprechen, sind die übrigen Partialfehler meistens so klein, daß sie vernachlässigt werden können. Der Titrationsfehler A ist also in unmittelbarer Nähe dieser Schnittpunkte gleich Null und die Schnittpunkte selbst sind infolgedessen mit Äquivalenzpunkten nahezu identisch.

Wenn die übrigen Partialfehler nicht vernachlässigt werden dürfen, kann ein solcher Schnittpunkt vom Äquivalenzpunkt etwas abweichen. Die Lage des Äquivalenzpunktes läßt sich aber auch dann, wenn auch etwas schwieriger, aus dem Diagramm ermitteln, wenn man unter Berücksichtigung der für ihn geltenden Bedingung $A = 0$ in der Nähe des Schnittpunktes nach ihm sucht.

Handelt es sich um Protolyte mit niederer Ladung und nicht zu hohe Ionenstärken, so kann man bei der Konstruktion der Titrationsfehlerdiagramme oft die pK_s-Werte benützen. Andernfalls hat man die ungefähre Größe der Ionenstärke in der Endlösung zu bestimmen und die zugehörigen pk_s-Werte z. B. mit Hilfe von Tab. 4, 7d, zu berechnen. In den folgenden Beispielen, wo die Diagramme gleichzeitig mehrere Titrationen darstellen (z. B. mit Äquivalenzpunkten, die zu beiden Seiten eines pk_s-Wertes liegen), kann man jedoch für die verschiedenen Endlösungen meistens keine gemeinsame Ionenstärke angeben. Hier werden wir daher mit einem Mittelwert rechnen. Auch die Einwirkung der Ionenstärke auf den Verlauf der $c_{H_3O^+}$ und c_{OH^-}-Linien (d. h. also auf die Beziehung zwischen pH und $c_{H_3O^+}$ bzw. c_{OH^-}) soll unberücksichtigt bleiben.

Wir besprechen zunächst die Titration des Systems HAc−Ac⁻. In diesem Fall nimmt (8) folgende Form an

$$A_{\mathrm{rel}} = \pm \frac{c_{OH^-} - c_{H_3O^+} + c_{Ac^-} - c_{HAc}}{C}, \tag{11}$$

c_{Ac^-} ist in (11) nur für pH < pk_s, c_{HAc} nur für pH > pk_s einzusetzen. Das zugehörige Diagramm wird durch Figur 12 dargestellt, die mit A^- und HA bezeichneten Linien wollen wir jedoch zunächst unberücksichtigt lassen. Die Totalkonzentration des Systems HAc − Ac⁻ in der Endlösung ist $C = 0{,}05$. Bei der betreffenden Ionenstärke ist pk_s schätzungsweise 4,8 − 0,1 = 4,7. Wir lassen also die c_{Ac^-}- und c_{HAc}-Linien im Punkte pH = pk_s = 4,7, log c = log C =

$= -1{,}3$ beginnen. In Figur 12, wie auch in den übrigen Titrationsfehlerdiagrammen, sind diese Linien bis zu ihrem Schnittpunkt voll ausgezogen. Der wirkliche, aber für praktische Titrationsprobleme meist bedeutungslose Verlauf der Konzentrationen in der Nähe des pk_s-Wertes wird durch die gestrichelten, gekrümmten Kurvenstücke dargestellt, die in Figur 12 für das System $HAc - Ac^-$ eingezeichnet sind.

Im vorliegenden Falle ist der Titrationsfehler in unmittelbarer Nähe der Punkte 1 und 4 in Figur 12 gleich Null. Diese Punkte stellen also Äquivalenzpunkte dar. Der pH-Wert einer reinen HAc-Lösung mit $C = 0{,}05$ entspricht nahezu Punkt 1 (vgl. 8b). Will man HAc durch Titration mit einer starken Base (z. B. kohlensäurefreier NaOH-Lösung) bestimmen, so muß man bis zu dem Äquivalenzpunkt mit $\mathrm{pH} > pk_s$ titrieren, also bis Punkt 4 mit pH 8,7. Ein Indikator, der sich für eine halbwegs richtige Anzeige dieses pH-Wertes eignet, ist Phenolphthalein in geringer Konzentration, bei Titration bis zu schwach rötlicher Färbung. Eine vollkommen einwandfreie Feststellung des Äquivalenzpunktes ist auf diese Weise zwar kaum möglich. Aber auch bei recht großen Abweichungen von pH 8,7 kann die Titration noch mit großer Genauigkeit ausgeführt werden. Wenn beispielsweise ein relativer Fehler von maximal $0{,}1\,\% = 10^{-3}$ zulässig ist, so darf der Absolutwert von A bei $C = 0{,}05$ nicht größer als $5{,}10^{-5}$ Äqu/l sein. Zu beiden Seiten des Äquivalenzpunktes erreicht man diese oberen A-Werte bei pH 7,7 und 9,7. Der Fehler rührt bei pH 7,7 nahezu ausschließlich von c_{HAc}, bei pH 9,7 nahezu ausschließlich von $c_{\mathrm{OH^-}}$ her. Solange das pH des Endpunktes innerhalb des Bereiches $8{,}7 \pm 1{,}0$ liegt, überschreitet also der relative Fehler nicht 0,1 %. Bei Verwendung von Phenolphthalein bereitet es keine Schwierigkeit, die Titration so auszuführen, daß der Endpunkt innerhalb dieses pH-Bereiches zu liegen kommt.

Handelt es sich dagegen um die titrimetrische Bestimmung der Base Ac^-, z. B. um die Bestimmung einer NaAc-Lösung, so entspricht der pH-Wert der

Figur 12

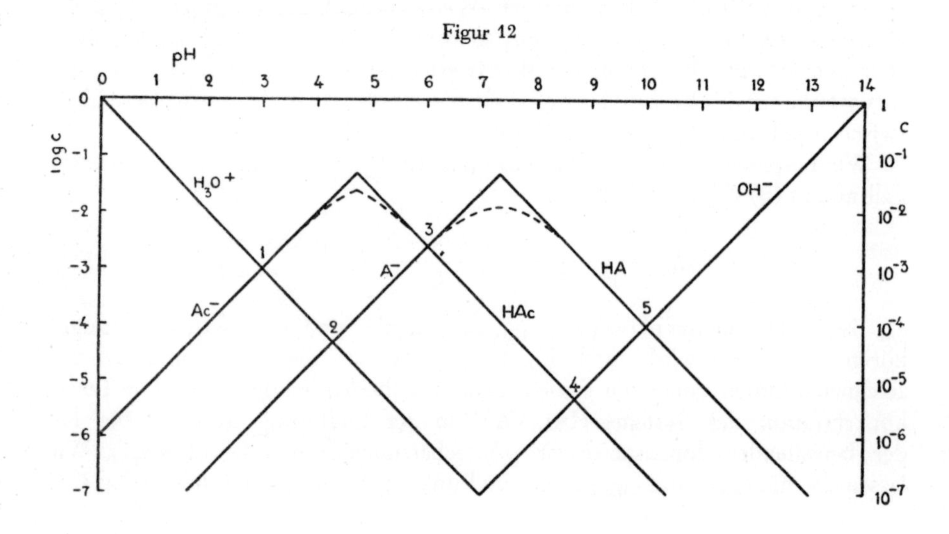

Ausgangslösung nahezu Punkt 4 (vgl. 8b). Man titriert mit einer starken Säure bis zum Äquivalenzpunkt auf der sauren Seite von pk_s, also bis Punkt 1 mit pH 3,0. Eine Abweichung von Punkt 1 verursacht aber einen bedeutend größeren Fehler als eine gleich große Abweichung von Punkt 4 bei der vorhergehenden Titration. Kann man annehmen, daß es gelingt, den Endpunkt mit Hilfe eines bestimmten Indikators innerhalb des Bereiches pH $= 3{,}0 \pm 0{,}4$ zu verlegen, so ist die Berechnung des Fehlers für die Grenzwerte dieses Bereiches auszuführen. Bei pH 2,6 ist $A = +2{,}1 \cdot 10^{-3}$ Äqu/l und $A_{rel} = +4{,}2\,\%$. Bei pH 3,4 ist $A = =2{,}1 \cdot 10^{-3}$ Äqu/l und $A_{rel} = -4{,}2\,\%$. Die Bestimmung ist daher nur sehr ungenau. Es ist auch nicht uninteressant, die Berechnung des Fehlers für den Fall auszuführen, daß der Endpunkt noch näher an pk_s heranrückt. Für pH 3,7 ist $A = =5{,}0 \cdot 10^{-3}$ Äqu/l und $A_{rel} = -10\,\%$. Das Titrationsresultat ist also praktisch unbrauchbar, da der Endpunkt zu nahe dem pk_s-Wert liegt. Wie man in Figur 12 sieht, beginnt der Verlauf der $\log c_{Ac^-}$-Kurve erst ungefähr bei diesem Punkt von der Form einer Geraden abzuweichen. Da Titrationen, deren Endpunkt noch näher an pk_s liegt, vollkommen sinnlos sind, bestätigt es sich also, daß eine exakte Wiedergabe des Kurvenverlaufes unnötig ist.

Es sei darauf hingewiesen, daß die Berechnung des systematischen Fehlers nicht etwa die Einführung eines Korrektionsgliedes zum Ziel hat, sondern daß es sich nur darum handelt, auf Grund der Fehlergröße zu beurteilen, ob eine Titration mit vorgeschriebener Genauigkeit ausgeführt werden kann. Wird das Abweichen des Endpunktes vom Äquivalenzpunkt durch die Verwendung eines Farbindikators verursacht, so tritt bei der Benützung dieses Indikators gleichzeitig ein zufälliger Fehler auf, dessen Größe eine derartige Korrektur gegenstandslos macht. Verwendet man dagegen eine andere pH-Bestimmungsmethode (z. B. die elektrometrische), so läßt sich der Endpunkt gewöhnlich in so gute Übereinstimmung mit dem Äquivalenzpunkt bringen, daß der systematische Titrationsfehler vernachlässigt werden kann.

Diese Ausführungen dürften genügen, um einen gewissen Überblick über die Methode der Titrationsfehlerberechnung auf Grund der Formel für den systematischen Titrationsfehler zu geben. Gleichzeitig zeigte es sich, daß diese Formel auch den durch die Unsicherheit der pH-Bestimmung verursachten Fehler, d. h. also den zufälligen Fehler zu berechnen gestattet. Trotzdem empfiehlt es sich, bei der Besprechung von Titrationsbedingungen im allgemeinen, bzw. deren Anwendung auf verschiedene Fälle, der bequemeren Darstellung halber eine Formel zur direkten Berechnung des zufälligen Fehlers heranzuziehen. Bevor wir mit dieser Besprechung beginnen können, müssen wir daher zunächst diese neue Formel ableiten, die zwar nicht so uneingeschränkt gültig ist wie jene erste Formel, welche wir für den systematischen Fehler ableiteten, die sich aber nicht nur leichter anwenden läßt als jene, sondern außerdem den Vorteil besitzt, vermittels der Pufferkapazität in anschaulicher Beziehung zur Titrationskurve zu stehen.

c) Zufällige Titrationsfehler. In der Praxis ist man natürlich meistens bestrebt, den Endpunkt so nahe wie möglich an den Äquivalenzpunkt heranrücken zu lassen, eine Voraussetzung, die auch für das folgende gelten möge. Die

Ungenauigkeit der pH-Anzeige führt aber immer zu einem mehr oder weniger großen pH-Fehler, dessen wahrscheinlicher Wert mit $\pm \Delta$ pH bezeichnet werden soll. Dieser zufällige pH-Fehler verursacht einen zufälligen Titrationsfehler, dessen Größe sich meistens leicht berechnen läßt und der unmittelbar über die Brauchbarkeit des Äquivalenzpunktes als Endpunkt Aufschluß gibt.

Für einen bestimmten pH-Fehler wird der Titrationsfehler um so größer, je größer die Neigung der Titrationskurve im Äquivalenzpunkt, d. h. also die Pufferkapazität der Lösung an dieser Stelle ist. Dagegen ist er natürlich davon unabhängig, ob man den Äquivalenzpunkt von einem niedrigeren pH-Wert ausgehend, durch Zusatz von starker Base oder von einem höheren pH-Wert durch Zusatz von starker Säure zu erreichen sucht.

Die Titrationskurve kann innerhalb des kleinen pH-Intervalles, das zwischen den Grenzen des pH-Fehlers liegt, als nahezu geradlinig angesehen werden (vgl. auch die Ausführungen der nächsten kleingedruckten Textstelle). Der Richtungskoeffizient dieses geradlinigen Kurvenstückes sei β. Das Produkt $\pm \Delta$ pH $\cdot \beta$ stellt dann den zufälligen Titrationsfehler F dar, der durch den zufälligen pH-Fehler $\pm \Delta$ pH verursacht wird. Man erhält also

$$F = \pm \Delta \,\mathrm{pH} \cdot \beta \text{ Äqu/l} \,.\text{[1]} \qquad (12)$$

Der Absolutbetrag des zufälligen Titrationsfehlers ist also, wenn man bis zu einem Äquivalenzpunkt titriert, der Pufferkapazität im Äquivalenzpunkt proportional.

Setzt man β aus 12 (12a) in (12) ein, so erhält man:

$$F = \pm 2{,}30 \cdot \Delta \,\mathrm{pH} \left(c_{\mathrm{OH^-}} + c_{\mathrm{H_3O^+}} + \sum \frac{c_s c_b}{C} \right) \text{Äqu/l} \,. \qquad (13)$$

Da sich alle c-Werte in (13) mit Hilfe eines logarithmischen Diagramms leicht ermitteln lassen, eignet sich diese Beziehung zur Berechnung von F; sie läßt sich jedoch gewöhnlich noch etwas weiter vereinfachen. Liegt das pH des Äquivalenzpunktes in genügender Entfernung vom pk_s-Punkt eines Protolytsystems, so vereinfacht sich das Glied $c_s c_b / C$ für dieses System entweder zu c_b oder zu c_s. Ist nämlich pH genügend klein im Verhältnis zu pk_s, so nähert sich der Quotient $c_s / C = x_s$ dem Wert 1 (vgl. 7 b) und daher das Glied $c_s c_b / C$ dem Wert c_b. Ist dagegen pH genügend groß im Verhältnis zu pk_s, so gilt angenähert $c_b / C = x_b = 1$ und $c_s c_b / C = c_s$.

Da eine Titrationsmethode nur praktischen Wert besitzt, wenn ihr Endpunkt einem Äquivalenzpunkt entspricht, der in großem Abstand von den pk_s-Werten der anwesenden schwachen Protolytsysteme liegt, besteht daher der Beitrag eines jeden Protolytsystems zum Titrationsfehler aus zwei Gliedern. Das eine

---

[1]) Es ist zu beachten, daß $\pm$ in den Formeln (7) bis (11) eine ganz andere Bedeutung hatte als in den Formeln (12) bis (15). Im ersten Falle galt das $+$-Zeichen, wenn der Titrator eine Base, und das $-$-Zeichen, wenn der Titrator eine Säure ist. In letzterem Falle kann der Fehler unter den gegebenen Bedingungen sowohl positiv wie auch negativ werden.

gilt nur für Lösungen, die saurer als pk_s sind und ist in diesem Falle gleich c_b. Das andere gilt nur für Lösungen, die basischer als pk_s sind und ist gleich c_s. Gleichung (13) geht also schließlich in die nachstehende Näherungsformel über:

$$F = \pm 2{,}30 \cdot \Delta \,\mathrm{pH}\,(c_{OH^-} + c_{H_3O^+} + \Sigma c_b + \Sigma c_s)\ \text{Äqu/l}\ , \qquad (14)$$

wobei man jedoch die bedingte Gültigkeit der beiden letzten Glieder nicht übersehen darf.

Wie ersichtlich, setzt die Berechnung des Fehlers ΔpH als bekannt voraus, dessen Größe für die jeweils angewandte Meßmethode geschätzt werden muß. Bei der Titration mit Farbindikatoren beläuft sich die Größe von ΔpH ohne Beobachtung besonderer Vorsichtsmaßregeln, wie schon erwähnt, auf etwa 0,4 pH-Einheiten. Setzt man für diesen Fall $2{,}30\,\Delta\,\mathrm{pH} = 1$, so läßt sich (14) noch weiter vereinfachen zu

$$F = \pm\,(c_{OH^-} + c_{H_3O^+} + \Sigma c_b + \Sigma c_s)\ \text{Äqu/l}\ . \qquad (15)$$

Der relative zufällige Fehler F_{rel} läßt sich aus F auf analoge Weise berechnen, wie der relative systematische Fehler A_{rel} aus A. Außerdem gelten für den zufälligen Fehler auch alle Ausführungen von Kapitel 13b, die den Einfluß der Verdünnung auf den systematischen Fehler betreffen.

Es sei nochmals darauf hingewiesen, daß die nach (13) und (14) berechnete Größe F den zufälligen Titrationsfehler *bei Titration bis zu einem Äquivalenzpunkt* darstellt. Beim Einsetzen in die Formeln hat man sich daher jener c-Werte zu bedienen, die eben jenem Äquivalenzpunkt zugehören.

Bei zu großen Werten von Δ pH weicht die Titrationskurve so stark von der Form einer Geraden ab, daß der nach (13) und (14) berechnete Wert von F sich merklich von dessen wahrem Wert unterscheidet. Der wahre Wert ist aber mit dem systematischen Fehler A an einer der Grenzen des pH-Intervalls identisch und läßt sich daher mit Hilfe von (7) berechnen. Ist der Endpunkt von den pk_s-Werten der vorhandenen Protolytsysteme so weit entfernt, daß die Krümmung der Fehlerlinien unbeachtet bleiben kann und brauchen, wie es gewöhnlich der Fall ist, nicht mehr als zwei Partialfehler berücksichtigt zu werden, so läßt sich der Quotient F_{ber}/F_{wirkl} auf diese Weise leicht berechnen. Die Werte, die man so erhält, haben unter den genannten Bedingungen Allgemeingültigkeit. Für Δ pH = 0,2, 0,4 0,6, 0,8, 1,0 nimmt der Absolutwert dieses Quotienten die Werte 0,96, 0,87, 0,73, 0,60 und 0,47 an. Da man in der Praxis aber kaum mit einem höheren Δ pH-Wert als 0,4 pH-Einheiten zu rechnen braucht, spielt diese Divergenz bei der Bestimmung von F offenbar keine Rolle.

Die Titration von schwachen Protolyten. Bei der Titration von Lösungen, die nur starke Protolyte enthalten, ist nach 13b der systematische Fehler innerhalb eines sehr großen pH-Gebietes verschwindend klein. Daraus folgt, daß auch der zufällige Fehler keine Rolle spielen kann, sofern nur ein geeigneter Indikator verwendet wird. Wir können uns daher auf den Fall beschränken, daß bei der Titration schwache Protolyte vorhanden sind.

Die Klammerausdrücke der Gleichungen (7) und (14) sind aus gleichartigen Gliedern aufgebaut. F kann daher aus dem gleichen Titrationsfehlerdiagramm ermittelt werden wie A. Wir können daher Figur 12 wiederum zum Ausgangspunkt unserer Erörterung machen. Diese Figur enthält außer den Fehlerlinien für das System $HAc-Ac^-$ auch Fehlerlinien für ein System $HA-A^-$ mit $pk_s = 7{,}3$ und $C = 0{,}05$. Für dieses System ist der exakte Verlauf des Gliedes $c_s c_b/C$ in der Nähe von $pH = pk_s$ eingezeichnet (gestrichelte Kurve). Das Maximum dieser Kurve liegt $\log 4 = 0{,}6$ unter dem Schnittpunkt der geraden Linien. Wie schon früher erwähnt, liegt ein brauchbarer Endpunkt gewöhnlich so weit von allen pk_s-Werten entfernt, daß dieser Teil der Kurve in der Regel keine Rolle spielt.

Da hier die Ermittlung der Größe von F im Äquivalenzpunkt selbst zu erfolgen hat (im Gegensatz zu A, dessen Komponenten an der äußeren Grenze des Fehlerintervalles abgelesen werden), ist es wünschenswert, daß sich die Äquivalenzpunkte leicht im Diagramm auffinden lassen. Nach Kapitel 13b muß der Schnittpunkt jener beiden Linien, die die beiden größten Partialfehler bei dem betreffenden pH-Wert darstellen, im allgemeinen einem Äquivalenzpunkt entsprechen. Das geht auch daraus hervor, daß offenbar F und daher auch die Pufferkapazität in unmittelbarer Nähe derartiger Schnittpunkte ein Minimum aufweisen muß. Ein Minimum der Pufferkapazität entspricht aber einem Wendepunkt der Titrationskurve, der, wie wir wissen, in nächster Nähe eines Äquivalenzpunktes liegen muß. Im Schnittpunkt wird F gleich der Summe der beiden gleich großen Partialfehler.

Wenn im Schnittpunkte der beiden größten Partialfehler auch andere Partialfehler solche Werte besitzen, daß sie nicht vernachlässigt werden können, so muß man den Äquivalenzpunkt auf die in 13b beschriebene Weise zu ermitteln versuchen und hierauf F durch Addition aller Partialfehler in diesem Punkte berechnen. In der Praxis braucht man jedoch diesen Ausweg nur selten zu benützen.

Von theoretischer Bedeutung ist ferner die Tatsache, daß obwohl das Minimum von F (und der Pufferkapazität) in vielen Fällen in unmittelbarer Nähe eines Äquivalenzpunktes liegt, mitunter dennoch merkliche Abweichungen auftreten können. Das kann sich z. B. gerade in letztgenanntem Falle ereignen, wo mehr als zwei Partialfehler zusammenwirken. Manchmal tritt überhaupt kein Minimum auf (vgl. das Verschwinden des betreffenden Wendepunktes bei den Titrationskurven in Kapitel 11b, bzw. den Verlauf der Pufferkapazität bei Maleinsäure Fig. 11, 12b). Da dieses Verhalten aber meistens darauf zurückzuführen ist, daß der Äquivalenzpunkt wegen hoher $c_{H_3O^+}$- oder c_{OH^-}-Werte ziemlich nahe dem pk_s-Wert liegt, ist ja auch in solchen Fällen eine genaue Titration nicht mehr möglich.

In den folgenden Beispielen werden wir durchweg mit $\Delta\,pH = 0{,}4$ rechnen, so daß Gleichung (15) Gültigkeit besitzt. Da F proportional $\Delta\,pH$ ist, können die nach (15) berechneten Fehler leicht für andere $\Delta\,pH$-Werte umgerechnet werden, die beispielsweise für Titrationsmethoden mit genauerer pH-Bestimmung in Frage kommen (Titration mit Vergleichslösung, elektrometrische Titration usw.).

Wir behandeln zunächst den Fall, daß die Titrandlösung nur das System $HAc-Ac^-$ in der Totalkonzentration $C = 0{,}05$ enthält. Wenn HAc durch Titration mit einer starken Base bestimmt werden soll, ist der Äquivalenzpunkt 4 mit pH 8,7 als Endpunkt zu benützen. $F = \pm 1 \cdot 10^{-5}$ Äqu/l und $F_{rel} = \pm 0{,}02\%$. Wie schon erwähnt, ist Phenolphthalein in geringer Menge (schwache Rosafärbung) ein geeigneter Indikator.

Will man die Base Ac^- bestimmen, so titriert man mit einer starken Säure bis Punkt 1 mit pH 3,0. $F = \pm 2 \cdot 10^{-3}$ Äqu/l und $F_{rel} = \pm 4\,\%$.

Enthält die Lösung dagegen das Protolytsystem $HA - A^-$ mit $pk_s = 7{,}3$ und $C = 0{,}05$, so ist die Säure HA bis zu Punkt 5 mit pH 10,0 zu titrieren. $F_{rel} = \pm 0{,}4\,\%$, also bedeutend größer als bei der HAc-Bestimmung. Dagegen ist hier die Bestimmung der Base A^- genauer als diejenige von Ac^-. Man titriert in diesem Fall bis zu Punkt 2 mit pH 4,3 und $F_{rel} = \pm 0{,}2\,\%$.

Hätte die Lösung die beiden Säuren HAc und HA in der Konzentration von je $C = 0{,}05$ enthalten, so wäre HAc für sich allein nicht mehr zu bestimmen gewesen, da die beiden pk_s-Werte einander zu nahe liegen. Man hätte zwar bis zu Punkt 3 titrieren können, aber hier wird $F_{rel} = \pm 10\%$. Dagegen läßt sich die Gesamtmenge der beiden Säuren durch Titration bis zu Punkt 5 mit $F_{rel} = \pm 0{,}2\,\%$ gut bestimmen.

Enthält die Lösung von Anfang an außerdem noch eine starke Säure, z. B. HCl, so läßt sich durch Titration bis zu Punkt 1 eine ungefähre Bestimmung von HCl ausführen. Ist die Totalkonzentration von HCl in der Endlösung $C = 0{,}05$, so wird $F_{rel} = \pm 4\,\%$. Eine Titration bis zu Punkt 5 erfaßt dagegen die Gesamtmengen von HCl, HAc und HA mit einem relativen Fehler $F_{rel} = \pm 0{,}13\%$.

Figur 13 zeigt ein Diagramm für das System $NH_4^+ - NH_3$ mit der Totalkonzentration $C = 0{,}02$. Für pk_s wird hier der Wert $9{,}3 + 0{,}1 = 9{,}4$ benützt. Soll der NH_3-Gehalt einer Lösung bestimmt werden, so titriert man mit einer

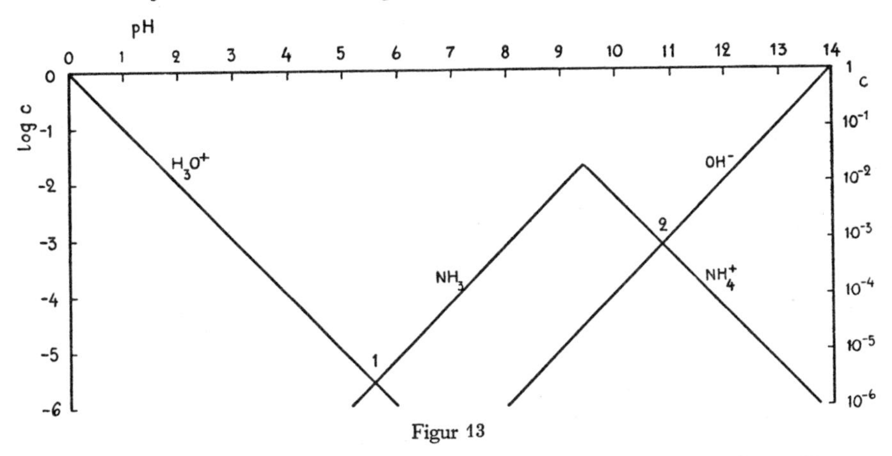

Figur 13

starken Säure bis Punkt 1, wo also pH = 5,6 und $F_{rel} = \pm 0{,}03\,\%$ ist. Ein geeigneter Indikator ist Methylrot bei Titration bis zur deutlichen Orangefärbung. Methylorange verursacht dagegen einen großen systematischen Fehler.

Besteht das System aus der Lösung eines NH_4^+-Salzes, so kann man dessen Menge bestimmen, indem man mit einer starken Base bis zu Punkt 2 titriert. An dieser Stelle ist pH = 10,8 und $F_{rel} = \pm 7{,}1\,\%$. Die Bestimmung ist also sehr ungenau, da NH_4^+ nur eine sehr schwache Säure ist.

Die Bestimmung von Ammoniak erfolgt in vielen Fällen (z. B. bei der Stickstoffbestimmung nach KJELDAHL) durch Überdestillieren in eine Vorlage, die eine gemessene Volummenge starker Säure von bekanntem Gehalt (z. B. 0,1-C HCl) enthält. Wenn die Säure im Überschuß vorhanden ist, so entspricht der Inhalt der Vorlage nach der Destillation einer Lösung von NH_4Cl + einem Überschuß von HCl. Dieser HCl-Überschuß wird durch Titration bis zu Punkt 1 bestimmt. Ein geeigneter Indikator ist Methylrot.

Mehrwertige Protolyte. Die Titration eines mehrwertigen Protolyts läßt sich auf gleiche Weise behandeln, wie die Titration einer Lösung, die mehrere Protolytsysteme gleichzeitig enthält. Als Beispiel wählen wir die Bestimmung der Phosphorsäure durch Titration mit einer starken Base. Die Totalkonzentration der Phosphorsäure in der Endlösung sei 0,05. Da der Größenunterschied zwischen den drei pk_s-Werten der Phosphorsäure sehr beträchtlich ist, sind die drei vorliegenden Protolytsysteme nahezu unabhängig voneinander, so daß man für jedes von ihnen $C = 0{,}05$ setzen kann. Auf Grund der ungefähren Ionenstärke und Tabelle 4, 7d, ergeben sich ferner folgende pk_s-Werte: $pk_s' = 2{,}1 - 0{,}1 = 2{,}0$, $pk_s'' = 7{,}2 - 0{,}4 = 6{,}8$ und $pk_s''' = 12{,}3 - 0{,}8 = 11{,}5$. Das Diagramm ist in Figur 14 dargestellt.

Bei Zusatz von starker Base wird der erste Äquivalenzpunkt bei Punkt 2 mit pH 4,4 erreicht. Die Phosphorsäure wird in diesem Fall einbasisch bestimmt. $F_{rel} = \pm 0{,}8\,\%$.

In Punkt 3 mit pH 9,1 bestimmt man die Säure zweibasisch. Hier ist $F_{rel} = F/2C = \pm 0{,}45\,\%$. Die Absolutfehler der Titration bis zu den Punkten 2 bzw. 3 sind nahezu gleich groß, aber im letzten Falle ist der relative Fehler nur halb so groß wie im ersten, da zwei Protolysestadien passiert werden.

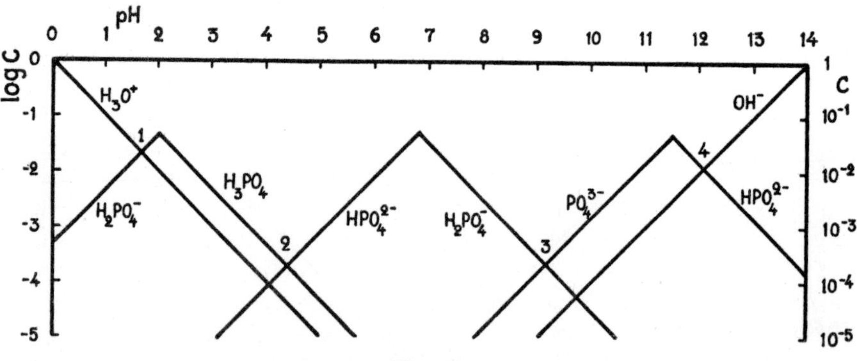

Figur 14

In Punkt 4 bestimmt man die Säure dreibasisch, so daß $F_{rel} = F/3C$ ist. Wegen der Nähe von pk_s''' weicht aber $c_{HPO_4^{2-}}$ hier ganz beträchtlich von der Geraden des Diagramms ab. Trotzdem läßt der mit ihrer Hilfe berechnete Fehler $F_{rel} = \pm 17\,\%$ zur Genüge erkennen, daß dieser Äquivalenzpunkt nicht als Endpunkt verwendet werden darf.

Die Phosphorsäure kann also entweder einbasisch bestimmt werden, mit $F_{rel} = \pm 0{,}8\,\%$ bei pH 4,4 (Methylorange bis zu beinahe gelbem Farbton, oder Bromkresolgrün), oder zweibasisch mit $F_{rel} = \pm 0{,}45\,\%$ bei pH 9,1 (Phenolphthalein in geringer Menge bis zu stark rotem Farbton), dagegen aber nicht dreibasisch.

Kohlensäure. Es liege eine bei normalem Druck und Zimmertemperatur gesättigte Kohlensäurelösung der Totalkonzentration $C = 0{,}05$ vor, was ungefähr den tatsächlichen Verhältnissen entspricht. Folglich hat man $C = 0{,}05$ auch für jedes der beiden Protolytsysteme $H_2CO_3 - HCO_3^-$ [1]) und $HCO_3^- - CO_3^{2-}$ zu setzen. Die pk_s-Werte der Kohlensäure sind schätzungsweise $pk_s' = 6{,}4 - 0{,}1 = 6{,}3$ und $pk_s'' = 10{,}3 - 0{,}4 = 9{,}9$. Das zugehörige Diagramm ist in Figur 15 dargestellt.

Titriert man mit einer starken Base bis zu Punkt 2 («Bikarbonatpunkt»), so bestimmt man die Kohlensäure einbasisch ($pH = 8{,}1$, $F_{rel} = \pm 3\%$). Die Bestimmung der Kohlensäuremenge erfolgt also hier mit leidlicher Genauigkeit. $c_{H_3O^+}$ und c_{OH^-} sind hier so klein, daß das Endvolumen ohne merklichen Einfluß auf den Fehler ist. Dagegen sollte man den Fehler unbedingt dadurch zu verringern suchen, daß man das pH der Endlösung so genau wie möglich einstellt. Am zweckmäßigsten ist es, mit Phenolphthalein bis zu jenem Farbton zu titrieren, den eine Vergleichslösung der gleichen Ionenstärke und Indikatorkonzentration bei pH 8,1 aufweist. Am einfachsten ist es in diesem Falle, eine Lösung von $NaHCO_3$ als Vergleichslösung zu benützen, deren Kohlensäuregehalt man demjenigen der Endlösung möglichst gleich macht.

Eine Titration bis zu Punkt 3, wo die Kohlensäure zweibasisch bestimmt wird, ergibt $F_{rel} = F/2C = \pm 4\%$. Der Fehler kann zwar durch Reduzierung des Endvolumens verringert werden, doch ist eine Titration bis zu diesem Endpunkt besser zu vermeiden.

Bei der Titration der Kohlensäure kann man beobachten, daß der Indikator, schon lange bevor der Endpunkt erreicht ist, den alkalischen Farbton annimmt. Unterbricht man den Basenzusatz, so geht die alkalische Farbe langsam wieder in die saure über. Diese Erscheinung beruht darauf, daß die Kohlensäure, wie bereits in 6b erwähnt, an dem Hydratationsgleichgewicht $CO_2 + H_2O = H_2CO_3$ teilnimmt. Da sich dieses Gleichgewicht von beiden Seiten ziemlich langsam einstellt, wird auch die Einstellung des endgültigen Gleichgewichtes dadurch verzögert. Die Protolyse von H_2CO_3 findet bei Basenzusatz nahezu augenblicklich statt. H_2CO_3 wird daher so schnell verbraucht, daß die Wiederherstellung des Gleichgewichtes durch Hydratation von CO_2 nicht im gleichen Tempo stattfinden kann. Daher schlägt der Indikator ins Alkalische um und erlangt die saure Farbe erst wieder, wenn eine genügende Menge CO_2 hydratisiert ist. Dieses Spiel wiederholt sich bei neuerlichem Basenzusatz so lange, bis die gesamte gelöste CO_2-Menge in H_2CO_3 umgewandelt bzw. das gebildete H_2CO_3 protolysiert ist. Der Endpunkt kann als erreicht betrachtet werden, wenn der dem gewünschten pH-Wert entsprechende Farbton des Indikators zwei Minuten lang unverändert bestehen bleibt.

Figur 15 veranschaulicht auch die Titration eines Karbonats, z. B. Soda mit einer starken Säure. Der Karbonatgehalt kann in diesem Fall durch Titration bis zu

---

[1]) In die Totalkonzentration dieses Systems ist auch c_{CO_2} eingerechnet (s. 6b).

Punkt 2 bestimmt werden. Verlässlicher bestimmt man ihn aber durch Titration bis zu Punkt 1, der, wenn die Konzentration die gleiche wie oben ist, bei pH 3,8 liegt. Da man die beiden pk_s-Werte der Kohlensäure passieren mußte, um von der Sodalösung aus diesen Punkt zu erreichen, wird $F_{rel} = F/2C = \pm 0{,}3\,\%$. Ein geeigneter Indikator ist Methylorange (bis zu einem deutlich rotstichigen Farbton), oder Bromphenolblau. Da sich das oben erwähnte Hydratationsgleichgewicht

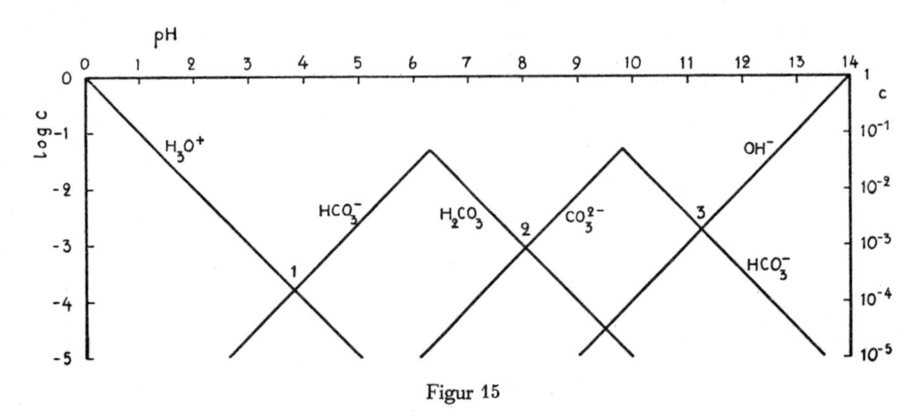

Figur 15

auch bei der Dehydratation von H_2CO_3 nur langsam einstellt, treten auch bei der Titration von Karbonaten analoge Verzögerungserscheinungen, wie bereits früher erwähnt, auf.

Der bei Karbonattitrationen auftretende Fehler kann beträchtlich unter dem oben berechneten Wert gehalten werden. Aus einer sauren Lösung kann man nämlich den größten Teil der Kohlensäure durch Kochen als CO_2 austreiben, so daß schließlich nur noch $c_{H_3O^+}$ von praktischer Bedeutung ist. Um auch den Einfluß von $c_{H_3O^+}$ zu vermindern, ist es zweckmäßig, unter diesen Umständen einen etwas höheren pH-Wert als Endpunkt zu wählen. Geeignete Indikatoren sind dann Bromkresolgrün oder Methylrot.

Der Kohlensäuregehalt basischer Titratorlösungen. Stark basische Titratorlösungen, wie z. B. NaOH-Lösungen, die zu diesem Zweck meistens verwendet werden, sind oft durch Luft-Kohlensäure verunreinigt. Es ist daher wichtig, die Titration so auszuführen, daß kleinere Kohlensäuremengen sich nicht störend geltend machen können.

Wir wollen annehmen, daß 2% des NaOH-Gehaltes der Titratorlösung in Na_2CO_3 umgewandelt sind. Die Totalkonzentration der Kohlensäure ist dann 1% der NaOH-Konzentration. In der fertig titrierten Lösung muß die Totalkonzentration der starken Base (NaOH) der Totalkonzentration jener Säure äquivalent sein, deren Menge bestimmt werden soll. Hieraus folgt, daß die Totalkonzentration der Kohlensäure in der Endlösung 1% der Totalkonzentration jener Säure sein muß. Wenn beispielsweise die Totalkonzentration der Säure in der Endlösung $C = 0{,}05$ ist, muß also die Konzentration C der beiden Systeme $H_2CO_3 - HCO_3^-$ und $HCO_3^- - CO_3^{2-}$ je 0,0005 betragen. Unter Berücksichtigung der ungefähren Ionenstärke des Endpunktes sind die pk_s-Werte der Kohlensäure schätzungsweise $pk_s' = 6{,}4 - 0{,}1 = 6{,}3$ und $pk_s'' = 10{,}3 - 0{,}3 = 10{,}0$. Figur 16 zeigt das zugehörige Diagramm.

Wir behandeln nun den Fall, daß die Normalität der Basenlösung durch Titration mit einer starken Säure bestimmt werden soll, deren Totalkonzentration in der Endlösung $C = 0{,}05$ ist (den gestrichelten Linien in Figur 16 ist also vorläufig keine Beachtung zu schenken). Wir setzen ferner voraus, daß man in diesem Falle die Basenlösung in die Bürette füllt und zur Säure zufließen läßt, weil

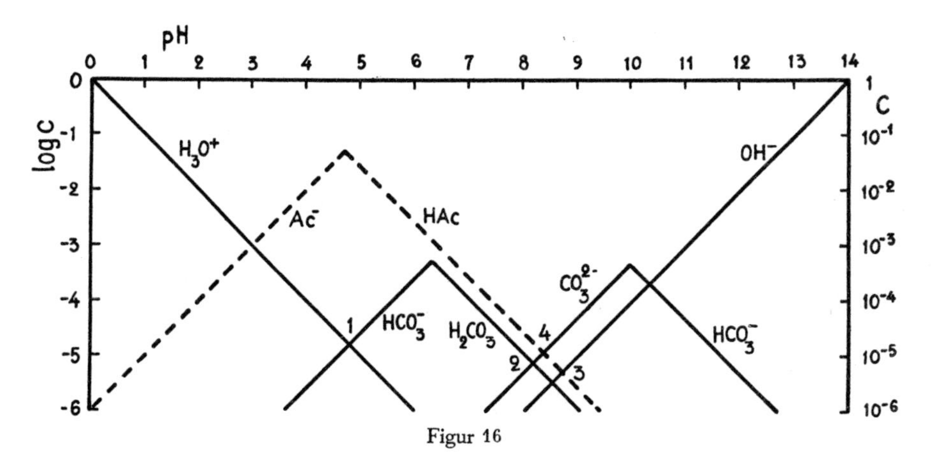

Figur 16

man sie dadurch weniger der Einwirkung der Luftkohlensäure aussetzt, als wenn man sie schon vor Beginn der Titration in ein Titrierkölbchen einfüllt. Wie schon früher erwähnt, ist es für das Gleichgewicht in der Endlösung gleichgültig, ob die daran teilnehmenden Stoffe ursprünglich der Titrator- oder Titrandlösung angehörten. Man kann sich, wenn man es für anschaulicher hält, daher vorstellen, daß die Titratorlösung kohlensäurefreie Basenlösung, die Titrandlösung dagegen die jeweils verwendete Säure + Kohlensäure enthält. Natürlich muß dieseKohlensäuremenge mit jener identisch sein, die der Endlösung nach Abschluß der wirklichen Titration durch die kohlensäurehaltige Basenlösung zugeführt wird.

Man kann bis zu einem der Äquivalenzpunkte 1 oder 2 titrieren. Die Titration bis zu 1 (pH 4,8), bei der $F_{\text{rel}} = \pm 0{,}06\,\%$ ist, läßt sich also mit großer Genauigkeit ausführen. Ein geeigneter Indikator ist Methylrot. Im Hinblick auf das Kohlensäuresystem entspricht Punkt 1 einer reinen Kohlensäurelösung, was besagt, daß die starke Säure hier nahezu alle Karbonationen in Kohlensäure übergeführt hat. Diese Kohlensäure ist hier also noch untitriert (vgl. weiter unten), d. h. der Verbrauch an Basenlösung entspricht der vorgelegten Menge starker Säure. Die so ermittelte Normalität kann man zur Bestimmung von unbekannten Mengen starker Säuren benützen, vorausgesetzt, daß man wieder bis zum gleichen Punkt 1 titriert.

Nach weiterem Basenzusatz erreicht man Punkt 2 (pH 8,1), wo $F_{\text{rel}} = \pm 0{,}03\,\%$ ist. Ein geeigneter Indikator ist Phenolphthalein (bei Verwendung in etwas größerer Menge und Titration bis zur schwachen Rosafärbung) oder Thymolblau (gelbgrüne Färbung). Auf dem Wege von 1 nach 2 wird die Kohlensäure titriert, d.h. also, das Gleichgewicht $H_2CO_3 - HCO_3^-$ verschiebt sich ganz nach rechts, entsprechend einer nahezu vollständigen Umwandlung von H_2CO_3 in HCO_3^-. Der Gesamtverbrauch an Basenlösung entspricht jetzt den vereinigten Mengen starker Säure + (einbasisch titrierter) Kohlensäure. Titriert man also die Basenlösung mit einer bekannten Menge starker Säure abwechselnd bis zu Punkt 1 und 2, so läßt sich ihr Kohlensäuregehalt annäherungsweise feststellen. Die Normalität, die aus dem Basenverbrauch bei Titration bis zu Punkt 2 folgt, kann natürlich auch zur Bestimmung unbekannter Säuremengen herangezogen werden, vorausgesetzt, daß diese ebenfalls bis zu Punkt 2 titriert wurden.

Diese zweite Normalität kann auch der Bestimmung schwacher Säuren zugrunde gelegt werden, trotzdem die Titratorlösung kohlensäurehaltig ist. Das läßt sich aus Figur 16 feststellen, die auch gestrichelte Fehlerlinien für das System $HAc - Ac^-$ mit $C = 0{,}05$ enthält. Wäre die Titratorlösung kohlensäurefrei, so könnte man bis zu Punkt 3 mit pH 8,7 und $F_{rel} = \pm 0{,}02\,\%$ titrieren. Bei dem angenommenen Kohlensäuregehalt kann man dagegen bis Punkt 4 mit pH 8,3 und $F_{rel} = \pm 0{,}05\,\%$, also ebenfalls mit großer Genauigkeit titrieren. Stärkere Säuren als HAc titriert man ungefähr bis zum gleichen pH, wobei der zufällige Fehler dieselbe Größenordnung behält. Bei schwächeren Säuren steigt sowohl der pH-Wert als auch der Fehler. Bei einem pk_s-Wert von 6,3 müßte man unter sonst gleichen Voraussetzungen bis pH 9,1 titrieren, wobei $F_{rel} = \pm 0{,}3\,\%$ wird.

Basische Titratorlösungen, deren Kohlensäuretotalkonzentration nicht größer als 1% der Basenkonzentration ist, eignen sich also ohne weiteres zur Titration einer großen Anzahl schwacher Säuren, vorausgesetzt, daß die besprochenen Gesichtspunkte dabei beachtet werden. Der Kohlensäuregehalt ist jedoch stets durch Titration mit starker Säure bis zu den Punkten 1 und 2 zu kontrollieren. Lösungen mit höherem Kohlensäuregehalt als oben genannt, dürfen nicht verwendet werden.

Übungsbeispiele zu Kapitel 13

1. Den Gehalt einer Titratorbase bestimmt man oft durch Titration mit Oxalsäure oder Kaliumhydrogenphthalat $C_6H_4 \cdot \genfrac{}{}{0pt}{}{COOK}{COOH}$. Ermittle mit Hilfe von logarithmischen Diagrammen die optimalen Bedingungen für diese beiden Titrationen.

2. Ermittle die Titrationsbedingungen von H_3BO_3 mit NaOH (k_s'' und k_s''' sind bei dieser Säure so klein, daß man H_3BO_3 als einwertig betrachten kann).

3. Eine bedeutend genauere Titrationsmethode zur Bestimmung von H_3BO_3 beruht darauf, daß H_3BO_3 mit bestimmten organischen Oxyverbindungen komplexe einwertige Säuren bildet, die bedeutend stärker sind als H_3BO_3. Derartige Komplexsäuren bilden sich z. B. mit Glyzerin, Mannit und Fruktose. Oft verwendet man Invertzucker, in dem hauptsächlich die Fruktose wirksam ist. Welches sind die geeignetsten Titrationsbedingungen für eine komplexe Säure mit der Konstanten $k_s = 7{,}5 \cdot 10^{-6}$ (also dem für Mannitborsäure gemessenen Werte)? Vergleiche die Genauigkeit dieser Bestimmung mit derjenigen von Beispiel 2. Welche Methode eignet sich für eine genaue Bestimmung von starker Säure und Borsäure in einer Lösung, die beide Säuren gemeinsam enthält?

14. KAPITEL

LÖSLICHKEIT UND LÖSLICHKEITSPRODUKT

a) Die Löslichkeit. Eine Lösung nennt man *gesättigt* in Hinsicht auf einen bestimmten Stoff, wenn sie mit diesem Stoff, der als reine Phase vorliegen muß, im Gleichgewicht steht. Ist die Konzentration unter sonst konstanten Bedingungen geringer bzw. größer als diese Gleichgewichtskonzentration, so nennt man die Lösung *ungesättigt* bzw. *übersättigt*. Wenn man beurteilen will, ob eine Lösung gesättigt ist, darf man dabei nicht die wichtige Tatsache übersehen, daß sich ein Lösungsgleichgewicht oft nur sehr langsam einstellt.

Außerordentlich wichtig ist ferner der Umstand, daß die Konzentration, bei der eine Lösung mit der reinen Phase im Gleichgewicht steht, von der Teilchengröße der reinen Phase abhängt. Es läßt sich zeigen, daß die Oberflächenspannung, die an der Teilchenoberfläche wirksam ist, eine Erhöhung der Löslichkeit zur Folge hat, wenn der Krümmungsradius der Teilchenoberfläche kleiner wird, d.h. wenn die Teilchengröße abnimmt. Kleine Teilchen stehen also mit einer konzentrierteren Lösung im Gleichgewicht als große. Erreicht jedoch die Teilchengröße einen gewissen Wert (etwa 10^{-4} – 10^{-3} cm), so wird die Löslichkeitsänderung bei noch weiterem Steigen der Teilchengröße so geringfügig, daß sie experimentell nicht mehr nachgewiesen werden kann.

Die Sättigungskonzentration bzw. die Grenze zwischen ungesättigtem und übersättigtem Gebiet ist also von der Teilchengröße der reinen Phase abhängig. Spricht man jedoch von der gesättigten Lösung eines Stoffes schlechthin, so ist damit jene Lösung gemeint, die mit fester Phase von solcher Teilchengröße im Gleichgewicht steht, daß ein weiteres Steigen der Teilchengröße keine nachweisbare Konzentrationsänderung mehr hervorruft. Daher beziehen sich die Begriffe «ungesättigte» bzw. «übersättigte Lösung» im normalen Sprachgebrauch stets nur auf jene Sättigungskonzentration.

Die *Löslichkeit* eines Stoffes wird durch die Totalkonzentration der gesättigten Lösung dieses Stoffes charakterisiert. Die Löslichkeitsangaben der Literatur beziehen sich gewöhnlich auf die Konzentration jener Lösung, die, wie oben erwähnt, schlechthin als gesättigt bezeichnet werden kann. Zur Angabe dieser Konzentration werden verschiedene Maße benützt. Wir wollen für die in Mol je Liter ausgedrückte Löslichkeit die Bezeichnung l einführen.

Die Löslichkeit ist auch von Temperatur und Druck abhängig. Mit Ausnahme der Lösungen von Gasen ist aber der Einfluß von mäßigen Druckänderungen so gering, daß er vernachlässigt werden kann. Der Einfluß der Temperatur dagegen ist von großer Bedeutung. Meistens steigt die Löslichkeit bei steigender Temperatur. Das ist jedoch nicht immer der Fall.

b) Übersättigung und Ausscheidung eines Stoffes als neue Phase. Eine Lösung kann hinsichtlich einer bestimmten Lösungskomponente übersättigt sein. Die Veranlassung dazu kann entweder eine Temperaturänderung sein (meistens eine Temperaturerniedrigung; diesen Fall bezeichnet man auch als *Unterkühlung*) oder aber eine derartige Erhöhung der Ionenkonzentrationen, daß das Löslichkeitsprodukt (siehe 14c) der betreffenden Komponente überschritten wird. Schließlich kann Übersättigung auch durch Änderung des auf die Lösung einwirkenden Druckes hervorgerufen werden.

Das Zustandekommen einer Übersättigung beruht ausschließlich auf der in 14a besprochenen Tatsache, daß eine Phase mit einer um so konzentrierteren Lösung im Gleichgewicht steht, je geringer ihre Teilchengröße ist. Der Zusammenhang läßt sich am leichtesten überblicken, wenn man von einer Lösung bestimmter Konzentration ausgeht und die Vorgänge untersucht, die sich abspielen, wenn man die Lösung mit festen Partikeln des gelösten Stoffes in Berührung bringt. Stimmt die Größe dieser Partikeln mit jener Teilchengröße überein, deren Löslichkeit gerade der Konzentration der Lösung entspricht, so geschieht nichts. Partikeln von anderer Größe können dagegen mit dieser Lösung nicht mehr im Gleichgewicht stehen. Sind sie kleiner als die Gleichgewichtsgröße, so gehen sie in Lösung, sind sie aber größer, so schlägt sich der gelöste Stoff auf ihnen nieder. Dieser Prozeß geht so lange weiter, bis Gleichgewicht eintritt. Ein Wachsen der einzelnen Teilchen kann also nur in einem solchen System erfolgen, das von vornherein Partikeln enthält, die größer als die Gleichgewichtsgröße sind. Dadurch erklärt es sich, warum übersättigte Lösungen, die mit festen Partikeln des gelösten Stoffes nicht in Berührung stehen, unter günstigen Bedingungen sehr lange homogen bleiben können.

Eine übersättigte Lösung kann jedoch – zumindestens bei genügend hoher Konzentration – den gelösten Stoff spontan als neue Phase abscheiden. Das dürfte wohl darauf beruhen, daß die Grundbestandteile (Atome, Moleküle oder Ionen), aus denen diese Phase aufgebaut ist, an einigen Stellen der Lösung solche Energiewerte annehmen und infolge ihrer Wärmebewegung auf eine Weise zusammentreffen können, die zur direkten Bildung eines genügend großen Teilchens führt. Ist dies geschehen, so kann die Ausscheidung durch weiteres Wachsen dieses sog. *Keimes* auf gewöhnliche Weise fortsetzen. Die Wahrscheinlichkeit für eine solche Keimbildung steigt unter sonst konstanten Bedingungen sehr stark mit der Konzentration der Lösung. Denn einerseits steigt die Wahrscheinlichkeit für ein Zusammentreffen von Grundbestandteilen mit dem Wachsen ihrer Anzahl je Volumeinheit, andererseits sinkt die erforderliche Mindestkeimgröße, je konzentrierter die Lösung ist. Bei Erhöhung der Konzentration steigt daher unter sonst konstanten Bedingungen die Anzahl der gebildeten Keime sehr rasch an.

Unsere bisherigen Ausführungen gelten unter der Voraussetzung, daß die Ausscheidung der Phase im Innern der Lösung erfolgt. An den Grenzflächen zwischen Lösung und anderen Phasen herrschen etwas abweichende Verhältnisse. Auf einer ebenen und vor allem auf einer gegen die Lösung stark konkaven Fläche kann sich die neue Phase schon von vornherein mit einem bedeutend größeren Krümmungsradius abscheiden, als es im Innern der Lösung möglich ist, ein Umstand, der die Ausscheidung der neuen Phase in hohem Grade erleichtert. Wenn die neue Phase kristallinisch ist, muß aber die Unterlage Eigenschaften besitzen, die das Ausbilden von Kristallen auf der Unterlage ermöglichen. Dazu ist eine gewisse kristallographische Ähnlichkeit zwischen Kristall und Unterlage erforderlich. Wenn diese Ähnlichkeit nicht vorhanden ist, kann oft die Voraussetzung für das Anwachsen von Kristallen durch mechanische Deformation der Unterlagen geschaffen werden. Die bekannte Erscheinung, daß das Ritzen der Gefäßwand die Kristallisation auslösen kann, beruht wahrscheinlich teils darauf, daß man dabei eine Adsorptionsschicht entfernt und dadurch die Oberfläche bloßlegt, teils aber auf der Wirkung der Deformation selbst.

Besonders wirksam wird natürlich die Kristallisation von übersättigten Lösungen dadurch ausgelöst, daß man sie mit Kristallen des gelösten Stoffes in Berührung bringt (*Impfung*). Diese Kristalle werden dann sofort zu Kristallisationszentren.

Wenn also eine Ausscheidung oder Kristallisation in einer Lösung stattfinden soll, die nicht schon von vornherein mit der festen Phase in Berührung stand, muß die Ausscheidung, wie oben erwähnt, von Keimen ausgehen. Vorausgesetzt, daß jeder Keim die Bildung eines Kristalls veranlaßt, muß nach Abschluß der Kristallisation die Durchschnittsmasse eines Kristalls gleich dem Quotienten Gesamtkristallmasse / Keimanzahl sein. Nun zeigt es sich aber, daß bei steigender Konzentration die Keimanzahl so rasch wächst, daß dieser Quotient kleiner wird. Je größer daher die Konzentration und infolgedessen auch die Übersättigung der ursprünglichen Lösung ist, desto kleiner wird also die Durchschnittsgröße der ausgefällten Kristalle.

Auch nach erfolgter Ausscheidung lassen sich an der Fällung oft noch große Veränderungen feststellen. Für die endgültigen Eigenschaften der Fällung ist jedoch die Größe der zuerst ausgefällten Partikeln, der sog. *Primärteilchen* von besonderer Bedeutung. Die Vorgänge innerhalb der Fällung werden wir erst in Kapitel 17 näher besprechen.

c) Das Löslichkeitsprodukt. Es liege die gesättigte Lösung des Elektrolyts $X_x Y_y$ vor, die mit fester Substanz des gleichen Elektrolyts im Gleichgewicht stehen möge. Für das Dissoziationsgleichgewicht des Elektrolyts

$$X_x Y_y = xX + yY$$ [1]

gilt bei konstanter Temperatur und unter Berücksichtigung, daß die Aktivität des festen Elektrolyts = 1 ist (vgl. 2c),

$$a_X^x \, a_Y^y = K_l \, . \tag{1}$$

Die Konstante K_l heißt das (*thermodynamische*) *Löslichkeitsprodukt* des Elektrolyts.

---

[1]) Von einer Bezeichnung der Ladung, die in diesem Falle keine Rolle spielt, sehen wir hier ab.

Das Löslichkeitsprodukt eines binären Elektrolyts XY ist gleich dem Aktivitätsprodukt beider Ionenarten in gesättigter Lösung.

Formel (1) läßt sich oft zu

$$c_X^x \, c_Y^y = k_l \tag{2}$$

vereinfachen.

Auch k_l wird als Löslichkeitsprodukt bezeichnet.

Durch Logarithmieren von (2) folgt

$$x\,\mathrm{p}X + y\,\mathrm{p}Y = \mathrm{p}k_l \,. \tag{3}$$

Die Beziehung (1) gilt natürlich ganz allgemein für den Fall, daß gelöster Elektrolyt mit festem Elektrolyt als Bodenkörper im Gleichgewicht steht. Die Näherungsformel (2) gilt dagegen nur unter der Voraussetzung, daß die Ionenkonzentrationen der gesättigten Lösung keine zu hohen Werte annehmen. Bei höheren Anforderungen an die Genauigkeit läßt sich (2) daher nur dann anwenden, wenn es sich um ziemlich schwerlösliche Elektrolyte handelt, also gerade jene Art von Verbindungen, für die das Löslichkeitsprodukt vor allem seine große praktische Bedeutung besitzt.

Tab. 6. Löslichkeitsprodukte bei Zimmertemperatur

	k_l	$\mathrm{p}k_l$		k_l	$\mathrm{p}k_l$
Halogenide			*Sulfide*, Fortsetz.		
$PbCl_2$	$2 \cdot 10^{-5}$	4,7	PbS	10^{-28}	28
AgCl	$1 \cdot 10^{-10}$	10,0	Bi_2S_3	10^{-91}	91
AgCNS	$1 \cdot 10^{-12}$	12,0	CuS	10^{-41}	41
AgBr	$6 \cdot 10^{-13}$	12,2	Ag_2S	10^{-50}	50
AgJ	$1 \cdot 10^{-16}$	16,0	HgS	10^{-53}	53
Hg_2Cl_2	$2 \cdot 10^{-18}$	17,7			
Hydroxyde			*Sulfate, Karbonate Chromate, Oxalate*		
AgOH	$2 \cdot 10^{-8}$	7,7			
$Mg(OH)_2$	10^{-9}	9	$CaSO_4$	$6 \cdot 10^{-5}$	4,2
$Mn(OH)_2$	10^{-12}	12	$SrSO_4$	$3 \cdot 10^{-7}$	6,5
$Fe(OH)_2$	10^{-14}	14	$PbSO_4$	$1 \cdot 10^{-8}$	8,0
$Ni(OH)_2$	10^{-16}	16	$BaSO_4$	$1 \cdot 10^{-10}$	10,0
$Co(OH)_2$	10^{-16}	16	$MgCO_3$	$2 \cdot 10^{-4}$	3,7
$Zn(OH)_2$	10^{-17}	17	$CaCO_3$	$1 \cdot 10^{-8}$	8,0
$Cr(OH)_3$	10^{-31}	31	$BaCO_3$	$7 \cdot 10^{-9}$	8,2
$Al(OH)_3$	$8 \cdot 10^{-32}$	31,1	$SrCO_3$	$2 \cdot 10^{-9}$	8,7
$Fe(OH)_3$	10^{-36}	36	Ag_2CrO_4	$4 \cdot 10^{-12}$	11,4
			$BaCrO_4$	$2 \cdot 10^{-10}$	9,7
Sulfide			$PbCrO_4$	$2 \cdot 10^{-14}$	13,7
MnS	10^{-15}	15	MgC_2O_4	$9 \cdot 10^{-5}$	4,1
FeS	10^{-19}	19	BaC_2O_4	$2 \cdot 10^{-7}$	6,7
ZnS	10^{-25}	25	SrC_2O_4	$6 \cdot 10^{-8}$	7,2
CdS	10^{-27}	27	CaC_2O_4	$2 \cdot 10^{-9}$	8,7

Tabelle 6 enthält k_l- und pk_l-Werte für einige schwerlösliche, analytisch wichtige Elektrolyte. Vielen dieser Werte liegen jedoch nur sehr ungenaue Bestimmungen zugrunde, meistens deshalb, weil sich Zusammensetzung und Eigenschaften der festen Phase nicht genau genug definieren lassen. Das gilt z. B. für die meisten Sulfide und Hydroxyde der Tabelle, deren Werte infolgedessen stark abgerundet sind, aber immerhin Aufschluß über die Größenordnung geben.

Aus den bisherigen Ausführungen folgt, daß wenn ein fester Elektrolyt $X_x Y_y$ mit einer Lösung in Berührung steht, deren Produkt $c_X^x c_Y^y$ kleiner als k_l ist, fester Elektrolyt so lange in Lösung gehen muß, bis der Wert von k_l erreicht ist. Die Lösung ist also in diesem Falle ungesättigt mit Hinsicht auf $X_x Y_y$. Wenn dagegen das Produkt $c_X^x c_Y^y$ größer als k_l ist, so muß $X_x Y_y$ solange ausfallen, bis der Wert des Produktes auf k_l gesunken ist. Bei Überschreitung des Löslichkeitsproduktes tritt nicht immer eine Fällung ein, sondern die Übersättigung der Lösung kann kürzere oder längere Zeit bestehen bleiben.

Unter bestimmten Voraussetzungen kann man eine einfache Beziehung zwischen Löslichkeit und Löslichkeitsprodukt erhalten. Die Löslichkeit des Elektrolyts $X_x Y_y$ ist gleich der Totalkonzentration des Elektrolyts in der Lösung. Wenn die Ionen X und Y weder miteinander andere Moleküle oder Ionen als $X_x Y_y$ bilden (z. B. durch Komplexbildung), noch mit dem Lösungsmittel (z. B. durch Protolyse), so ist die Löslichkeit in reinem Wasser

$$l_0 = c_{X_x Y_y} + \frac{c_X}{x} = c_{X_x Y_y} + \frac{c_Y}{y}$$

Besteht der Elektrolyt aus einem Salz, so ist ja die Dissoziation des letzteren so gut wie vollständig, so daß $c_{X_x Y_y}$ vernachlässigt werden kann. Dann ist

$$c_X = x l_0 \quad \text{und} \quad c_Y = y l_0 \, .$$

Werden diese Werte in (2) eingesetzt, so ergibt sich folgende Beziehung zwischen l_0 und k_l

$$(x l_0)^x (y l_0)^y = x^x y^y l_0^{x+y} = k_l \, . \tag{4}$$

Wenn $x = y = 1$, so wird $l_0{}^2 = k_l$.

Veränderungen der Ionenkonzentrationen, die zum Über- bzw. Unterschreiten eines Löslichkeitsproduktes und somit zur Fällung bzw. Lösung des betreffenden Stoffes führen, können auf verschiedene Art zustande kommen. Die Erhöhung einer Ionenkonzentration ist natürlich leicht durch Zusatz der betreffenden Ionenart zu erreichen. Wir wollen annehmen, daß der $SO_4{}^{2-}$-Gehalt einer Lösung durch Fällung als $BaSO_4$ bestimmt werden soll. Man setzt also Ba^{2+} zu und wenn $c_{Ba^{2+}} c_{SO_4{}^{2-}} = k_l = 10^{-10}$ ist, beginnt $BaSO_4$ auszufallen. Wenn eine $SO_4{}^{2-}$ äquivalente Menge Ba^{2+} zugesetzt wurde, ist $c_{Ba^{2+}} = c_{SO_4{}^{2-}} = 10^{-5}$. $c_{SO_4{}^{2-}}$ besitzt dann den gleichen Wert, wie in einer gesättigten Lösung von $BaSO_4$ in Wasser. Bei weiterem Zusatz von Ba^{2+} fällt mehr $BaSO_4$ aus. Die Löslichkeit von $BaSO_4$ ist, da c_{BaSO_4} wegen der vollständigen Dissoziation dieses Salzes vernachlässigt werden kann,

$$l = c_{SO_4^{2-}} = \frac{k_l}{c_{Ba^{2+}}} \, .$$

Die Löslichkeit, die gleich der Konzentration des in der Lösung verbleibenden SO_4^{2-} ist, verhält sich also umgekehrt proportional zu $c_{Ba^{2+}}$. Setzt man so viel Ba^{2+} zu, daß $c_{Ba^{2+}} = 0{,}01$, so wird $l = c_{SO_4^{2-}} = 10^{-8}$. Ein Überschuß von Fällungsreagens bewirkt also eine bedeutend vollständigere Fällung, als es im Äquivalenzpunkt der Fall ist.

Wenn ein oder mehrere Ionen des schwerlöslichen Stoffes, oder auch der schwerlösliche Stoff selbst an anderen Gleichgewichten als nur dem Löslichkeitsgleichgewicht teilnehmen, können die Ionenkonzentrationen und daher auch die Löslichkeit durch Verschiebung dieser Gleichgewichte verändert werden. Wichtige Beispiele solcher Fälle werden im nächsten Kapitel behandelt.

d) Graphische Darstellung der Konzentrationsänderungen bei Fällungen. Wir betrachten den Fall, daß die feste Phase $X_x Y_y$ durch Zusatz von Y zu einer Lösung, die X in der Konzentration C enthält, gefällt wird.

Nach Überschreiten des Löslichkeitsproduktes tritt (2) in Kraft. Wird (2) logarithmiert, so folgt

$$\log c_X = \frac{y}{x}\, \mathrm{p}Y - \frac{1}{x}\, \mathrm{p}k_l \, . \tag{5}$$

Log c_X ist also eine lineare Funktion von pY. In einem Koordinatensystem, in dem pY als Abszisse und $\log c$ als Ordinate aufgetragen wird, ist die 0-Punktsordinate der resultierenden Geraden $= -\frac{1}{x}\,\mathrm{p}k_l$ und ihr Richtungskoeffizient $= y/x$. Mit Hilfe dieser Bestimmungsstücke läßt sich die Gerade konstruieren, doch ist es meistens bequemer, sich dabei eines anderen Punktes zu bedienen, den man erhält, wenn man beachtet, daß für $\log c = 0$, $\mathrm{p}Y = \frac{1}{y}\,\mathrm{p}k_l$ ist. Von diesem Punkt aus hat man also eine Gerade mit dem Richtungskoeffizienten y/x zu ziehen. Der Geraden kommt jedoch keine reale Bedeutung zu, bevor das Löslichkeitsprodukt überschritten ist. Solange das nicht der Fall ist und vorausgesetzt, daß man das Lösungsvolumen als konstant ansehen kann, ist $c_X = C$ bzw. $\log c_X = \log C$, was also wiederum einer Geraden entspricht, die parallel der Abszisse verläuft und die Ordinate $\log C$ besitzt. Der Schnittpunkt beider Geraden zeigt den Beginn der Fällung an.

Mit Hilfe der Definition $\log c_Y = -\mathrm{p}Y$ läßt sich auch $\log c_Y$ als Funktion von pY darstellen. Zeichnet man auch diese Gerade ein, so erhält man ein übersichtliches Bild der Konzentrationsänderungen beider Fällungskomponenten.

Figur 17 zeigt den Verlauf der Konzentrationslinien bei der Fällung von AgCl, AgBr, AgJ und Ag_2CrO_4 ($\mathrm{p}k_l = 10{,}0$, 12,2, 16,0 und 11,4) durch Ag^+. Die ursprüngliche Anionenkonzentration (C) ist hier für $Cl^- = 0{,}1$, für alle übrigen Anionen = 0,01. Die Schnittpunkte der Anionenlinien geben in jedem einzelnen Fall den Beginn der Fällung an und die den verschiedenen pAg-Werten zugehörigen Konzentrationen sind leicht abzulesen. Bei der Fällung von

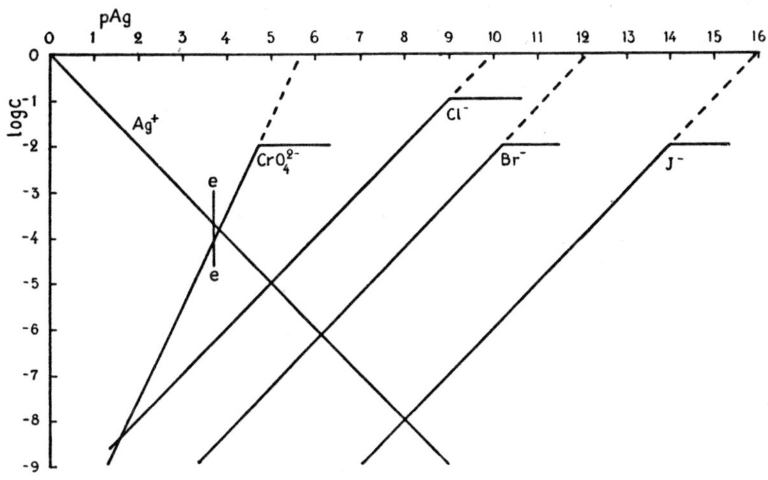

Figur 17

AgCl, AgBr und AgJ, wie überhaupt bei der Fällung jeder Phase $X_x Y_y$, für die $x = y$, entspricht der Schnittpunkt der log c_X- und log c_Y-Geraden dem Äquivalenzpunkt. Im Äquivalenzpunkt ist nämlich in diesem Falle $c_X = c_Y$.

Wird also Ag^+ einer 0,1-*C* Cl^--Lösung zugesetzt, so beginnt die Fällung bei pAg = 9, entsprechend $c_{Ag^+} = 10^{-9}$. Bei weiterem Ag^+-Zusatz sinkt c_{Cl^-} und steigt c_{Ag^+} bis schließlich im Äquivalenzpunkt $c_{Ag^+} = c_{Cl^-} = 10^{-5}$ wird.

Wird Ag^+ einer 0,01-*C* CrO_4^{2-}-Lösung zugesetzt, so beginnt die Fällung bei pAg = 4,7. Infolge der Zusammensetzung der festen Phase ist im Äquivalenzpunkt hier aber $c_{Ag^+}/c_{CrO_4^{2-}} = 2$, d.h. $\log c_{Ag^+} - \log c_{CrO_4^{2-}} = 0{,}30$. Der Äquivalenzpunkt wird also erreicht, wenn die Ordinate der log c_{Ag^+}-Geraden so weit über den Schnittpunkt gestiegen ist, daß sie 0,30 über dem zugehörigen Ordinatenwert von log $c_{CrO_4^{2-}}$ liegt (entsprechend dem Schnittpunkt mit der Geraden $e - e$ in Figur 17).

e) Die Abhängigkeit der Löslichkeit von der Ionenstärke. Das Löslichkeitsprodukt k_l ist natürlich eine von der Ionenstärke der Lösung abhängige variable Größe, die nur bei Rechnungen ohne höheren Anspruch an Genauigkeit als konstant angesehen werden darf. Dagegen ist das thermodynamische Löslichkeitsprodukt K_l konstant und unabhängig von der Ionenstärke. Dividiert man (1) durch (2), so erhält man

$$\frac{a_X^x \, a_Y^y}{c_X^x \, c_Y^y} = f_X^x f_Y^y = \frac{K_l}{k_l}$$

und daher

$$k_l = \frac{K_l}{f_X^x f_Y^y} \,. \tag{6}$$

Da K_l eine wirkliche Konstante ist und die Ionenaktivitätsfaktoren f_X und f_Y bei wachsender Ionenstärke in den meisten Fällen kleiner werden, muß also der Wert von k_l bei wachsender Ionenstärke zunehmen.

Aus (2) folgt, daß die Löslichkeit eines schwerlöslichen Elektrolyts sinken muß, wenn man der Lösung Ionen der gleichen Art zusetzt, wie sie der Elektrolyt enthält. Dieser Ionenzusatz bewirkt aber andererseits eine erhöhte Ionenstärke der Lösung und infolgedessen auch eine Zunahme von k_l. In den meisten Fällen überwiegt die durch den Ionenzusatz verursachte Gleichgewichtsverschiebung, aber die Zunahme von k_l bewirkt, daß die Löslichkeit nicht so stark sinkt, wie bei konstantem k_l zu erwarten wäre. Immerhin sind Fälle bekannt, bei denen die Aktivitätsfaktoren so rasch sinken, daß sogar eine Zunahme der Löslichkeit des schwerlöslichen Elektrolyts erfolgt, wenn man eine ihm angehörende Ionenart zusetzt.

Ein Zusatz von fremden Ionen, die mit dem schwerlöslichen Elektrolyt nicht reagieren, sollte nach der klassischen Theorie ohne Einfluß auf dessen Löslichkeit sein. Aber auch ein solcher Zusatz bewirkt ein Steigen von k_l und infolgedessen ebenfalls eine Zunahme der Löslichkeit. Wir haben es also hier mit einem weiteren Beispiel eines «Salzeffektes» zu tun.

Figur 18 zeigt, wie sich die Löslichkeit von TlCl bei 25° C ändert, wenn ver-

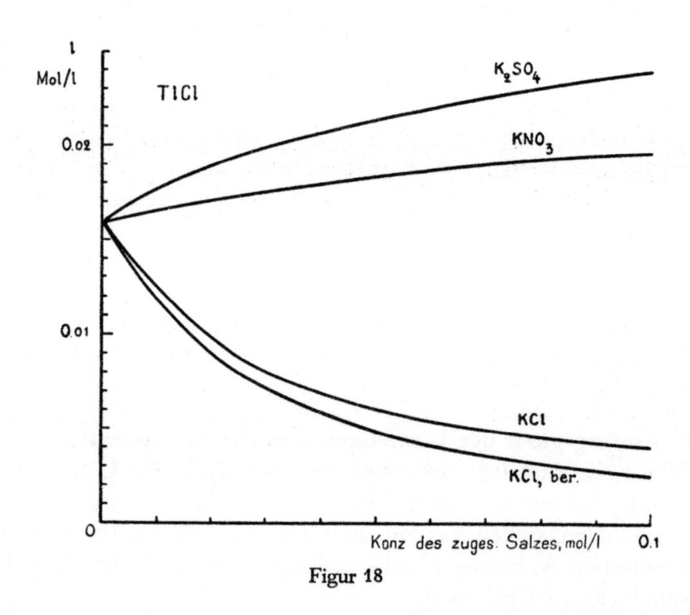

Figur 18

schiedene Salze zugesetzt werden. Ein Zusatz von KCl setzt wegen der Zunahme von c_{Cl^-} die Löslichkeit herab, bewirkt aber gleichzeitig eine Zunahme von k_l. Infolgedessen wird die wirkliche Löslichkeitsabnahme nicht so groß, wie ihr nach der klassischen Theorie berechneter Wert (vgl. Kurve «KCl, ber.»). Zusätze von KNO_3 oder K_2SO_4, also von Elektrolyten, die mit TlCl kein gemeinsames Ion besitzen, erhöhen die Löslichkeit dieses Salzes. K_2SO_4 bewirkt eine stärkere Löslichkeitszunahme als KNO_3, gleiche Konzentration vorausgesetzt, weil die Ionenstärke der K_2SO_4-Lösung größer als die der KNO_3-Lösung ist.

15. KAPITEL

DAS LÖSLICHKEITSGLEICHGEWICHT IM ZUSAMMENHANG MIT ANDEREN GLEICHGEWICHTEN

a) Die Ionen des schwerlöslichen Stoffes nehmen auch an anderen Gleichgewichten als nur dem Löslichkeitsgleichgewicht teil. Wir wollen der Einfachheit halber annehmen, daß der schwerlösliche Stoff die Zusammensetzung XY hat und daß Y sich mit Z zu YZ vereinigen kann. Das Löslichkeitsprodukt von XY ist durch

$$c_X c_Y = k_l$$

gegeben. Die Löslichkeit wird daher

$$l = c_{XY} + c_X .$$

Ist XY ein Salz, so kann man c_{XY} vernachlässigen und erhält

$$l = c_X = \frac{k_l}{c_Y} . \tag{1}$$

Bei Zusatz von Z bildet sich YZ und c_Y wird infolgedessen kleiner. c_X und daher auch l müssen infolgedessen so lange zunehmen, bis das Produkt $c_X c_Y$ wieder den Wert k_l erreicht hat.

Die Abhängigkeit der Löslichkeit von c_Z läßt sich leicht berechnen. Für das Gleichgewicht $YZ = Y + Z$ gilt

$$\frac{c_Y c_Z}{c_{YZ}} = k_{YZ} . \tag{2}$$

Bei der Dissoziation von XY entsteht für jedes gebildete X-Ion je ein Y-Ion. Die Y-Ionen werden aber teilweise zur Bildung von YZ verbraucht. Daraus folgt, daß

$$c_X = c_Y + c_{YZ} \tag{3}$$

Aus (1) und (3) erhält man

$$c_{XY} = \frac{k_l}{c_Y} - c_Y \tag{4}$$

Aus (2) und (4) folgt

$$c_Y = \sqrt{\frac{k_l k_{YZ}}{k_{YZ} + c_Z}} .$$

Setzt man diesen Wert in (1) ein, so erhält man schließlich

$$l = c_X = \sqrt{\frac{k_l (k_{YZ} + c_Z)}{k_{YZ}}} . \tag{5}$$

Hieraus geht unmittelbar hervor, in welcher Weise l zunimmt, wenn der Wert von c_Z wächst. Wenn die Zusammensetzung der vorliegenden Verbindungen von anderem Typus als XY und YZ ist, so lassen sich in analoger Weise andere Beziehungen an Stelle von (5) ableiten.

Wichtige Beispiele von abhängigen Gleichgewichten stellen die Salze schwacher Säuren dar. Das Anion eines solchen Salzes ist nämlich eine Base, deren Konzentration durch Protonenaufnahme verringert wird. Die Löslichkeit dieser Salze ist daher vom Säuregrad der Lösung abhängig. Da die Protonenaufnahme des Anions bei steigendem Säuregrad zunimmt, sinkt infolgedessen die Anionenkonzentration, d.h. die Löslichkeit nimmt bei steigendem Säuregrad zu.

Die Beziehung (5) läßt sich direkt zur Berechnung der Löslichkeit eines Salzes MA der Säure HA heranziehen. In diesem Fall wird k_{YZ} durch die Dissoziationskonstante der Säure, k_s, und c_Z durch die Hydroniumionenkonzentration $c_{H_3O^+}$ dargestellt.

Die Löslichkeit eines schwerlöslichen Salzes wird demnach durch drei Faktoren bestimmt, nämlich die Hydroniumionenkonzentration, das Löslichkeitsprodukt des Salzes und die Stärke der dem Salze zugehörenden Säure. Die Löslichkeit wächst mit den zwei ersten Faktoren, verringert sich dagegen bei Zunahme des dritten. Ist daher das Salz einer sehr schwachen Säure selbst in stark saurer Lösung schwerlöslich, so muß das Löslichkeitsprodukt des Salzes besonders klein sein.

Auf Grund dieser Ausführungen sollte eigentlich die Löslichkeit der Salze starker Säuren von der Hydroniumionenkonzentration unabhängig sein. Die Anionen zeigen ja in diesem Falle keinerlei Tendenz, Protonen aufzunehmen. Man darf aber nicht vergessen, daß nach 14e ein Säurezusatz, wie überhaupt ganz allgemein jeder Ionenzusatz, die Ionenstärke der Lösung erhöht und daher auch die Löslichkeit etwas vergrößern kann.

Bei Salzen mehrbasischer Säuren hat man natürlich die Stärke jener Säure zu berücksichtigen, die bei der ersten Protonenaufnahme des Anions entsteht. So ist z. B. die Löslichkeit von schwerlöslichen Sulfaten vom Säuregrad der Lösung abhängig, da HSO_4^- eine schwache Säure ist. Ca-, Sr-, Ba- und Pb-Sulfat lösen sich daher schon in verdünnten starken Säuren in erheblich größerer Menge als in reinem Wasser. Sogar Schwefelsäure kann auf Sulfate eine solche löslichkeitssteigernde Wirkung ausüben. Die wirksamen Hydroniumionen sind in diesem Falle diejenigen, die bei der primären Protolyse von H_2SO_4 entstehen; ihre löslichkeitssteigernde Wirkung ist bei höheren Schwefelsäurekonzentrationen größer als die Verringerung der Löslichkeit, die durch die SO_4^{2-}-Ionen der Schwefelsäure verursacht wird. Bei Schwefelsäurezusatz sinkt daher zuerst die Löslichkeit des Bleisulfats infolge der Zunahme von $c_{SO_4^{2-}}$, steigt aber bei noch höherem Schwefelsäuregehalt wieder infolge der Bildung von HSO_4^-.

Ist die schwache Säure selbst entweder schwerlöslich in Wasser, oder aber flüchtig, so muß sie ausfallen bzw. in Gasform entweichen, wenn ihre Konzentration bei Zunahme des Säuregrades der Lösung über die Sättigungskonzentration steigt. Die Säure wird dadurch aus dem Gleichgewicht entfernt, und eine weitere Anionenprotolyse des Salzes, verbunden mit einer starken Löslichkeitszunahme ist die Folge. Voraussetzung dafür ist natürlich eine so große Löslichkeit des Salzes, daß die Sättigungskonzentration der Säure auch wirklich überschritten werden kann. Ist die Löslichkeit des Salzes dagegen nur gering, so wird unter Umständen die Sättigungskonzentration der Säure selbst bei den höchsten Hydroniumionenkonzentrationen, die praktisch vorkommen können, nicht erreicht.

Schwerlösliche Salze schwacher Säuren kommen bei analytischen Arbeiten sehr häufig vor. Meistens handelt es sich dabei um Hydroxyde, Sulfide, Karbonate, Oxalate und Zyanide.

Im Anschluß an diese Ausführungen wollen wir hier noch einige Bemerkungen über das Auflösen von Sulfiden einschalten. Ein Sulfid von relativ hoher Löslichkeit, z. B. MnS, ist schon in Lösungen ganz niedriger Hydroniumionenkonzentration (z. B. in verdünnter HAc) leicht löslich. Andrerseits lösen sich Sulfide mit so kleinem Löslichkeitsprodukt, wie etwa CuS oder Bi_2S_3, in der Kälte nicht einmal in verdünnten starken Säuren. Um solche Sulfide anstandslos in Lösung zu bringen, verwendet man oft andere Mittel, die eine radikalere Herabsetzung von $c_{S^{2-}}$ herbeiführen, als durch bloße Erhöhung der Hydroniumionenkonzentration zu erreichen wäre. Durch Zusatz einer stark oxydierenden Säure, z. B. HNO_3, wird S^{2-} (sowie HS^- und H_2S) oxydiert und dadurch so vollständig aus dem Gleichgewicht entfernt, daß alles Sulfid in Lösung gehen kann. Bei HgS, das noch geringere Löslichkeit als CuS und Bi_2S_3 besitzt, kann man nicht einmal durch Behandlung mit verdünnter kochender HNO_3, d. h. also durch eine extreme Verringerung von $c_{S^{2-}}$ eine genügende Zunahme der Löslichkeit erzwingen.

Eine eingehendere Besprechung, die Löslichkeitsverhältnisse von Sulfiden betreffend, erfolgt in Kapitel 18d.

Die Ionen eines schwerlöslichen Stoffes brauchen übrigens nicht unbedingt Protolyte zu sein, um an anderen als nur dem Lösungsgleichgewicht teilnehmen zu können. Häufig gehen sie auch mit anderen Ionen oder Molekülen Verbindungen ein. Man erhält dann sog. Komplexverbindungen.

So bildet Ag^+ beispielsweise mit NH_3 die komplexen Ionen $AgNH_3^+$ und $Ag(NH_3)_2^+$. Setzt man einer Lösung von AgCl, die sich mit festem AgCl im Gleichgewicht befindet, NH_3 zu, so sinkt c_{Ag^+} infolge Komplexbildung. Infolgedessen muß c_{Cl^-} und daher auch die Löslichkeit von AgCl zunehmen.

Wenn k_1 die Komplexkonstante (vgl. 3d) des Ions $AgNH_3^+$ und k_2 diejenige des Ions $Ag(NH_3)_2^+$ ist, so erhält man analog zu (5) für die Löslichkeit von AgCl die Beziehung

$$l = c_{Cl^-} = \sqrt{k_l(1 + k_1 c_{NH_3} + k_1 k_2 c_{NH_3}^2)}\,.$$

Bei analytischen Operationen macht man sich oft jene Löslichkeitsänderungen zunutze, die durch Komplexbildung verursacht werden. Aus nicht zu sauren Lösungen von Cu^{2+}- und Cd^{2+}-Salzen wird CuS und CdS durch H_2S ausgefällt. Setzt man diesen Salzlösungen CN^- im Überschuß zu, so bilden sich die komplexen Ionen $Cu(CN)_4^{3-}$ [Cu^{2+} wird unter Bildung von $(CN)_2$ zu Cu^+ reduziert] und $Cd(CN)_4^{2-}$. Das Gleichgewicht $Cu^+ + 4CN^- = Cu(CN)_4^{3-}$ ist dabei stark nach rechts verschoben (die Komplexkonstante ist also sehr groß). Dadurch wird c_{Cu^+} so stark verringert, daß beim Einleiten von H_2S das Löslichkeitsprodukt von

Cu_2S nicht erreicht werden kann. Bei Cd ist das entsprechende Gleichgewicht nicht so stark nach rechts verschoben (kleinere Komplexkonstante). Die Verringerung von $c_{Cd^{2+}}$ erfolgt daher nicht in solchem Ausmaß, daß das Löslichkeitsprodukt von CdS bei Einleiten von H_2S nicht überschritten werden könnte. Aus einer Mischung von Cu^{2+}- und Cd^{2+}-Salzen, die CN^- im Überschuß enthält, fällt also H_2S nur CdS aus.

Sehr wichtig sind ferner die Komplexe, die verschiedene schwere Metallionen, wie Fe^{3+} oder Cu^{2+}, mit organischen Verbindungen, die Oxygruppen enthalten, eingehen. Die Gegenwart solcher Substanzen, wie z. B. Weinsäure oder Zitronensäure, kann nicht nur die Fällung eines schweren Metalls aus seiner Lösung verhindern, sondern auch bewirken, daß eine gefällte schwerlösliche Metallverbindung wieder in Lösung geht. Aus einer Cu^{2+}-Lösung, die Seignettesalz (das K-Na-Salz der Weinsäure) enthält, kann durch Alkalizusatz $Cu(OH)_2$ nicht ausgefällt werden (FEHLINGsche Lösung).

Die Ionen des schwerlöslichen Stoffes können auch miteinander Komplexverbindungen bilden. Setzt man einer Ag^+-Lösung CN^- zu, so fällt nach Überschreiten des Löslichkeitsproduktes AgCN aus. Wird jedoch ein Überschuß von CN^- zugesetzt, so bildet sich das komplexe Ion $Ag(CN)_2^-$. Da die Komplexkonstante dieser Verbindung sehr groß ist, bewirkt der CN^--Zusatz eine starke Verringerung von c_{Ag^+} und infolgedessen auch eine beträchtliche Löslichkeitszunahme. Auf analoge Weise führt ein großer Cl^--Überschuß in einer Ag^+-Lösung zur Bildung des Ions $AgCl_2^-$. Die Komplexkonstante von $AgCl_2^-$ ist aber bedeutend kleiner als diejenige von $Ag(CN)_2^-$, so daß der Einfluß des Überschusses auf die Löslichkeit hier viel geringer ist. Die Komplexbildung hat aber zur Folge, daß die Löslichkeit von AgCl, die von einem kleineren Cl^--Überschuß zunächst auf normale Weise zurückgedrängt wird, bei weiterer Zunahme des Cl^--Überschusses wieder steigt. Das geht aus den in Tabelle 7 enthaltenen Löslichkeitsangaben von NaCl in AgCl-Lösungen verschiedener Konzentration hervor.

Tab. 7. Die Löslichkeit von AgCl in NaCl-Lösungen bei 25° C

c_{NaCl}	0	0,0039	0,0092	0,088	0,9
$l_{AgCl} \cdot 10^6$	13	0,72	0,91	3,6	100

b) Der schwerlösliche Stoff ist ein Protolyt. Angenommen, daß der schwerlösliche Stoff die Säure s ist, so gilt für diese die Gleichgewichtsbedingung

$$\frac{c_{H_3O^+} c_b}{c_s} = k_s .$$

Steht die Lösung mit festem s in Berührung, so ist c_s konstant, und man erhält in diesem Fall für das Löslichkeitsprodukt die Definition

$$c_{H_3O^+} c_b = k_l .$$

Die Löslichkeit von s wird dann

$$l = c_s + c_b = c_s + \frac{k_l}{c_{H_3O^+}} \tag{6}$$

Bei Zunahme von $c_{H_3O^+}$ sinkt die Löslichkeit und umgekehrt. Will man eine größere Menge schwerlöslicher Säure lösen, als in reinem Wasser möglich wäre, so muß man also $c_{H_3O^+}$ verringern, am besten durch Zusatz einer starken Base.

Für eine Base gilt die analoge Beziehung

$$c_{OH^-} c_s = k_l\,; \quad l = c_b + c_s = c_b + \frac{k_l}{c_{OH^-}}\,. \tag{7}$$

Die Löslichkeit der Base nimmt also bei Verringerung von c_{OH^-} zu.

c) Die Löslichkeit von Ampholyten. In einer Ampholytlösung von bestimmter Konzentration liegt nach 9e das Maximum von c_{Amph} im isoelektrischen Punkt. Daraus folgt, daß bei steigender Totalkonzentration des Ampholyts dessen Löslichkeit in diesem Punkt zuerst überschritten werden muß. Die Löslichkeit eines Ampholyts weist also im isoelektrischen Punkt ein Minimum auf. Bei höherem oder niedrigerem pH besitzt er größere Löslichkeit.

Übungsbeispiele zu den Kapiteln 14 und 15

1. Berechne mit Hilfe des Löslichkeitsproduktes von $BaSO_4$ die Löslichkeit des Salzes bei Zimmertemperatur in a) Wasser, b) 0,01-*C* Na_2SO_4, c) 0,01-*C* $BaCl_2$.

2. Bei 100° ist die Löslichkeit von $BaSO_4$ doppelt so groß wie bei Zimmertemperatur. Wie groß ist das Löslichkeitsprodukt dieses Salzes bei 100°?

3. Berechne die Löslichkeit von Ag_2CrO_4 bei Zimmertemperatur in a) Wasser, b) 0,1-*C* $AgNO_3$, c) 0,01-*C* K_2CrO_4.

4. Berechne die Löslichkeit von $BaSO_4$ in HCl-Lösungen folgender Säuregrade: a) pH 2, b) pH 1, c) pH 0.

5. Wie groß ist die Löslichkeit von AgCl in einer Ammoniaklösung, deren c_{NH_3} nach Einstellung des Gleichgewichtes = 1 ist? Zur Berechnung sind die in 3d genannten Komplexkonstantenwerte der Ionen $AgNH_3^+$ und $Ag(NH_3)_2^+$ zu benützen.

6. Eine gesättigte Lösung von Benzoesäure in Wasser enthält bei Zimmertemperatur 2,7 g/l. a) Wie groß ist das Löslichkeitsprodukt der Benzoesäure? b) Einer Benzoesäurelösung, die mit fester Benzoesäure im Gleichgewicht steht, wird eine bestimmte Menge verdünnter NaOH-Lösung zugesetzt. Nach neuerlicher Einstellung des Gleichgewichtes ist noch immer feste Phase vorhanden, und das pH der Lösung beträgt nun 4,7. Wieviel g Benzoesäure je l enthält die Lösung in diesem Fall?

16. KAPITEL

ADSORPTION UND KOLLOIDER ZUSTAND

a) Die Adsorption. Die unsymmetrische Kraftverteilung an der Grenzfläche zweier Phasen führt oft dazu, daß die Konzentration eines Stoffes, der in einer der beiden Phasen gelöst ist, unmittelbar an der Phasengrenze eine andere ist als im Lösungsinneren, d. h. also in der Hauptmenge der Lösung. Man nennt diese Erscheinung *Adsorption* und bezeichnet die Adsorption als *positiv*, wenn der gelöste Stoff von der Grenzfläche angezogen und in dieser angereichert wird, als *negativ* dagegen, wenn der gelöste Stoff von der Grenzfläche abgestoßen wird.

Für die folgenden Ausführungen ist die positive Adsorption an der Grenzfläche zwischen einer flüssigen Lösung und einer festen Phase von besonderem Interesse.

Wenn wir annehmen, daß eine bestimmte Stoffmenge je Oberflächeneinheit der festen Phase adsorbiert wird, so ist die gesamte adsorbierte Menge der Phasenoberfläche proportional. Liegt eine Phase mit sehr großer Oberfläche vor, so kann also auch die Adsorption merkliche Werte annehmen.

Die Gesamtoberfläche einer Phase ist vom Dispersitätsgrad der Phase stark abhängig. Denken wir uns z. B. eine Phase, die aus einem Würfel mit der Seitenlänge 1 cm besteht. Die Oberfläche dieser Phase ist 6 cm^2. Teilt man diesen Würfel in 10^3 kleinere Würfel, die alle gleich groß sind und die Seitenlänge 10^{-1} cm besitzen, so beträgt die gesamte Oberfläche jetzt 60 cm^2; teilt man ihn in 10^{-6} gleich große Würfel mit der Seitenlänge 10^{-2} cm, so erhält man eine Gesamtoberfläche von 600 cm^2. Oder allgemein gesprochen: teilt man den ursprünglichen Würfel in gleich große Würfel mit der Seitenlänge 10^{-n} cm, so wird die gesamte Phasenoberfläche $6 \cdot 10^n$ cm^2. Bei einer Unterteilung in Würfel mit der Seitenlänge 10^{-5} cm wird die Gesamtoberfläche $6 \cdot 10^5$ $cm^2 = 60$ m^2. Da feinkörnige Fällungen eine Teilchendimension der Größenordnung 10^{-5} cm besitzen können, ist es verständlich, daß die Adsorption in einem solchen Falle eine große Rolle spielen kann. Noch augenfälliger ist die Bedeutung der Adsorption in kolloiden Systemen (vgl. Kapitel 16b).

Die Abhängigkeit der adsorbierten Stoffmenge von der Konzentration des Stoffes in der Hauptmenge der Lösung beschreibt die sogenannte *Adsorptionsisotherme* (1)

$$x = \alpha\, c^{\beta}\ . \tag{1}$$

In (1) bedeutet c die Konzentration eines Stoffes in der Hauptmenge der Lösung und x diejenige Menge dieses Stoffes, die nach Einstellung des Gleichgewichtes an der Oberfläche von 1 g fester Phase adsorbiert ist. α und β sind

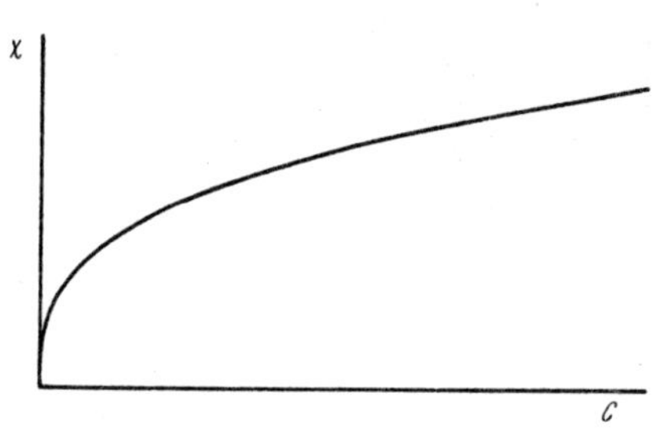

Figur 19

die charakteristischen Konstanten dieses Systems[1]). Die Adsorptionsisotherme (1) ist eine empirische Beziehung, die bei konstanter Temperatur Gültigkeit besitzt, solange c nicht allzu groß wird. Die prinzipielle Abhängigkeit der Größe x von c, die durch (1) festgelegt ist, wird durch Figur 19 dargestellt.

Da die Konstante β immer < 1 ist, muß die Form der Kurve, von oben gesehen, immer konvex sein. Daraus folgt, daß sich die adsorbierte Stoffmenge langsamer ändert als die Konzentration des Stoffes in der Lösung. Ist z. B. $\beta = \frac{1}{2}$ und c sinkt auf $\frac{1}{4}$ seines ursprünglichen Wertes, so sinkt x nur auf $\frac{1}{2}$ seines ursprünglichen Wertes. Das ist der Grund für die bekannte Tatsache, daß sich die letzten Spuren eines adsorbierten Stoffes durch Auswaschen nur sehr schwer entfernen lassen.

Es braucht kaum erwähnt zu werden, daß das Adsorptionsvermögen in verschiedenen Systemen ganz ungleich sein kann. Der gleiche Stoff kann von verschiedenen festen Phasen in ganz verschiedenem Maß adsorbiert werden, und die gleiche feste Phase kann verschiedene Stoffe in völlig verschiedener Weise adsorbieren.

Die Kräfte, die ein Molekül oder Ion an der Oberfläche festhalten, an der es adsorbiert ist, sind von der gleichen Art wie die Kräfte, die eine gewöhnliche «chemische Bindung» bewirken. Will man daher die Stärke von Adsorptionskräften beurteilen, so kann man sich oft des bereits bekannten Tatsachenmaterials bedienen, das über jene «chemischen» Kräfte vorliegt, die zwischen den Molekülen und Ionen der adsorbierenden Phasenoberfläche und den absorbierten Molekülen und Ionen auftreten. Man betrachtet in diesem Fall die Adsorption einfach als die Bildung einer sog. *Oberflächenverbindung.*

Von besonderer Bedeutung ist die Adsorption von Ionen. Wenn eine bestimmte Ionenart stärker adsorbiert wird als die übrigen Ionen der Lösung, so wird die gesamte Adsorptionsschichte elektrisch aufgeladen. Diese Ladung verursacht ihrerseits eine Anreicherung von Ionen entgegengesetzter Ladung in der an die Adsorptionsschichte unmittelbar angrenzenden Lösungsschichte. Diese letztgenannten Ionen bezeichnet man als *Gegenionen.* Figur 20a gibt eine schematische Darstellung dieses Sachverhaltes.

---

[1]) Da (1) die Adsorption je Gewichts- und nicht je Flächeneinheit der festen Phase angibt, sind α und β von deren Dispersitätsgrad abhängig und daher nur konstant, wenn der Dispersitätsgrad konstant bleibt.

Es muß ferner darauf hingewiesen werden, daß Ionen, die in der Lösung hydratisiert sind, bei der Adsorption mehr oder weniger dehydratisiert werden.

Untersuchungen über die besonders bei analytischen Arbeiten häufige Ionenadsorption an der Oberfläche einer festen Phase, die in einem Ionengitter kristallisiert, haben zu wichtigen Ergebnissen geführt.

Figur 20b stellt einen schematischen Schnitt durch das Ionengitter eines kleinen Kristalls dar. Nach der Figur enthält der Kristall ebensoviel positive wie negative Ionen und ist daher in summa elektroneutral. Außerdem ist im Kristallinneren die Ladung eines jeden Ions durch die Ladungen der umgebenden Ionen mit entgegengesetztem Vorzeichen vollständig neutralisiert. Die Ionenladungen in

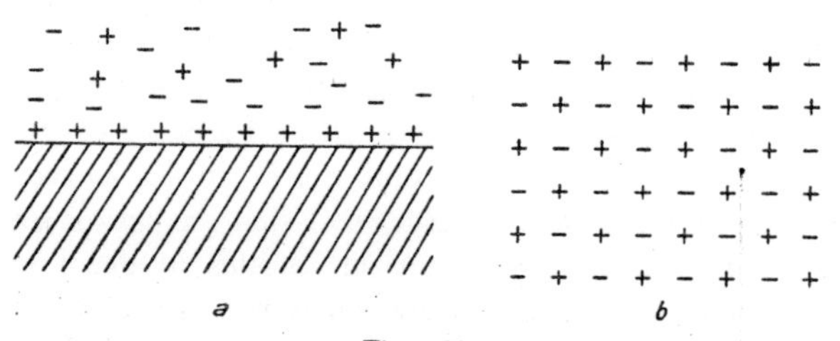

Figur 20

der freien Kristalloberfläche sind dagegen nicht vollständig neutralisiert und beeinflussen infolgedessen freie Ionen, die sich eventuell außerhalb des Kristalls befinden. Ist also ein Kristall von einer wäßrigen Lösung umgeben, die Ionen enthält, so tritt infolge der elektrostatischen Anziehung Adsorption auf.

Die Vorgänge bei der Adsorption lassen sich am besten durch einige Beispiele veranschaulichen.

Angenommen, es handle sich um eine AgJ-Fällung, die dadurch erfolgt, daß eine KJ-Lösung mit einem $AgNO_3$-Überschuß versetzt wird. Das System besteht also in diesem Fall aus kristallisiertem AgJ, umgeben von einer Lösung, die hauptsächlich die Ionen Ag^+, K^+ und NO_3^- enthält. Ag^+ und K^+ werden von den J^--Ionen, NO_3^- von den Ag^+-Ionen der Kristalloberfläche angezogen. Die relative «Adsorbierbarkeit» dieser Ionen muß von der relativen Stärke abhängen, mit der sie an die Gitterionen gebunden werden. Diese relative Stärke läßt sich häufig durch einen Vergleich der Löslichkeiten solcher Verbindungen beurteilen, deren Gitter durch die gegenseitige Kraftwirkung eben dieser Ionenarten zusammengehalten wird. Im vorliegenden Beispiel haben wir es mit den Bindungen $Ag^+{-}J^-$, $K^+{-}J^-$ und $Ag^+{-}NO_3^-$ zu tun. Ein Vergleich der Löslichkeit von AgJ, KJ und $AgNO_3$ ergibt die weitaus geringste Löslichkeit für AgJ. Man kann also annehmen, daß die Bindung $Ag^+{-}J^-$ die stärkste ist und daß daher Ag^+ die größte Adsorbierbarkeit aufweisen muß. Die relative Menge der adsorbierten Ionenarten hängt außer von der relativen Adsorbierbarkeit (der in (1) durch die speziellen Werte von α und β Rechnung getragen wird), auch von der Konzentration c der verschiedenen, in der Lösung vorhandenen Ionenarten ab. Die Adsorbierbarkeit der Ag^+-Ionen ist aber so viel größer als diejenige der übrigen Ionenarten, daß sich die Adsorption, solange c_{Ag^+} nicht sehr kleine Werte annimmt, hauptsächlich nur auf Ag^+-Ionen beschränkt. Als Gegenionen treten hier Anionen auf, und zwar in diesem Fall hauptsächlich NO_3^-.

Schematisch läßt sich also die Zusammensetzung eines homogenen Bereiches der festen Phase und deren Oberfläche durch die Formel $(n\text{AgJ})\text{Ag}^+$ darstellen, in der n eine sehr große Zahl ist. In dieser Formel entspricht der Klammerausdruck der Zusammensetzung des Inneren der festen Phase, der außerhalb der Klammer stehende Teil der adsorbierten Oberflächenschicht.

Wird dagegen AgJ durch Zusatz eines KJ-Überschusses zu einer $AgNO_3$-Lösung gefällt, so enthält die Lösung jetzt hauptsächlich K^+, J^- und NO_3^-. Aus dem gleichen Grund wie oben kommt J^- eine beträchtlich größere Adsorbierbarkeit zu als den Ionen K^+ und NO_3^-. Hier wird also J^- adsorbiert, während die Gegenionen aus der in überwiegender Menge vorhandenen Kationenart K^+ bestehen. Die schematische Bezeichnung müßte also hier in der Form $(n\text{AgJ})\text{J}^-$ erfolgen.

Wenn die feste Phase, so wie in diesem Beispiel, durch Fällung aus einer Lösung entsteht, so ist das meistens ein Zeichen dafür, daß sie relativ schwerlöslich ist. Das berechtigt aber oft zu dem Schlusse, daß die gegenseitige Bindung der Ionen, die die feste Phase aufbauen, stärker ist als die übrigen Bindungen, die etwa in Frage kommen könnten. In diesem Falle muß die feste Phase also gerade eines ihrer eigenen Ionen aus der Lösung adsorbieren. In den besprochenen Beispielen wird Ag^+ adsorbiert, wenn ein $AgNO_3$-Überschuß zugesetzt und J^-, wenn ein KJ-Überschuß zugesetzt wird. Eine Ursache, die das Bestreben eines Kristalles, seine eigenen Ionen zu adsorbieren, wesentlich unterstützt, besteht sicher auch darin, daß in diesem Falle Kristallstruktur und Ionenform schon von vornherein sozusagen auf einander abgestimmt sind. Ein weiterer Zuwachs erfolgt daher leichter durch die eigenen als durch fremde Ionen.

Wenn man eine feste Phase mit einer Lösung in Berührung bringt, die keine Ionen enthält, so kann man sich die Aufladung der Phasengrenze so vorstellen, daß die feste Phase von ihrer Oberfläche eine bestimmte Ionenart an die Lösung abgibt. Diese Betrachtungsweise läßt sich oft dann mit Vorteil anwenden, wenn die feste Phase ein schwerlöslicher Protolyt ist. Die Ionenbildung an der Phasenoberfläche ist dann das Resultat einer Protolyse. Besteht die feste Phase beispielsweise aus der schwerlöslichen Säure HA, so kann man für diesen Fall die schematische Bezeichnung $(n\text{HA})\text{A}^-$ anwenden. Prinzipiell läßt sich dieses Resultat aber ebensogut durch eine Adsorption erklären. Die Moleküle HA gehen in Lösung und protolysieren, worauf die Ionen A^- an der Oberfläche der festen Phase adsorbiert werden.

Wenn das adsorbierte Ion ein Protolyt ist, so müssen offenbar die Adsorptionsverhältnisse in stärkstem Ausmaß vom Säuregrad der Lösung beeinflußt werden.

Es wurde bereits darauf hingewiesen, daß es auf Grund des Verlaufs der Adsorptionsisotherme Schwierigkeiten bereitet, eine adsorbierte Substanz durch Auswaschen zu entfernen. Wenn Ionen adsorbiert werden, erfordert die Bewahrung der Elektroneutralität, daß beim Filtrieren und Auswaschen eine äquivalente Menge von Gegenionen ebenfalls zurückgehalten wird. Wenn AgJ mit einem $AgNO_3$-Überschuß gefällt wird, muß also die Fällung $AgNO_3$ zurückhalten, wird AgJ dagegen mit einem KJ-Überschuß gefällt, so hält die Fällung KJ zurück.

Wird eine feste Phase mit einer Lösung ausgewaschen, die andere Ionen als nur diejenigen enthält, welche von der festen Phase zurückgehalten werden, so verringert sich natürlich die Menge der zurückgehaltenen Ionen allmählich. An ihre Stelle treten dann in wechselnder Menge die anderen Ionen, die sich in höherer Konzentration in der Waschflüssigkeit befinden. Angenommen, man habe AgJ, das KJ zurückhält, mit einer NH_4NO_3-Lösung auszuwaschen. In der Waschflüssigkeit ist also der Wert von c_{K^+} und c_{J^-} äußerst niedrig. Da aber die Bindung Ag^+—J^- sehr stark ist, wird J^- in diesem Fall nur in geringem Ausmaß entfernt. Dagegen läßt sich K^+ mit Leichtigkeit auswaschen und durch NH_4^+ ersetzen. Nach dem Auswaschen enthält die Fällung also NH_4J. Damit hat man aber erreicht, daß die zurückgehaltenen Ionen jetzt einen Stoff bilden, der durch Erhitzen der Fällung leicht verflüchtigt werden kann.

Beim Filtrieren einer Lösung adsorbiert das Filter sowohl Lösungsmittel als auch gelöste Stoffe. Da aber die verschiedenen Moleküle und Ionen gewöhnlich in ganz verschiedenem Grad adsorbiert werden, ändert sich zu Beginn der Filtration die Zusammensetzung der Lösung. Erst nach Einstellung des Adsorptionsgleichgewichtes geht die Lösung in unveränderter Zusammensetzung durch das Filter. Filtriert man daher eine Lösung, deren Zusammensetzung bestimmt werden soll, so darf man jenen Teil der Lösung nicht benützen, der das Filter passiert, bevor anzunehmen ist, daß sich Gleichgewicht eingestellt hat.

b) Ionenaustausch. Gewisse feste Phasen sind von Kanälen durchsetzt, die molekulare Dimensionen besitzen und an deren Oberfläche Prozesse der gleichen Art stattfinden können, wie sie im vorigen Abschnitt beschrieben wurden. Die Phasen bleiben dabei zwar homogen, ihre Zusammensetzung kann sich dagegen innerhalb gewisser Grenzen kontinuierlich ändern. Sie können infolgedessen als feste Lösungen betrachtet werden (vgl. 1). Wegen der Analogie mit Adsorptionsprozessen, die hier offenbar vorliegt, pflegt man auch häufig zu sagen, daß die Änderungen der Zusammensetzung auf Adsorption beruhen.

Phasen dieser Art, die schon seit langem bekannt sind, sind z. B. die Zeolithe, eine Gruppe von Silikatmineralen, die durch ein stabiles Gitterskelett mit sehr offenem Bau gekennzeichnet sind. So hat beispielsweise das Gitterskelett von Natrolith, einem Zeolithmineral, die Bruttozusammensetzung $Al_2Si_3O_{10}^{2-}$. In den Kanälen, die das Gitterskelett durchsetzen, befinden sich bei normalem Natrolith 2 Na^+-Ionen und 2 H_2O-Moleküle per $Al_2Si_3O_{10}^{2-}$. Der Inhalt der Kanäle läßt sich jedoch innerhalb weiter Grenzen verändern, ohne daß das stabile Skelett zusammenbricht. Dabei ist es natürlich notwendig, daß die Elektroneutralität der gesamten Phase gewahrt bleibt. Wenn der normale, «natriumgesättigte» Natrolith mit einer Lösung in Berührung gebracht wird, die Ca^{2+}-Ionen enthält, so wird in den Kanälen 2 Na^+ gegen Ca^{2+} ausgetauscht und es entsteht «kalziumgesättigter» Natrolith. Dieser Prozeß ist reversibel; man hat es hier also mit einem Gleichgewicht

$$(Z)^{2-}\,Na_2^{2+} + Ca^{2+} = (Z)^{2-}\,Ca^{2+} + 2\,Na^+ \tag{2}$$

zu tun (wenn das stabile Gitterskelett mit $(Z)^{2-}$ bezeichnet wird). Bei einem Überschuß von Ca^{2+}-Ionen verläuft die Reaktion nach rechts, bei einem Na^+-Ionenüberschuß dagegen nach links. Man bezeichnet Natrolith daher auch als *Ionenaustauscher*. Natriumgesättigter Natrolith kann beispielsweise dazu benützt werden, um Wasser weitgehend von Ca^{2+}-Ionen zu befreien, d. h. also, um hartes Wasser weich zu machen. Kalziumgesättigter Natrolith läßt sich durch Behandlung mit NaCl-Lösung wieder leicht regenerieren. Zeolithartige Stoffe, in der Regel synthetischen Ursprungs («Permutit»), werden seit langem für die Enthärtung von Wasser in großem Ausmaß verwendet.

Die *organischen Ionenaustauscher*, die in den Jahren um 1930 eingeführt wurden, haben noch größere Bedeutung erlangt als die anorganischen. Es handelt sich hier um stabile Skelette[1]) gewisser hochpolymerer Kunstharze, an die negative oder positive Gruppen fest gebunden sind. Diese Gruppen können ihrerseits Kationen bzw. Anionen binden, die austauschbar sind, und zwar erfolgt der Austausch durch Kanäle, die im stabilen Skelett vorhanden sind. Man hat es hier also mit *Kationenaustauschern* bzw. *Anionenaustauschern* zu tun. Kationenaustauscher können z. B. Sulfonatgruppen SO_3^- enthalten; bezeichnet man das Kunstharz mit R, so läßt sich in diesem Falle zum Beispiel ein wasserstoffgesättigter Kationenaustauscher schematisch durch $(RSO_3)^-H^+$ darstellen. Behandelt man eine derartige Substanz mit Na^+-haltigen Lösungen, so wird H^+ gegen Na^+ nach folgendem Reaktionsschema ausgetauscht:

$$(RSO_3)^-H^+ + Na^+ + H_2O = (RSO_3)^-Na^+ + H_3O^+\,. \tag{3}$$

Die Reaktion ist reversibel, d. h. der natriumgesättigte Ionenaustauscher kann durch Säurebehandlung wieder in die wasserstoffgesättigte Form übergeführt werden.

Der natriumgesättigte Ionenaustauscher kann auch mit anderen Kationen reagieren, z. B.

$$2(RSO_3)^-Na^+ + Ca^{2+} = (RSO_3)_2^{2-}Ca^{2+} + 2\,Na^+\,. \tag{4}$$

Anionenaustauscher sind oft Amine. Behandelt man eine derartige Substanz der schematischen Formel RNH_2 z. B. mit HCl-Lösung, so nehmen die basischen Aminogruppen Protonen auf, worauf die neugebildeten, positiv geladenen $(RNH_3)^+$-Gruppen Cl^- binden:

$$RNH_2 + H_3O^+ + Cl^- = (RNH_3)^+Cl^- + H_2O\,. \tag{5}$$

---

[1]) Die stabilen Skelette der organischen Ionenaustauscher bilden keine regelmäßigen Kristallgitter wie etwa die Zeolithe, sondern haben einen unregelmäßigeren Bau, d. h. sie sind mehr oder weniger amorph.

Der mit Chlorid gesättigte Ionenaustauscher kann wieder mit anderen Anionen reagieren, z. B.

$$(RNH_3)^+Cl^- + HSO_4^- = (RNH_3)^+HSO_4^- + Cl^- . \qquad (6)$$

Bei Behandlung mit basischen Lösungen erfolgt die Reaktion

$$(RNH_3)^+Cl^- + OH^- = (RNH_3)^+OH^- + Cl^- . \qquad (7)$$

Soll eine Reaktion vom Typ (7) von rechts nach links verlaufen, d. h. sollen im hydroxylgesättigten Ionenaustauscher OH^--Ionen gegen andere Anionen ausgetauscht werden, so läßt sich das in neutraler Lösung oft nicht ausführen, da die OH^--Ionen sehr stark an den Ionenaustauscher gebunden sind. In diesem Fall kann die Reaktion nur stattfinden, wenn man durch Ansäuern c_{OH^-} genügend verringert.

Leitet man salzhaltiges Wasser zuerst durch eine Schicht von wasserstoffgesättigtem Kationenaustauscher, so werden nach (3) die Kationen der Lösung gegen H_3O^+ ausgetauscht. Leitet man daraufhin diese saure Lösung durch eine Schicht von hydroxylgesättigtem Anionenaustauscher, so werden nach (7) (bei einem Reaktionsverlauf von rechts nach links) die Anionen der Lösung gegen OH^- ausgetauscht, das zusammen mit H_3O^+ Wasser bildet. Man erhält auf diese Weise praktisch salzfreies Wasser, das in vielen Fällen destilliertes Wasser ersetzen kann und viel billiger ist als dieses.

Die organischen Ionenaustauscher haben auch für analytische und präparative Zwecke große Bedeutung erlangt. Das letztgenannte Anwendungsgebiet (wo es mit Hilfe von Kationenaustauschern z. B. gelungen ist, die Trennung der seltenen Erden weit bequemer als früher durchzuführen), kann hier nicht behandelt werden. Dagegen sollen einige Anwendungsmöglichkeiten auf analytischem Gebiet erwähnt werden. Es ist vorläufig noch nicht gelungen Anionenaustauscher herzustellen, die bei quantitativen Arbeiten ebenso verläßliche Resultate wie die Kationenaustauscher liefern, weshalb den letztgenannten die größere praktische Bedeutung zukommt. Mit Hilfe von Kationenaustauschern läßt sich auch die nicht allzu seltene Aufgabe lösen, die Anionen eines Salzes auszutauschen. Um z. B. Alkalisulfat in Chlorid überzuführen, leitet man die Salzlösung durch eine Schicht von wasserstoffgesättigtem Kationenaustauscher, der dabei die Kationen aufnimmt. Nach dem Auswaschen der Schichte spült man mit HCl-Lösung; die Kationen werden dabei wieder gelöst und man erhält nun eine Lösung, die nebst diesen Kationen nur mehr Cl^- als einziges Anion enthält. Zur Entfernung von SO_4^{2-} mußte man früher erst mit einem $BaCl_2$-Überschuß fällen und nach der Filtration das überschüssige Ba^{2+} mit $(NH_4)_2CO_3$ oder $(NH_4)_2C_2O_4$ fällen und hierauf nochmals filtrieren.

Sehr verdünnte wäßrige Lösungen, die analysiert werden sollen, lassen sich dadurch in konzentriertere Form überführen, daß man sie ein Ionenaustauschfilter passieren läßt und die Ionen hierauf wieder in einer geringen Flüssigkeitsmenge löst. Auf diese Weise läßt sich das umständliche und zeitraubende Eindunsten der Lösung vermeiden.

Läßt man eine Metallsalzlösung durch ein wasserstoffgesättigtes Kationenaustauschfilter fließen, so erhält man nach (3) ein Filtrat, das eine der ursprünglichen Metallionenmenge äquivalente Menge Hydroniumionen enthält, die sich durch Titration bestimmen läßt.

Organische Ionenaustauscher werden von oxydierenden oder stark alkalischen Lösungen zerstört und dürfen daher mit solchen Lösungen nicht in Berührung gebracht werden.

c) Kolloide. Wenn man ein heterogenes System betrachtet, das eine Phase von niedrigem Dispersitätsgrad enthält und hierauf den Dispersitätsgrad kontinuierlich steigen läßt, bis die Dimension der festen Phase die Größenordnung von Atomen erreicht, so kann man in diesem System keine diskontinuierlichen Veränderungen beobachten. Trotzdem hat es sich als zweckmäßig erwiesen, für Systeme, deren Dispersitätsgrad innerhalb bestimmter Grenzen liegt, spezielle Bezeichnungen einzuführen. Diese Grenzen lassen sich natürlich nicht exakt definieren, sondern sind nur konventioneller Art.

Der Sinn dieser Bezeichnungen läßt sich vielleicht am besten dadurch klarstellen, daß wir untersuchen, wie sich die Eigenschaften von Teilchen, die in einem Dispersionsmittel verteilt sind, ändern, wenn sich die Teilchengröße ändert. Das Dispersionsmittel soll eine Flüssigkeit sein, da in diesem Zusammenhang nur dieser Fall von Interesse ist. Ferner sei vorausgesetzt, daß die Moleküle oder Ionen, aus denen die Teilchen bestehen, Kraftwirkungen irgendwelcher Art auf die Moleküle oder Ionen der umgebenden flüssigen Phase (die im folgenden häufig «Lösung» genannt wird) ausüben. Dadurch werden Adsorptionserscheinungen an der Teilchenoberfläche verursacht.

Wenn die dispergierten Teilchen Ionen gleicher Art oder wenigstens gleicher Ladung adsorbieren, so müssen sie gegen die Hauptmenge der Lösung elektrisch geladen sein. Diese Ladung ist aber von untergeordneter Bedeutung, solange der Dispersionsgrad klein und daher auch die Oberfläche jedes Teilchens klein ist im Verhältnis zur Teilchenmasse. Bei gleichförmigen Teilchen ist nun das Verhältnis Oberfläche/Masse umgekehrt proportional der linearen Ausdehnung des Teilchens. Nimmt man der Einfachheit halber an, daß die Adsorption je Oberflächeneinheit von der Teilchengröße unabhängig ist, so muß das gleiche für die Ladung je Oberflächeneinheit gelten. Daraus folgt aber, daß das Verhältnis Ladung/Masse (die *spezifische Ladung* des Teilchens) umgekehrt proportional der linearen Ausdehnung des Teilchens ist.

Infolge ständiger Zusammenstöße findet in jedem System ein Austausch von Bewegungsenergie zwischen sämtlichen Teilchen des Systems statt. Es läßt sich beweisen, daß infolgedessen alle Teilchen eines Systems bei konstanter Temperatur die gleiche durchschnittliche Bewegungsenergie annehmen müssen. Das gilt ganz unabhängig von der Teilchengröße und betrifft sowohl Teilchen von molekularen Dimensionen als auch gröbere Partikel. Die Bewegungsenergie der einzelnen Teilchen ist von solcher Größenordnung, daß sich Teilchen, die genügend leicht sind, innerhalb des Systems bewegen können, ohne von der Schwerkraft merklich beeinflußt zu werden. Bei zunehmender Masse des Teilchens steigt auch dessen Gewicht, bis letzteres im Verhältnis zur Bewegungsenergie schließlich so groß wird, daß die Schwerkraft die Bewegungsrichtung des Teilchens mehr oder weniger beeinflußt. Das Teilchen sinkt also entweder zu Boden (es «*sedimentiert*»), oder aber steigt zur Oberfläche, je nachdem sein spezifisches Gewicht größer oder kleiner als dasjenige des Dispersionsmittels ist. In der Regel tritt natürlich der erstgenannte Fall ein.

Ist die Teilchengröße so gering, daß die Sedimentation nur langsam erfolgt, so pflegt man bei festen Teilchen von «*Suspensionen*», bei flüssigen Teilchen von «*Emulsionen*» zu sprechen. Die Teilchen sind hier in der Regel für das bloße Auge unsichtbar.

Bei weiterer Verringerung der Teilchengröße gelangt man schließlich zu Teilchendurchmessern (Größenordnung 10^{-5} cm), wo das Auflösungsvermögen des gewöhnlichen Mikroskops versagt, dem ja bekanntlich durch die Wellenlänge des verwendeten Lichtes eine Grenze gesetzt ist. Die Heterogenität des Systems läßt sich dann also nicht mehr mit Hilfe eines gewöhnlichen Mikroskops nachweisen. Diese Heterogenität gibt sich aber oft dadurch zu erkennen, daß der Weg eines Lichtstrahls durch die Flüssigkeit sichtbar wird (TYNDALL-Effekt). Besonders deutlich läßt sich der TYNDALL-Effekt beobachten, wenn man den Weg, den ein starker Lichtstrahl von geringem Querschnitt durch die Lösung nimmt, gegen einen dunklen Hintergrund beobachtet. Der TYNDALL-Effekt beruht darauf, daß das einfallende Licht durch die Teilchen gebeugt und infolgedessen diffus nach den Seiten zerstreut wird. Das Licht, das von einzelnen Teilchen gestreut wird, läßt sich oft wahrnehmen, wenn man den Lichtstrahl mit einem Mikroskop von der Seite her betrachtet. Dadurch läßt sich also das Vorhandensein von Teilchen, die zu klein für die direkte Wahrnehmung sind, unmittelbar nachweisen (Ultramikroskop). Im Elektronenmikroskop, das mit Elektronenstrahlen arbeitet, besitzt man jetzt ein Hilfsmittel, das Teilchen mit kleinerem Durchmesser als 10^{-5} cm dem Auge wieder direkt sichtbar macht.

Bei Teilchengrößen von etwa 10^{-5} cm hört auch die Sedimentation auf, die sich danach nur mehr durch künstliche Erhöhung des Schwerkraftfeldes (Ultrazentrifugierung) erzwingen läßt. Die spezifische Ladung der Teilchen kann jetzt auch beträchtliche Werte annehmen. Das Vorzeichen der Ladung läßt sich durch Beobachtung der Bewegungsrichtung in einem elektrischen Feld feststellen. Negativ geladene Teilchen wandern zur Anode, positiv geladene zur Kathode.

Disperse Systeme der eben beschriebenen Eigenschaften, die für Teilchengrößen unter etwa 10^{-5} cm charakteristisch sind, pflegt man *kolloide Lösungen* zu nennen. Aus den bisherigen Ausführungen geht deutlich hervor, daß die Lage dieser oberen Grenze für die Teilchengröße in kolloiden Lösungen von den Beobachtungsbedingungen und der Schärfe der Beobachtungsmethoden abhängt und daher ganz willkürlicher Art ist. Noch schwieriger ist es eine untere Grenze festzulegen. Doch hat es sich eingebürgert, Lösungen von Molekülen oder Ionen mäßiger Größe und darunter als *echte Lösungen* zu bezeichnen, so daß man die Grenze zwischen echten und kolloiden Lösungen in diesem Falle bei einer Teilchengröße von etwa 10^{-7} cm zieht. Vor allem besitzen aber organische Moleküle oder Ionen oft bedeutend größere Dimensionen. Ihre Lösungen haben dementsprechend viele Eigenschaften mit Kolloidlösungen gemein und pflegen daher auch als kolloide Lösungen bezeichnet zu werden.

Kolloide Lösungen werden häufig *Sole* genannt. Je nach der Art des Dispersionsmittels spricht man von Hydrosolen, Alkosolen, Aerosolen (fein verteilter Rauch und Nebel sind oft Aerosole) usw.

Zur Herstellung von kolloiden Lösungen lassen sich Methoden verwenden, die entweder auf dem Aufbau von Kolloidteilchen (*Kondensation*) aus elementareren Bestandteilen (Atomen, Molekülen, Ionen) oder aber dem Abbau größerer Aggregate (*Dispergierung*) beruhen. Der erste Fall ereignet sich oft beim Fällen schwerlöslicher Substanzen, der zweite kann bei äußerst feinem Mahlen oder beim Auflösen fester Substanz eintreten. Metalle lassen sich oft in kolloide Form überführen, wenn man unter der Oberfläche des Dispersionsmittels einen Lichtbogen zwischen Elektroden erzeugt, die aus dem betreffenden Metall bestehen. In diesem Fall handelt es sich um die Kondensation von im Lichtbogen gebildetem Metalldampf.

Bei den gewöhnlichen anorganischen Arbeiten tritt Kolloidbildung als Folge der Fällung schwerlöslicher Stoffe am häufigsten auf. Eine Bedingung für das Zustandekommen der Kolloidbildung besteht in diesem Falle darin, daß das Wachstum der Teilchen aufhören muß, während sie noch kolloide Dimensionen besitzen. Diese Bedingung ist erfüllt, wenn die Keimanzahl im Verhältnis zur ursprünglichen Konzentration so groß ist, daß die Lösung arm an gelöstem Stoff wird, bevor die kolloiden Dimensionen überschritten werden.

Die Kolloide werden häufig in *lyophile* und *lyophobe* Kolloide eingeteilt, obwohl keine scharfe Grenze zwischen diesen beiden Kategorien gezogen werden kann. Die lyophilen Kolloidteilchen zeigen eine gewisse Tendenz, Moleküle des Dispersionsmittels zu binden bzw. sich mit einer Hülle von solchen zu umgeben. (Ist das Dispersionsmittel Wasser, so spricht man in diesem Falle häufig von *hydrophilen* Kolloiden.) Lösungen von lyophilen Kolloiden lassen sich oft in sehr konzentrierter Form herstellen. Solche Lösungen sind im allgemeinen gegen Elektrolytzusätze ziemlich unempfindlich. Bei zu hoher Elektrolytkonzentration wird jedoch das ganze System ausgefällt, und zwar in Form einer geleeartigen Masse, die auch *Gel* genannt wird. Die lyophoben Kolloidteilchen zeigen keinerlei Tendenz, Moleküle des Dispersionsmittels zu binden. (Ist das Dispersionsmittel Wasser, so wird hier häufig die Bezeichnung *hydrophobe* Kolloide angewendet.) Aus diesen Kolloiden können nur ziemlich verdünnte Lösungen hergestellt werden (max. etwa 1%), die außerdem geringere Viskosität besitzen als lyophile Kolloidlösungen der gleichen Konzentration. Lyophobe Kolloide werden durch Elektrolytzusatz sehr leicht gefällt.

Nahezu alle Stoffe lassen sich in kolloide Form überführen, vorausgesetzt, daß ein Dispersionsmittel verwendet wird, in dem der betreffende Stoff einigermaßen schwerlöslich ist. Anorganische Kolloide sind in wäßriger Lösung meistens hydrophob. Typische Vertreter dieser Art sind kolloide Metallösungen. Hydrophile anorganische Kolloide lassen sich jedoch aus Kiesel- und Zinnsäure sowie aus Schwefel herstellen. Die anorganischen Kolloide sind meistens negativ geladen, verschiedene kolloide Oxyde und Hydroxyde (z. B. kolloides Eisen(III)-Hydroxid und Aluminiumhydroxyd) sind jedoch positiv.

Die Fällung oder *Koagulation* von Kolloiden durch Elektrolytzusatz ist eine Erscheinung von größter Wichtigkeit. Man hat sich dabei vorzustellen, daß die Koagulation durch die Kohäsionskräfte der Teilchen hervorgerufen wird, die letztere zu größeren, rasch sedimentierenden Aggregaten vereinigen. In einer stabilen Lösung eines hydrophoben Kolloids wird die Koagulation durch die Ladung der Teilchen verhindert. Alle Teilchen haben die gleiche Ladung und üben daher abstoßende Kräfte aufeinander aus, die den Aufbau von größeren Aggregaten verhindern. Wird die Ladung neutralisiert, so setzt gewöhnlich sofort Koagulation ein.

Die Neutralisation der Teilchenladung kommt dadurch zustande, daß Ionen von der Teilchenoberfläche aufgenommen werden. Diese Ionenaufnahme läßt sich manchmal als Adsorption der neu aufgenommenen Ionen an der Teilchenoberfläche deuten, bisweilen aber auch als Vereinigung der neu aufgenommenen mit den schon früher adsorbierten Ionen. Außerdem macht sich auch die durch den Elektrolytzusatz bedingte Erhöhung der Ionenstärke geltend. Es läßt sich nämlich zeigen, daß die Gegenionen, die sich in der die Kolloidteilchen unmittelbar umgebenden Lösungsschichte befinden, dadurch gegen die an der Teilchenoberfläche adsorbierten Ionen verschoben werden und infolgedessen deren Ladung neutralisieren. Jedenfalls tritt Neutralisation ein, wenn eine ausreichende Elektrolytmenge der Kolloidlösung zugesetzt wird.

Stellt man beispielsweise kolloides As_2S_3 her, indem man H_2S in eine reine Lösung von As_2O_3 einleitet, so nehmen die Kolloidteilchen infolge der Adsorption von S^{2-}-Ionen negative Ladung an. Setzt man eine genügende Elektrolytmenge zu, so werden die Kationen des Elektrolyts adsorbiert und die Teilchenladung infolgedessen neutralisiert, so daß Koagulation eintritt. Daß dabei gerade die Kationen wirksam sind, geht daraus hervor, daß die Koagulationswirkung stark von der Wertigkeit der Kationen, nicht aber von derjenigen der Anionen abhängig ist. Zur Koagulation eines As_2S_3-Sols sind z. B. bei Zugabe von NaCl, $MgCl_2$ und $AlCl_3$ Konzentrationen von 51, 0,72 und 0,093 Millimol/l erforderlich. Damit ein bestimmter Neutralisationsgrad der Teilchenladung erreicht wird, braucht von einem zweiwertigen Ion natürlich nur die Hälfte und von einem dreiwertigen Ion nur ein Drittel der Menge adsorbiert zu werden, die bei einem einwertigen Ion notwendig wäre. Infolge des Verlaufes der Adsorptionsisotherme entsprechen aber diesen Mengenunterschieden der adsorbierten Ionen bedeutend größere Konzentrationsunterschiede der betreffenden Lösungen. Dadurch läßt sich wenigstens qualitativ die auffällige Steigerung der Koagulationswirkung erklären, die bei zunehmender Ladung der koagulierenden Ionen auftritt.

In entsprechender Weise sind bei der Koagulation von positiv geladenen Kolloiden die Anionen ausschlaggebend.

Zur Verhütung der Koagulation von lyophilen Kolloiden ist die Ladung nicht in gleichem Maße notwendig. Die Koagulation wird hier oft schon durch die

Hülle der Dispersionsmittelmoleküle, die jedes Teilchen umgibt, genügend verhindert. Wird aber die Hülle entfernt, so sind auch diese Teilchen gegen Ladungsänderungen sehr empfindlich. Eine besonders wichtige Gruppe lyophiler Kolloide sind die Proteinlösungen. Hier läßt sich die Wasserhülle der Teilchen durch Alkoholzusatz entfernen mit der Folge, daß die Stabilität des Systems wesentlich verringert wird.

Wenn die Ladung der Kolloidteilchen durch Ionen verursacht wird, die Protolyte sind, ist die Ladung und infolgedessen auch die Stabilität der Teilchen stark vom Säuregrad der Lösung abhängig. Besteht ein Teilchen aus der Säure HA, so kann dessen Ladung von der Protolyse der HA-Moleküle an der Teilchenoberfläche herrühren. Das Teilchen läßt sich in diesem Fall durch die Formel $(n\mathrm{HA})\mathrm{A}^-$ symbolisch darstellen. Steigt der Säuregrad der Lösung, so werden immer mehr Protonen an A^- abgegeben, wobei A^- gleichzeitig in HA übergeht. Dadurch verringert sich die negative Ladung. Sinkt der Säuregrad dagegen, so protolysieren an der Teilchenoberfläche immer mehr HA-Moleküle und die negative Ladung steigt. Besteht das Teilchen aus Ampholytmolekülen und findet gleichzeitig mit der Lösung nur ein Austausch von Protonen, aber von keinen anderen Ionen statt, so muß in einer Lösung, deren pH dem isoelektrischen Punkt des Ampholyts entspricht, das Teilchen elektrisch neutral sein. In einer solchen Lösung protolysieren ja die Ampholytmoleküle der Teilchenoberfläche gleich stark in Säure und Base, so daß die Totalladung 0 werden muß[1]). Liegt der Säuregrad über dem isoelektrischen Punkt, so überwiegt die Basenprotolyse, wobei positive Ionen an der Oberfläche gebildet werden. Liegt dagegen der Säuregrad unter dem isoelektrischen Punkt, so überwiegt die Säureprotolyse und es bilden sich negative Ionen. Gewöhnlich werden aber auch andere Ionen als nur Protonen adsorbiert. Dadurch kann eine gewisse Verschiebung zwischen dem Säuregrad, der der Teilchenladung 0 entspricht, und dem isoelektrischen Punkt des Ampholyts erfolgen. Außerdem ist zu berücksichtigen, daß das Stabilitätsminimum lyophiler Kolloide nicht der Ladung 0 entsprechen muß, weil ihre Stabilität nicht nur von der Ladung, sondern auch von der Hülle der Dispersionsmittelmoleküle abhängt.

Ein Kolloid, das koaguliert hat, kann oft durch Auswaschen wieder in Lösung gebracht werden. Häufig wird dabei nämlich vor allem die koagulierende Ionenart ausgewaschen, so daß die Teilchen wieder ihre Ladung erhalten. Man bezeichnet diesen Vorgang als *Peptisation* und nennt einen Stoff, der auf diese Weise wieder kolloid gelöst werden kann, ein *reversibles* Kolloid. Reversible Kolloide sind meistens lyophil. Eine Vorbedingung für das Auftreten von Reversibilität ist allerdings, daß die primären Kolloidteilchen sich nur durch Adhäsion und unter Beibehaltung ihres individuellen Charakters zu größeren Aggregaten zusammenschließen.

Wenn ein gefälltes Kolloid für analytische oder präparative Zwecke verwertet

---

[1]) Die Bezeichnung «isoelektrischer Punkt» wurde erstmalig gerade für jenen Zustand angewendet, bei dem die Ladung eines Kolloidteilchens 0 wird. Diese Bezeichnung wurde dann erst von der Theorie der Ampholytprotolyse übernommen.

werden soll, so ist zu beachten, daß ein Großteil der von den Kolloidteilchen ursprünglich adsorbierten Ionen, inklusive der Ionen entgegengesetzter Ladung, die die Koagulation bewirkt haben, auch nach der Koagulation zurückgehalten wird. Die entstandene Fällung enthält also große Mengen fremder Ionen, die so weit wie möglich entfernt werden müssen. Das läßt sich zwar teilweise durch Auswaschen erreichen, aber dabei kommt es häufig vor, daß die Fällung peptisiert wird. Die kolloide Lösung, die dabei entsteht, passiert das Filter, worauf eine neuerliche Koagulation in dem meist elektrolythaltigen Filtrat erfolgt (die Fällung «läuft durch das Filter»). Unter den Fällungen, die bei analytischen Arbeiten vorkommen, peptisieren die Metallsulfide besonders häufig. Die unerwünschten zurückgehaltenen Ionen entfernt man in solchen Fällen durch Auswaschen mit einer ionenhaltigen Lösung, deren eigene Ionen zwar imstande sind, die erstgenannten zu ersetzen, selbst aber bei den folgenden Operationen nicht stören dürfen. Soll der Niederschlag später geglüht werden, so wäscht man ihn häufig mit der Lösung eines Ammoniumsalzes aus, das sich beim Glühen verflüchtigt.

In vielen Fällen läßt sich die Menge der zurückgehaltenen Ionen vermindern, wenn die Teilchen der durch Koagulation gefällten Phase gröber werden. Dadurch verkleinert sich die freie Phasenoberfläche und die an der Oberfläche adsorbierten Ionen werden in gleichem Maße abgestoßen. Dieses Teilchenwachstum vermindert natürlich auch das Peptisationsvermögen des Niederschlages. Die Veränderungen von Struktur und Teilchengröße einer gefällten Phase sollen im nächsten Kapitel näher behandelt werden.

17. KAPITEL

DIE EIGENSCHAFTEN VON NIEDERSCHLÄGEN

a) Die Größe der Primärteilchen. Vom analytischen und präparativen Gesichtspunkt aus ist es günstig, wenn ein Niederschlag möglichst grobkristallinisch ist. Ein solcher Niederschlag bietet den Vorteil, daß er leichter zu filtrieren und auszuwaschen ist als ein feinkristallinischer Niederschlag. Außerdem besitzt er wegen seiner kleineren Gesamtoberfläche ein viel kleineres Adsorptionsvermögen für Fremdstoffe. Die Bedingung für das Auftreten eines grobkristallinischen Niederschlages besteht oft darin, daß die Primärteilchen schon von vornherein groß sind. Die Fällung hat also in diesem Fall nach 14b in einer nur schwach übersättigten Lösung stattzufinden. Zu diesem Zweck sollen die beiden Lösungen, die vermischt werden, verdünnt sein und das Mischen selbst nur langsam und unter Umrühren erfolgen, damit stärkere lokale Übersättigungen vermieden werden. Der Übersättigungsgrad läßt sich meistens noch dadurch weiter herabsetzen, daß man die Fällung in der Wärme ausführt. Denn bei steigender Temperatur steigt auch gewöhnlich die Löslichkeit des Niederschlages, so daß der Übersättigungsgrad durch die Temperatursteigerung vermindert wird.

Wenn es sich mit den übrigen Arbeitsbedingungen vereinbaren läßt, soll man also zur Erzielung großer Primärteilchen die Fällung langsam und unter Umrühren in verdünnten warmen Lösungen ausführen.

b) Im Niederschlag auftretende Sekundärprozesse. Nach der Fällung der Primärteilchen ist der Niederschlag einigen Sekundärprozessen unterworfen, die seine Eigenschaften stark verändern (*Alterung*). Die wichtigsten dieser Sekundärprozesse sind folgende.

Teilchenwachstum. Der in 14a besprochene Zusammenhang zwischen Teilchengröße und Löslichkeit hat zur Folge, daß eine Lösung mit einem Niederschlag nur dann im Gleichgewicht stehen kann, wenn dieser Niederschlag ausschließlich Teilchen einer einzigen bestimmten Teilchengröße enthält. Beim Vorhandensein verschiedener Teilchengrößen kann der Niederschlag mit der Lösung nicht im Gleichgewicht stehen. Die kleineren Teilchen besitzen größere Löslichkeit als die größeren und gehen daher in Lösung, während gleichzeitig eine Fällung von gelöster Substanz auf den größeren Teilchen stattfindet. Das hat also zur Folge, daß ein Wachstum der größeren Teilchen auf Kosten der kleineren eintritt. Theoretisch wird das Gleichgewicht erst dann erreicht, wenn alle Teilchen gleiche Größe haben. Da die Löslichkeit sich aber nur langsam mit der Teilchengröße ändert, werden nur relativ große Teilchengrößendifferenzen mit merklicher Geschwindigkeit ausgeglichen.

Die Teilchengröße eines Niederschlages, der mit seiner Mutterlauge in Berührung steht, nimmt also allmählich immer mehr zu und wird immer gleichmäßiger. Bei verschiedenen Substanzen vollzieht sich dieser Größenzuwachs mit ganz verschiedener Geschwindigkeit. Allgemein gilt aber die Regel, daß sich der Größenzuwachs um so rascher vollzieht, je größer die Konzentration des Stoffes in der Lösung und infolgedessen, je löslicher der Stoff selbst ist. Eine Temperatursteigerung vergrößert teils durch Erhöhung der Löslichkeit, teils durch Zunahme der Diffusionsgeschwindigkeit die Geschwindigkeit des Teilchenwachstums ganz erheblich.

Rekristallisation. Die Kristallisationsgeschwindigkeit der Primärteilchen wird natürlich vor allem durch die Geschwindigkeit bestimmt, mit der die Bauelemente des Kristalls zu den im Aufbau begriffenen Kristalloberflächen diffundieren können. Wenn die in einem bestimmten Lösungsvolumen gelöste Stoffmenge sich nur an der Bildung *eines* Kristalls beteiligt (dementsprechend ist also in diesem Volumen nur *ein* Keim vorhanden), so ist in diesem Falle die Bildungsgeschwindigkeit des Kristalles sehr stark von der Kristallform abhängig. Die Bildungsgeschwindigkeit eines skelettförmigen Kristalls, der das betreffende Volumen möglichst vollständig durchsetzt, muß daher größer als diejenige eines kompakten Kristalls sein. Im ersten Falle ist nämlich der mittlere Weg, den die Moleküle oder Ionen zur nächsten, im Wachsen begriffenen Kristalloberfläche zurückzulegen haben, bedeutend kürzer als im zweiten Falle. Tatsächlich bilden sich auch in Lösungen mit ausgesprochener Neigung zu rascher Kristallisation häufig skelettförmige Kristalle. Ein typisches Beispiel dafür sind Schneekristalle, die bei rascher Kristallisation von unterkühltem Wasserdampf entstehen.

Man kann deshalb annehmen, daß Primärteilchen bei rascher Bildung gewöhnlich eine mehr oder weniger skelettförmige Struktur aufweisen. Die freie Oberfläche und folglich auch das Adsorptionsvermögen ist bei solchen Teilchen bedeutend größer als bei kompakten Teilchen der gleichen Masse.

Da die verschiedenen Oberflächenpartien eines skelettförmigen Kristalles ganz verschiedene Krümmungsradien besitzen können, kann auch die Löslichkeit verschiedener Kristallteile ganz verschieden sein. Bleibt der Kristall mit der Mutterlauge in Berührung, so lösen sich vorstehende, dünne und spitzige Partien allmählich auf und die gelöste Substanz scheidet sich hierauf an ebeneren Stellen der Kristalloberfläche wieder ab. Der Kristall wird dadurch kompakter und nimmt eine normalere Kristallform an. Dabei gleichen sich auch Deformationen des Kristallgitters wieder aus, die bei der raschen Primärkristallisation eventuell entstanden sind. Diese *Rekristallisation* formt also das Primärteilchen zu einem immer einheitlicheren Kristall um, unter gleichzeitiger starker Verminderung der freien Teilchenoberfläche. Die Rekristallisation wird ähnlich wie das Teilchenwachstum durch Erwärmen von Niederschlag und Mutterlauge begünstigt.

Phasenumwandlung. Feste Phasen können oft in verschiedenen Modifikationen auftreten, die durch verschiedene Kristallstruktur gekennzeichnet sind. Ist Druck und Temperatur sowie die Zusammensetzung eines Stoffes gegeben, so kann in diesem Fall nur eine Modifikation stabil sein. Bei Fällungen ist jedoch oft zu beobachten, daß gerade die bei den betreffenden Druck- und Temperaturwerten stabile Modifikation nicht sofort gebildet wird. Die gefällte Phase hat dann aber das Bestreben, sich in die stabile Modifikation umzuwandeln, die ihrerseits als neue Phase auftritt. Diese Phasenumwandlung kann mit sehr verschiedener Geschwindigkeit erfolgen, und zwar mitunter so langsam, daß die Bildung der stabilen Phase nicht nachgewiesen werden kann. Durch Erwärmen der instabilen Phase wird die Umwandlungsgeschwindigkeit natürlich erhöht.

Wenn ein Stoff in verschiedenen Modifikationen auftreten kann, so ist bei einem bestimmten Wertepaar von Druck und Temperatur die Löslichkeit jener Modifikation am kleinsten, die unter diesen Bedingungen stabil ist. Verwandelt sich eine gefällte instabile Phase in die stabile, so ist diese Umwandlung von einer Löslichkeitsverminderung begleitet. Phasenumwandlungen sind also für die analytische Praxis von außerordentlicher Bedeutung.

Sekundärteilchenbildung. Die Primärteilchen haben gewöhnlich das Bestreben, sich zu größeren oder kleineren *Sekundärteilchen* zusammenzuschließen. Diese Sekundärteilchenbildung erinnert an die Koagulation von Kolloiden und ist ebenso wie diese vom Ionengehalt der Lösung stark abhängig. Das Auftreten von Sekundärteilchen kann oft erst dann erfolgen, wenn die Ionenkonzentration eine bestimmte Größe erreicht hat. Eine weitere Erhöhung der Ionenkonzentration führt zu einer Vergrößerung der Sekundärteilchen. Ebenso wie die Koagulation kann auch die Sekundärteilchenbildung reversibel sein. Z. B. führt eine Verringerung der Ionenkonzentration der Lösung wieder zu einem Zerfall der Sekundärteilchen in Primärteilchen.

Alle Sekundärprozesse, denen der Niederschlag unterworfen ist, wirken sich also so aus, daß die Teilchengröße des Niederschlages steigt, seine Gesamtoberfläche und Löslichkeit dagegen sinkt. Die Sekundärprozesse bewirken daher, daß der Niederschlag leichter filtriert und ausgewaschen werden kann und daß die Menge adsorbierter Fremdsubstanz geringer wird. Es ist daher zweckmäßig, den Verlauf dieser Prozesse nach Möglichkeit zu fördern. Wenn keine besonderen Gegengründe vorliegen, soll man deshalb den Niederschlag niemals unmittelbar nach der Fällung filtrieren, sondern ihn einige Zeit, wenn möglich warm, in Berührung mit der Mutterlauge stehen lassen.

c) Das Mitfällen von Verunreinigungen. Beim Entstehen eines Niederschlages werden oft Fremdsubstanzen mitgefällt, die eine Verunreinigung des Niederschlages darstellen. Dieses *Mitfällen* kann entweder durch Adsorption an der Oberfläche bereits fertiger Teilchen oder aber durch *Okklusion*, d. h. durch Einschluß von Fremdsubstanz hervorgerufen werden. Adsorption findet ja nicht nur an der Oberfläche von fertigen, sondern auch von solchen Teilchen statt, die noch im Wachsen begriffen sind, und gerade der letztgenannte Umstand kann zu Okklusion Anlaß geben. Wenn die Teilchen nicht zu rasch wachsen, können die an der wachsenden Teilchenoberfläche adsorbierten Moleküle oder Ionen gegen diejenigen Moleküle oder Ionen der Lösung ausgetauscht werden, die das normale Gitter aufbauen. Bei zu raschem Wachsen kommt es jedoch nicht immer zu diesem Austausch, so daß der Fall eintreten kann, daß die adsorbierte Substanz in dem Gitter eingeschlossen wird. Die relative Okkludierbarkeit verschiedener Ionen muß offenbar den gleichen Regeln gehorchen wie die relative Adsorbierbarkeit.

Beim Wachsen der Kristalle kann natürlich auch Mutterlauge miteingeschlossen werden. Derartige Einschlüsse lassen sich oft im Mikroskop beobachten.

Eine sehr wichtige Rolle spielt in diesem Zusammenhang auch die Bildung von *festen Lösungen* (eine ältere, nicht sehr glückliche Bezeichnung für kristallisierte feste Lösungen war *Mischkristall*). Die analytisch wichtigste Art von festen Lösungen ist dadurch gekennzeichnet, daß die Ionen eines bestimmten Kristallgitters in größerem oder geringerem Ausmaß durch andere Ionen ersetzt werden können. Wenn z. B. Tl^+ einer Lösung zugesetzt wird, die Br^- und J^- enthält, so fallen nicht die beiden festen Phasen TlBr und TlJ aus, sondern nur eine feste Phase, die man als Tl(Br, J) bezeichnen kann. Diese Phase läßt sich als feste Lösung von TlJ bzw. J^- in TlBr oder von TlBr bzw. Br^- in TlJ auffassen. An den von Anionen besetzten Gitterstellen ersetzen Br^- und J^- einander, je nach Zusammensetzung der Phase. Die Löslichkeit einer solchen festen Lösung in Wasser läßt sich nicht ausschließlich auf Grund ihrer Zusammensetzung berechnen. Man kann infolgedessen auch aus Löslichkeitsproduktangaben der reinen Verbindungen keinerlei Schlüsse ziehen. Die gegenseitige Löslichkeit reiner Verbindungen ist übrigens, im Gegensatz zu dem eben genannten Beispiel, meistens nicht unbegrenzt. Fehlen außerdem Angaben darüber, wie weit der eine Stoff sich in dem anderen löst, so ist es noch schwerer, bestimmte Aussagen über das Resultat der gleichzeitigen Fällung beider Stoffe zu machen.

Verunreinigungen des Niederschlages, die infolge der Bildung von festen Lösungen auftreten, lassen sich nicht mehr entfernen. Werden also störende Verunreinigungen aus diesem Grunde mitgefällt, so ist die Analysenmethode unbrauchbar.

Wird dagegen die Fällung der Verunreinigung dadurch verursacht, daß entweder Adsorption an der Oberfläche bereits fertiger Teilchen oder aber Okklusion auftritt, kann man trotzdem oft gute Resultate erzielen. Man muß in diesem Fall versuchen, die Menge der adsorbierten Fremdsubstanz auf ein Minimum zu bringen, indem man auf Bildung einer möglichst kleinen Oberfläche hinarbeitet. Man fällt also unter Bedingungen, die das Entstehen von großen Primärteilchen begünstigen und behandelt hierauf den Niederschlag so, daß die oberflächenvermindernden Sekundärprozesse gefördert werden. Wird die Verunreinigung des Niederschlages hauptsächlich durch Okklusion hervorgerufen, so ist es meistens unzweckmäßig, mit großen Primärteilchen zu arbeiten. Auch wenn die Bildung der Primärteilchen relativ langsam erfolgt, ist die tatsächliche Geschwindigkeit doch meistens so groß, daß die Okklusion beträchtliche Werte annehmen kann. In diesem Fall ist es besser zunächst kleine Primärteilchen zu fällen und erst dann die Oberfläche durch ganz spezielle Förderung der Sekundärprozesse zu verringern. Der Ablauf dieser Sekundärprozesse erfolgt so langsam, daß die Okklusion schließlich oft nur mehr unbedeutend ist.

Wenn der Niederschlag trotz dieser Maßnahmen noch immer erhebliche Mengen von Verunreinigungen enthält, so muß er gelöst und noch einmal gefällt werden. Der Niederschlag wird ausgewaschen und dann in einem geeigneten Lösungsmittel nochmals gelöst. In dieser neuen Lösung ist die Konzentration der Molekül- und Ionenarten, die aus der ursprünglichen Lösung adsorbiert wurden, gewöhnlich so stark verringert, daß bei der zweiten Fällung eine viel geringere Adsorption als bei der ersten Fällung auftritt. Natürlich muß dabei ein Lösungsmittel verwendet werden, das selbst nur wenig adsorbiert wird oder aber bei den folgenden Operationen nicht stört.

18. KAPITEL

DIE FÄLLUNG ALS HILFSMITTEL ANALYTISCHER BESTIMMUNGS- UND TRENNUNGSMETHODEN

a) Die Vollständigkeit der Fällung. Soll ein Ion in Form einer schwerlöslichen Verbindung gefällt werden, so kann man auf Grund früherer Ausführungen leicht berechnen, inwieweit sich die Fällung vollständig durchführen läßt. Man soll beispielsweise beurteilen, ob sich Pb^{2+} durch Fällung als $PbSO_4$ ($k_l = 1 \cdot 10^{-8}$) mit ausreichender Genauigkeit bestimmen läßt. Setzt man das Fällungsreagens in solcher Menge zu, daß $c_{SO_4^{2-}} = 0{,}1$, so wird $c_{Pb^{2+}} = 1 \cdot 10^{-7}$. Wenn das Volumen der Lösung nach diesem Zusatz 200 ml beträgt, so muß sie also $0{,}2 \cdot 10^{-7}$ Mol nicht gefälltes Pb^{2+} enthalten. Das entspricht $0{,}2 \cdot 10^{-7}$ Mol $PbSO_4 = 6 \cdot 10^{-6}$ g $PbSO_4$. Da man die Wägung von $PbSO_4$ in der Regel nicht genauer als auf 0,1 mg ausführt, ist offenbar die in der Lösung verbleibende Menge von $6 \cdot 10^{-6}$ g bedeutungslos. Trotzdem ist aber das Löslichkeitsprodukt in diesem Fall so groß, daß man den Niederschlag nicht mit reinem Wasser auswaschen darf. Dekantiert man nach dem Auswaschen nur mit reinem Wasser, so wird in der Waschflüssigkeit $c_{Pb^{2+}} = \sqrt{1 \cdot 10^{-8}} = 1 \cdot 10^{-4}$. Verbraucht man dazu 200 ml Wasser, so enthält dieses Volumen $6 \cdot 10^{-3}$ g $PbSO_4$. Beim Dekantieren gehen also nicht weniger als 6 mg $PbSO_4$ verloren. Zum Auswaschen des Niederschlages muß daher eine Lösung mit relativ hohem SO_4^{2-}-Gehalt verwendet werden.

Die Vollständigkeit einer Fällung wird nicht immer durch einen Überschuß des Fällungsmittels begünstigt. So kann beispielsweise Komplexbildung stattfinden, wie es der Fall ist, wenn AgCl mit einem großen Cl^--Überschuß gefällt wird. Außerdem kann, wie in 14e erwähnt, k_l in Ausnahmefällen durch extrem hohe Ionenstärken so stark erhöht werden, daß die Löslichkeit des Elektrolyts bei Zusatz seiner eigenen Ionen sogar steigt. Diese zweite Möglichkeit ist aber im Gegensatz zur Komplexbildung in den meisten Fällen ohne praktische Bedeutung. Um die Gefahr der Komplexbildung zu vermeiden, soll man im allgemeinen mit keinem zu großen Fällungsmittelüberschuß arbeiten.

Allen Berechnungen, in denen Löslichkeitsprodukte verwendet werden, ist größte Vorsicht entgegenzubringen. Die Löslichkeitsprodukte lassen sich oft nur angenähert oder aber für eine solche Form der festen Phase ermitteln, die bei der Fällung vielleicht überhaupt keine Rolle spielt. Außerdem können sich bei Fällungsprozessen auch Reaktionshemmungen (Übersättigung) bemerkbar machen, mit der Folge, daß das wirkliche und das berechnete Resultat stark voneinander abweichen. Der Niederschlag kann auch (beispielsweise dadurch, daß Verunreinigungen mitgefällt werden) Eigenschaften annehmen, die seine weitere

Verwertung für analytische Zwecke unmöglich machen. Die eigentliche Bedeutung der weiter oben durchgeführten Berechnung ist eine andere. Sie zeigt nämlich, ob der betreffende Wert des Löslichkeitsproduktes die Reaktion überhaupt anzuwenden gestattet und gibt, falls dies der Fall sein sollte, Aufschluß über die Art, wie die Methode auszuführen ist. Ob die Methode wirklich brauchbar ist, kann dann nur der praktische Versuch entscheiden. Sollte dagegen schon die Rechnung zeigen, daß die Reaktion nicht anwendbar ist, so kann man letztere meistens ohne weitere Prüfung von der Betrachtung ausschließen.

b) Allgemeine Bedingungen für die Ausführung von Trennungen. Eine Ionenart kann man häufig von einer oder mehreren andern dadurch trennen, daß man sie in Form einer schwerlöslichen Verbindung ausfällt. Diese Ionenart soll dabei möglichst vollständig gefällt werden, während die anderen Ionen in der Lösung zurückbleiben müssen. Dazu ist vor allem notwendig, daß die Löslichkeitsprodukte und Ionenkonzentrationen bestimmte Bedingungen erfüllen, die am übersichtlichsten aus der in 14d beschriebenen graphischen Methode hervorgehen.

Will man z. B. feststellen, ob es möglich ist, die Halogenionen durch Fällung mit Ag^+ voneinander zu trennen, so lassen sich die vorhandenen Möglichkeiten direkt aus Figur 17, 14d, ablesen. Nach der Figur zu schließen, sollte es möglich sein, J^- und Cl^- ziemlich vollständig voneinander zu trennen. Wenn der Wert von $c_{Cl^-} = 1$, also ziemlich hoch ist, beginnt die Fällung von AgCl bei $pAg = 10$; hier ist aber AgJ bereits so weitgehend ausgefallen, daß c_{J^-} nur mehr 10^{-6} beträgt. Setzt man also so lange Ag^+ zu, bis der Wert von pAg zwischen 10 und 11 liegt, so sollte offenbar eine sehr vollständige Trennung erfolgen. War die ursprüngliche Cl^--Konzentration kleiner als 1, läßt sich pAg noch weiter verringern, so daß eine noch vollständigere J^--Fällung zu erwarten wäre.

Figur 17 zeigt ferner, daß sich die Trennung von J^- und Br^- weniger vollständig durchführen läßt, als die Trennung von J^- und Cl^-. Nur dann, wenn die ursprüngliche Br^--Konzentration klein ist, kann so viel Ag^+ zugesetzt werden daß J^- in erforderlichem Maße gefällt wird. Wenn $c_{Br^-} = 10^{-2}$, so beginnt die Fällung von AgBr bei $pAg = 10{,}2$, entsprechend $c_{J^-} = 1{,}6 \cdot 10^{-6}$.

Die Figur zeigt außerdem, daß die Löslichkeitsprodukte von AgBr und AgCl so nahe beisammen liegen, daß eine Trennung von Br^- und Cl^- nicht mehr möglich ist.

Die graphische Methode eignet sich also sehr gut zu einer raschen Orientierung über die Trennungsbedingungen, zumindestens was Löslichkeitsprodukt und Konzentration betrifft. Die vielen Komplikationen, die in der Praxis auftreten können, machen aber eine genaue praktische Prüfung in jedem einzelnen Falle unentbehrlich. Die meisten dieser Komplikationen sind von der bereits in 18a besprochenen Art. Gerade in dem genannten Beispiel treten große Störungen auf, da die Silberhalogenide feste Lösungen miteinander bilden. Die nach Figur 17 theoretisch möglichen Trennungen lassen sich daher nur mit so geringer Genauigkeit ausführen, daß dieser Trennungsmethode keine größere praktische Bedeutung zukommt.

Eine weitere Voraussetzung für die Durchführung gewisser Trennungen besteht darin, daß sich die Konzentration der fällenden Ionen innerhalb bestimmter Grenzen einstellen läßt. Unterscheiden sich die Löslichkeitsprodukte stark voneinander, so liegen auch diese Grenzen in so großem Abstand voneinander, daß die genannte Bedingung meist leicht erfüllt werden kann. Man hat in diesem Fall nur dafür zu sorgen, daß die fällenden Ionen in genügender Menge zugesetzt werden. In einigen Fällen gelingt es auch, die Konzentration der fällenden Ionen automatisch auf einen bestimmten Wert einzustellen. Das ist z. B. der Fall, wenn die Konzentration eine Funktion der Hydroniumionenkonzentration ist, die sich ja selbst leicht auf einen bestimmten Wert einstellen läßt. Beispiele dafür sind in 18c und 18d zu finden. In Fällen, wo die Löslichkeitsprodukte zwar eine genaue Konzentrationseinstellung erfordern, eine automatische Konzentrationsregelung aber undurchführbar ist, wäre es natürlich denkbar, die Fällung unter ständiger Kontrolle der Ionenkonzentration des Fällungsmittels durchzuführen. Die Lösung müßte dann als Teil eines Konzentrationselementes geschaltet sein, dessen elektromotorische Kraft während der Fällung fortlaufend gemessen wird. In solchen Fällen ist es aber einfacher, die Analyse als Fällungstitration auszuführen (vgl. 19).

In den folgenden Abschnitten sollen die Fällungen einiger Metallionen als Hydroxyde bzw. als Sulfide näher besprochen werden. Wir wählen gerade diese Beispiele, weil diese klassischen Fällungs- und Trennungsmethoden auch heute noch große Bedeutung besitzen und sowohl Wert als auch Begrenzung der theoretischen Berechnung deutlich erkennen lassen.

c) Die Hydroxydfällung. Bei Hydroxydfällungen ist OH^- das fällende Ion. Die Geraden in Figur 21 sind unter Benützung der Löslichkeitsprodukte aus Tabelle 6, 14c auf die in 14d angegebene Art konstruiert. Da die Konzentration des fällenden Ions eine Funktion von pH ist, bereitet es keine Schwierigkeit, sie auf einen bestimmten Wert einzustellen bzw. durch Messung zu kontrollieren.

Figur 21

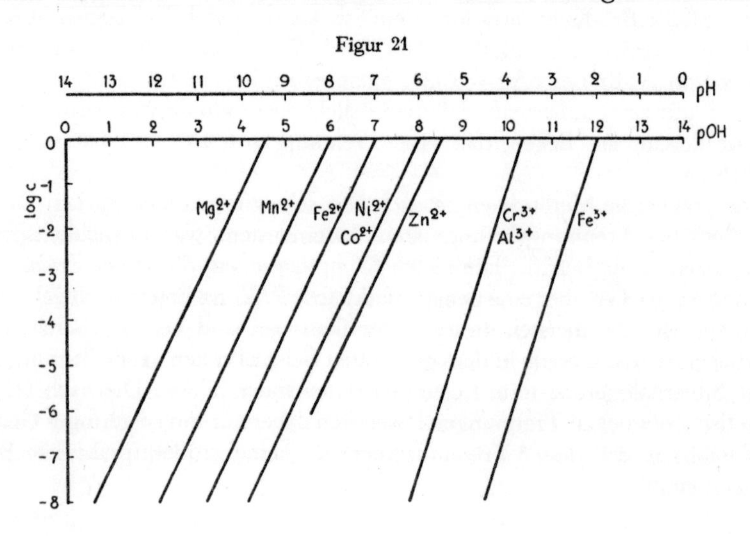

Da sich der Fällungsverlauf am einfachsten im Zusammenhang mit dem pH-Wert der Lösung besprechen läßt, ist in Figur 21 auch pH längs der Abszisse aufgetragen.

Nach der Fällung tritt bei den meisten Hydroxyden eine starke Alterung ein, ein Vorgang, der ihre Löslichkeit herabsetzt. Das ist eine der Ursachen, warum wohldefinierte Löslichkeitsproduktwerte nicht ohne weiteres ermittelt bzw. angewendet werden können. Der in Tabelle 6, 14c, angegebene Wert für $Al(OH)_3$, $8 \cdot 10^{-32}$ gilt nur für den Beginn der Fällung. Er eignet sich daher wohl zur Berechnung der Fällungsbedingungen, kann aber z. B. nicht zur Berechnung jenes pH-Wertes benützt werden, bei dem sich ein gealterter Niederschlag wieder auflöst, weil er in diesem Falle zu groß ist.

Mg^{2+}. Die Gerade in Figur 21 stimmt mit den wirklichen Fällungsbedingungen gut überein. $Mg(OH)_2$ beginnt aus einer 1-*C* Lösung bei pH 9,5 und aus einer 0,1-*C* Lösung bei pH 10 auszufallen. Die Fällung ist ziemlich vollständig, wenn pH größer als 12 ist. Mg^{2+} kann daher leicht mit NaOH oder KOH vollständig ausgefällt werden.

Mit Ammoniak läßt sich dagegen kaum eine vollständige Fällung erzielen. Schon allein die Tatsache, daß NH_3-Lösungen, die man gewöhnlich zum Fällen benützt, ein ziemlich niedriges pH besitzen (eine 1-*C* NH_3-Lösung hat nur etwa pH 11,5, eine 0,1-*C* NaOH-Lösung dagegen pH 13), beweist, daß man genügend hohe pH-Werte auf diese Weise nicht erreichen kann. Außerdem wirkt das gebildete NH_4^+ einer pH-Steigerung entgegen. Das geht aus folgender Überlegung hervor. In einer NH_3-Lösung herrscht folgendes Gleichgewicht:

$$NH_3 + H_2O = NH_4^+ + OH^- \,. \tag{1}$$

Wendet man das Massenwirkungsgesetz auf dieses Gleichgewicht an, so erhält man

$$c_{OH^-} = k_b \frac{c_{NH_3}}{c_{NH_4^+}} \,. \tag{2}$$

Die Hydroxylionenkonzentration ist also dem Quotienten $c_{NH_3}/c_{NH_4^+}$ proportional.

Setzt man nun solange NH_3-Lösung zu einer Mg^2 -Lösung, bis $Mg(OH)_2$ auszufallen beginnt, so bewirkt der Verbrauch von OH^-, daß das Gleichgewicht (1) sich nach rechts verschiebt. Auch wenn man durch weiteren Zusatz von NH_3-Lösung c_{NH_3} konstant hält, muß die Erhöhung von $c_{NH_4^+}$ doch dazu führen, daß c_{OH^-} während der Fällung sinkt.

Setzt man NH_4^+ bereits von Anfang an zu, so ist das pH, das durch einen NH_3-Überschuß durchschnittlicher Größe erreicht werden kann, noch niedriger. Überschreitet $c_{NH_4^+}$ eine bestimmte Grenze, so läßt sich nicht einmal mehr der pH-Wert erreichen, der für den Eintritt der $Mg(OH)_2$-Fällung erforderlich ist. Das ist der Grund für die bekannte Tatsache, daß $Mg(OH)_2$ von Ammoniak überhaupt nicht gefällt wird, wenn Ammoniumsalze in genügender Menge vorhanden sind.

Auch dann, wenn man NaOH oder KOH zum Fällen verwendet, macht sich die Gegenwart von NH_4^+ bemerkbar. Infolge der Pufferwirkung, die das System $NH_4^+ - NH_3$ bei etwa pH 9,3 ausübt, reicht die pH-Steigerung, die durch den Basenzusatz hervorgerufen wird, zu einer vollständigen Fällung oft nicht aus. Bei hoher Konzentration des Puffersystems findet überhaupt keine Fällung statt, bevor nicht die starke Base in großem Überschuß vorhanden ist.

Das System $NH_4^+ - NH_3$ beeinflußt auch die Fällung von $Mg(OH)_2$ dadurch, daß NH_3 mit Mg^{2+} einen Amminkomplex bildet, der 1–6 NH_3-Gruppen enthält. Die Komplexkonstanten sind jedoch klein, so daß die Verringerung von $c_{Mg^{2+}}$, die durch die Komplexbildung verursacht wird, erst bei sehr hohen NH_3-Konzentrationen Bedeutung gewinnt.

Ni^{2+}, Co^{2+}, Zn^{2+}. Die Hydroxyde dieser Metalle haben viel kleinere Löslichkeitsprodukte als $Mg(OH)_2$ und fallen daher auch schon bei bedeutend niedrigeren pH-Werten aus. In 0,1-*C* Lösungen beginnen sie bereits bei pH 6–6,5 auszufallen (siehe Figur 21). Beim Fällen von $Zn(OH)_2$ ist zu beachten, daß diese Verbindung ein Ampholyt ist und daher ein Löslichkeitsminimum im isoelektrischen Punkt besitzt. Dieser dürfte etwa bei pH 8,5 liegen. Nach Überschreiten dieses pH-Wertes beginnt $Zn(OH)_2$ wieder in Lösung zu gehen. Aus diesem Grunde ist in Figur 21 die betreffende Fällungsgerade nur bis pH 8,5 eingezeichnet. Auch $Co(OH)_2$ löst sich in sehr konzentrierter Alkalilauge unter Bildung von Kobaltit.

Alle diese drei Ionen zeigen eine ausgesprochene Tendenz, mit NH_3 Amminkomplexe zu bilden, eine Eigenschaft, die bei der Fällung in Gegenwart des Systems $NH_4^+ - NH_3$ von großer Bedeutung ist. Die Fällung von Ni-, Co- und Zn-Hydroxyd durch NaOH beginnt erst bei um so höheren pH-Werten, je größer der NH_4^+-Gehalt der Lösung ist. Schon bei denjenigen pH-Werten, die in NH_4^+-freier Lösung dem Fällungsbeginn entsprechen (siehe Figur 21), kann also die Komplexbildung schon solchen Umfang annehmen, daß die Metallionenkonzentration beträchtlich herabgesetzt wird. Dabei bilden sich in erster Linie Amminkomplexe, die weniger NH_3 enthalten als die weiter unten besprochenen Verbindungen.

Bei Zusatz von NH_3-Lösung zu NH_4^+-freien, nicht angesäuerten Ni^{2+}-, Co^{2+}- oder Zn^{2+}-Lösungen setzt eine Fällung von Hydroxyden oder basischen Salzen ein. Hier kann nämlich die Konzentration des Systems $NH_4^+ - NH_3$ vor dem Eintritt der Fällung nicht so groß werden, daß eine beträchtliche Komplexbildung stattfinden könnte. Wird aber NH_3-Lösung im Überschuß zugesetzt, so bildet der überwiegende Teil der Metallionen Komplexionen wie z. B. $Ni(NH_3)_6^{2+}$, $Co(NH_3)_6^{2+}$ oder $Zn(NH_3)_4^{2+}$. Dabei tritt eine solche Verringerung der Metallionenkonzentration ein, daß der Niederschlag wieder in Lösung geht.

Wenn die Metallsalzlösung schon von vornherein eine genügende NH_4^+-Menge enthält, tritt bei Zugabe von NH_3-Lösung überhaupt keine Fällung ein.

Mn^{2+}, Fe^{2+}. Figur 21 läßt erkennen, daß Mn^{2+} und Fe^{2+} durch NaOH-Lösung leicht und vollständig als Hydroxyde ausgefällt werden. In alkalischer Lösung werden diese Hydroxyde leicht zu Hydraten höherwertiger Oxyde oxydiert. Dagegen fällt NH_3-Lösung Mn^{2+} und Fe^{2+} nur unvollständig aus bzw. tritt in Gegenwart von genügend NH_4^+ überhaupt keine Fällung ein. Bleibt die alkalische Lösung jedoch an der Luft stehen, so erfolgt eine Oxydation von Mn^{2+} und Fe^{2+}, worauf auch in diesem Fall Hydrate höherwertiger Oxyde ausfallen. (Wegen der Fällungsbedingungen von Fe^{3+} siehe weiter unten.)

Man war früher geneigt, die unvollständige Fällung durch NH_3-Lösung und die Wirkung von NH_4^+-Salzen auf die gleiche Weise wie bei Mg^{2+} (siehe oben) zu erklären. Neuere Untersuchungen scheinen jedoch darauf hinzudeuten, daß es sich hier um eine ähnliche Komplexbildung handeln muß, wie sie auch bei Ni^{2+}, Co^{2+} und Zn^{2+} auftritt.

Cr^{3+}, Al^{3+}, Fe^{3+}. Aus Figur 21 ist zu ersehen, daß die Fällung der drei Hydroxyde $Cr(OH)_3$, $Al(OH)_3$ und $Fe(OH)_3$ schon in ziemlich saurer Lösung beginnt. Die vollständige Fällung von Fe^{3+} als $Fe(OH)_3$ läßt sich ohne besondere Vorsichtsmaßregeln sowohl mit NH_3- wie auch mit NaOH-Lösung ausführen. Dagegen hat man beim Fällen von $Cr(OH)_3$ und $Al(OH)_3$ wegen des amphoteren Charakters dieser beiden Hydroxyde zu beachten, daß das pH nicht zu hoch werden darf. Der isoelektrische Punkt von $Cr(OH)_3$ liegt bei etwa pH 8,5 und von $Al(OH)_3$ bei etwa pH 7. Beim Überschreiten dieser Werte gehen die Hydroxyde unter Bildung von Chromat(III) bzw. Aluminat wieder in Lösung. Beim Fällen von $Cr(OH)_3$ mit NH_3-Lösung bilden sich außerdem lösliche Amminkomplexverbindungen, vor allem das Hexamminchrom(III)ion $Cr(NH_3)_6^{3+}$. Durch Kochen lassen sich diese Komplexverbindungen jedoch wieder spalten, unter gleichzeitiger Abscheidung von $Cr(OH)_3$. Beim Fällen mit NH_3-Lösung soll also die chromhaltige Lösung gleichzeitig zum Sieden erhitzt werden.

Die auf Hydroxydfällung beruhende Trennungsmethode wird in der qualitativen Analyse angewandt, wenn es sich darum handelt, Cr^{3+}, Al^{3+} und Fe^{3+} von den übrigen Metallen, die durch H_2S nicht gefällt wurden, zu trennen. Von diesen lassen sich praktisch nur Mg^{2+}, Mn^{2+}, Fe^{2+}, Ni^{2+}, Co^{2+} und Zn^{2+} als Hydroxyde fällen. Fe^{2+} entfernt man in der Regel durch Oxydation zu Fe^{3+}. Wie bereits erwähnt, werden aus einer Lösung, die genügend NH_4^+ enthält, Mg^{2+}, Mn^{2+}, Ni^{2+}, Co^{2+} und Zn^{2+} durch NH_3-Lösung nicht ausgefällt, während die Fällung von Cr^{3+}, Al^{3+} und Fe^{3+} keinerlei Schwierigkeit bereitet. Ein größerer Überschuß der NH_3-Lösung ist zu vermeiden, damit $Al(OH)_3$ und $Cr(OH)_3$ nicht wieder in Lösung gehen. Die den Niederschlag enthaltende Flüssigkeit darf nur schwach nach NH_3 riechen und soll zwecks Zersetzung eventuell vorhandener Chromamminkomplexverbindungen zum Sieden erhitzt werden. Ferner ist zu beachten, daß nach Zusatz des Fällungsmittels leicht Oxydation von Mn^{2+} eintritt und daß sich dann Oxydhydrate von Mn^{3+} und Mn^{4+} abscheiden. Die Cr-, Al- und Fe-Hydroxyde müssen daher rasch filtriert werden. Außerdem ist der Hydroxydniederschlag oft durch andere Metalle, die mitausgefällt werden, erheblich verunreinigt.

Hydroxydniederschläge sind infolge gewisser Eigenschaften für quantitative Zwecke nicht sehr geeignet. Gewöhnlich sind sie geleeartig und voluminös und lassen sich daher nur schwer filtrieren und auswaschen. Oft treten auch lästige

Verunreinigungen durch mitgefällte fremde Ionen auf. Jedoch beruhen einige wichtige analytische Methoden auf der Fällung von Al^{3+} und Fe^{3+} als Hydroxyd. Bei der Fällung von Al-Hydroxyd ist es zweckmäßig, mit einem geeigneten Indikator (z. B. Methylrot) zu kontrollieren, daß pH nicht über 7 steigt. Die Lösung muß außerdem NH_4^+-Salze enthalten, teils um die Fällung anderer Hydroxyde zu verhindern, teils um die störende Adsorption fremder Ionen zu verringern.

d) Die Sulfidfällung. Hier ist es einfach, die Konzentration des fällenden S^{2-}-Ions innerhalb bestimmter Grenzen zu halten, da $c_{S^{2-}}$ in einer mit H_2S gesättigten Lösung eine Funktion von pH ist.

Für die beiden Protolysenstadien von H_2S gilt

$$\frac{c_{H_3O^+}\, c_{HS^-}}{c_{H_2S}} = k_s' \tag{3}$$

bzw.

$$\frac{c_{H_3O^+}\, c_{S^{2-}}}{c_{HS^-}} = k_s'' . \tag{4}$$

Durch Multiplikation von (3) und (4) erhält man

$$c_{S^{2-}} = \frac{k_s' k_s'' c_{H_2S}}{c^2_{H_3O^+}} . \tag{5}$$

Wenn eine H_2S-Lösung mit gasförmigen H_2S im Gleichgewicht steht, so ist c_{H_2S} in der Lösung konstant, wenn die Temperatur und der Partialdruck von H_2S in der Gasphase konstant sind. Bei 18° C und einem Partialdruck von 1 Atm. ist $c_{H_2S} = 0{,}12$. Setzt man diesen Wert und die Zahlenwerte von k_s' und k_s'' aus Tabelle 3, 6b in (5) ein, so folgt

$$c_{S^{2-}} = \frac{8{,}2 \cdot 10^{-24}}{c^2_{H_3O^+}} . \tag{6}$$

Durch Logarithmierung von (6) erhält man schließlich

$$pS = 23{,}1 + 2\,pH . \tag{7}$$

Die Geraden der Figur 22 sind unter Benützung der Löslichkeitsprodukte von Sulfiden aus Tabelle 6, 14c konstruiert. (Aus Platzmangel wurden für Abszisse und Ordinate verschiedene Maßstäbe verwendet.) Unter Benützung von (7) ist parallel zur pS-Achse auch eine pH-Skala eingezeichnet. Da aber sehr niedrige pH-Werte schwer einzustellen sind, wurde die pH-Skala nur bis pH = −2 aufgetragen.

Figur 22 zeigt, daß Hg^{2+}, Ag^+ und Cu^{2+} durch H_2S bereits aus stark sauren Lösungen vollständig ausgefällt werden. Das gleiche sollte nach der Figur auch

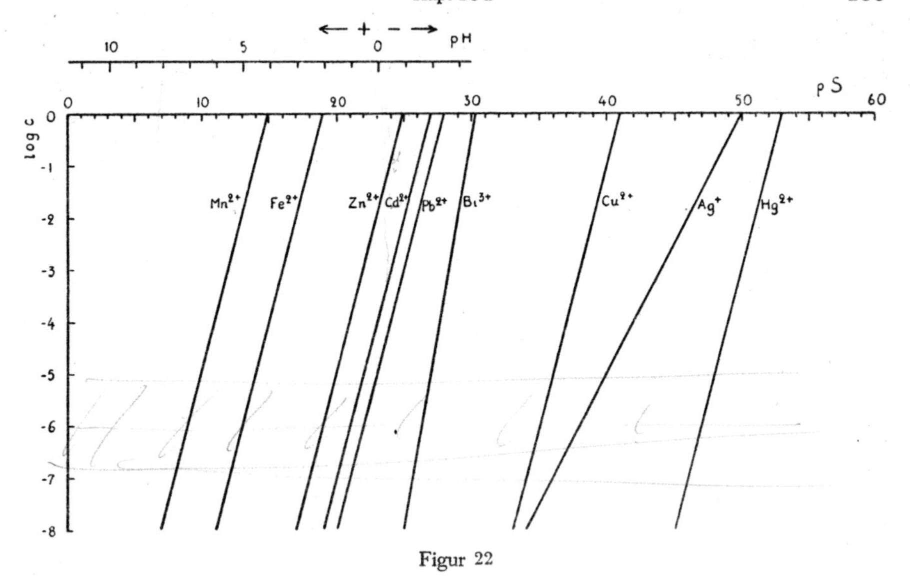

Figur 22

für Bi_2S_3 gelten. Die Erfahrung lehrt jedoch, daß eine vollständige Fällung hier nur in mäßig sauren Lösungen stattfinden kann; der pk_l-Wert 91, der zur Konstruktion der Fällungsgeraden benützt wurde, scheint daher etwas zu hoch zu sein.

Zur vollständigen Fällung von Cd^{2+} darf pH nicht unter 1 sinken. Bei Pb^{2+} ist ein etwas niedrigeres pH zulässig, aber bereits bei pH 0 ist die Fällung nicht mehr vollständig.

Nach der Figur sollte man eigentlich erwarten, daß Hg^{2+}, Ag^{+} und Cu^{2+} von Bi^{3+}, Pb^{2+} und Cd^{2+} leicht getrennt werden können, wenn die Fällung bei einem pS-Wert zwischen 31 und 35 ausgeführt wird. Ebenso sollte sich Hg^{2+} durch Fällung innerhalb des pS-Intervalles 41–46 von Cu^{2+} trennen lassen. Diese Trennungen scheitern aber an der praktischen Schwierigkeit, pS auf einen Wert innerhalb der gewünschten Grenzen einzustellen. Man kann jedoch das äußerst niedrige Löslichkeitsprodukt von HgS auf andere Weise dazu ausnützen, um Hg^{2+} von den übrigen Ionen, die von H_2S in saurer Lösung gefällt werden, zu trennen. Wenn die gemeinsame Sulfidfällung mit verdünnter HNO_3 gekocht wird, gehen nämlich alle anderen Sulfide in Lösung, da $c_{S^{2-}}$ infolge der Oxydation von S^{2-} zu S oder SO_4^{2-} sehr stark sinkt. Nicht einmal auf diese Weise läßt sich $c_{S^{2-}}$ soweit verringern, daß HgS in Lösung geht. Nach dem Kochen bleibt also HgS ungelöst zurück[1]).

Wenn auch die Fällungsbedingungen für die bisher besprochenen Ionen im großen und ganzen aus Figur 22 abgelesen werden können, so trifft dies keineswegs für die Fällung von Zn^{2+}, Fe^{2+} und Mn^{2+} zu. Nach der Figur sollte die Fällung von ZnS aus einer mit H_2S gesättigten 0,1-*C* Zn^{2+}-Lösung bei Überschreiten des pH-Wertes −0,4 beginnen, und bei pH 1 sollte $c_{Zn^{2+}}$ bereits auf

[1]) Sehr langes Kochen oder Behandlung mit starker HNO_3 führt jedoch zur Bildung von schwerlöslichem Sulfonitrat.

10^{-4} gesunken sein. Wenn man jedoch H_2S in eine 0,1-*C* Zn^{2+}-Lösung einleitet und gleichzeitig das pH der Lösung auf 1 hält, so fällt ZnS erst nach sehr langem Stehen der Lösung aus. Offenbar liegt in diesem Fall eine Übersättigung der Lösung mit ZnS vor, die sich jedoch durch eine Erhöhung von $c_{S^{2-}}$ z. B. durch Einleiten von H_2S bei einem höheren pH-Wert, rasch beheben läßt. Schon bei pH 2 geht die Fällung ziemlich rasch vor sich und bei pH 3 ist binnen kurzem praktisch alles ZnS ausgefällt. Eigentümlicherweise kann die Übersättigung auch durch bereits gefällte Sulfide anderer Metalle, vor allem HgS, behoben werden. Die Erklärung dafür besteht vermutlich darin, daß diese Sulfide S^{2-} adsorbieren und daß die dadurch bedingte hohe S^{2-}- Konzentration an der Oberfläche der Sulfidpartikeln die Fällung von ZnS verursacht.

Nach Figur 22 wäre ferner eine praktisch vollständige Fällung von Fe^{2+} bei etwa pH 5 und von Mn^{2+} bei etwa pH 7 zu erwarten. Die Erfahrung lehrt aber, daß man zur Erzielung einer vollständigen Fällung in beiden Fällen bei pH > 7 zu arbeiten hat. Auch wenn hier analoge Übersättigungserscheinungen, wie wir sie weiter oben kennen lernten, mitbeteiligt sein können, ist doch der Hauptgrund dieser Unstimmigkeit darin zu suchen, daß die zur Darstellung von Figur 22 verwendeten Löslichkeitsproduktwerte nicht den Sulfiden entsprechen, die zuerst ausfallen. Diese primären Sulfidniederschläge wandeln sich nämlich rasch in schwerlöslichere Modifikationen um (siehe 17b) und gerade diese letzteren sind es, die den Bestimmungen der Löslichkeitsprodukte zugrunde liegen. Um die Fällung einzuleiten, sind also höhere $c_{S^{2-}}$- bzw. pH-Werte notwendig, als die Figur angibt.

Tabelle 6 enthält nicht die Löslichkeitsprodukte von NiS und CoS, für die in der Literatur gewöhnlich Werte der Größenordnung 10^{-27} angegeben werden. Die Fällungsgeraden dieser beiden Sulfide sollten daher etwa mit derjenigen von CdS zusammenfallen. Bei beiden Verbindungen liegt jedoch wiederum der Fall vor, daß die primären Sulfidniederschläge bedeutend größere Löslichkeit besitzen, als den erwähnten Löslichkeitsproduktwerten entspricht und ferner, daß NiS und CoS, ähnlich wie ZnS, leicht übersättigte Lösungen bilden. Beide Faktoren tragen dazu bei, daß die Fällung dieser beiden Sulfide erst bei bedeutend höheren pH-Werten beginnt als diejenige von CdS. Eine praktisch vollständige Fällung erzielt man in einer mit H_2S gesättigten Lösung bei pH 4–5. Die Modifikationsänderung dieser Sulfide erfolgt rasch und bewirkt, daß ein Wiederauflösen des Niederschlages selbst bei so niedrigen pH-Werten, wie beispielsweise pH 1, nur mehr in sehr geringem Grade erfolgt.

Diese Ausführungen lassen erkennen, in welchem Ausmaß die Sulfidfällungen zu Trennungen verwertet werden können. Wird H_2S bei ungefähr pH 1 eingeleitet, so fallen die Sulfide von Hg^{2+}, Ag^{+}, Cu^{2+}, Bi^{3+}, Pb^{2+} und Cd^{2+} aus. Einige dieser Ionen pflegt man übrigens im Verlauf des gewöhnlichen qualitativen Analysenganges bereits zu einem früheren Zeitpunkt zu entfernen, nämlich Ag^{+} und die Hauptmenge von Pb^{2+}, die durch HCl-Zusatz als Chloride gefällt werden. Bei dieser Gelegenheit fällt auch alles eventuell vorhandene Hg^{+} als Chlorid aus. Gleichzeitig mit den oben genannten Sulfiden werden auch die Sulfide von As, Sb und Sn samt einer Anzahl seltenerer Elemente ausgefällt.

Bei der H_2S-Fällung ist es sehr wichtig, daß man den Säuregrad auf einen exakten Wert einstellt; bei zu niedrigem pH erfolgt vor allem die Cd^{2+}-Fällung nicht vollständig, bei zu hohem pH riskiert man, daß auch ZnS sowie NiS und CoS mitausgefällt werden. Wie aus den bisherigen Erörterungen hervorgeht, dürfte der optimale Wert etwa bei pH 1 liegen. Trotzdem ist es besser, wenn man die Fällung in einer etwas saureren Lösung beginnen läßt, z. B. etwa bei pH 0. Nach dem Sättigen filtriert man, verdünnt das Filtrat auf ein Mehrfaches seines Volumens, so daß pH auf etwa 1 steigt und leitet dann neuerdings H_2S ein. Diese Fällungsvorschrift gründet sich darauf, daß mehrere Sulfide (vor allem CuS) in Lösungen, deren pH > 0 ist, leicht in kolloide Form übergehen. Nach der beschriebenen Methode erfolgt jedoch die Fällung der meisten Sulfide bei so niedrigem pH, daß sich der entstehende Niederschlag leicht filtrieren läßt. Die leichter löslichen Sulfide werden später bei dem neuerlichen Einleiten von H_2S gefällt. Da ferner HgS bei der ersten Fällung entfernt wurde, verringert sich auch das Risiko einer vorzeitigen Fällung von ZnS.

Bei allen Fällungen durch H_2S-Gas ist zu beachten, daß der Säuregrad der Lösung während der Fällung ständig steigt. Die Sulfidbildung hat ja die Bildung von H_3O^+-Ionen zur Folge, z. B.:

$$Fe^{2+} + H_2S + 2H_2O = FeS + 2\,H_3O^+ \,.$$

Wenn die Lösung nicht gut gepuffert ist, kann diese Reaktion eine beträchtliche pH-Verminderung herbeiführen. Soll daher die Fällung bei einem halbwegs konstanten Säuregrad vor sich gehen, so muß man entweder ein geeignetes Puffersystem zusetzen oder aber die $c_{H_3O^+}$-Steigerung durch entsprechende Verdünnung kompensieren. Bei qualitativen Analysen verwendet man vielfach H_2S-Wasser als Fällungsmittel, so daß die Lösung in diesem Falle während der Fällung automatisch verdünnt wird. Bei quantitativen Arbeiten soll dagegen stets H_2S-Gas eingeleitet werden, da man hier an die Vollständigkeit der Fällung größere Ansprüche stellen muß.

Nachdem man die genannten Ionen aus der Lösung entfernt hat, fällt man Zn^{2+}, Ni^{2+}, Co^{2+}, Fe^{2+} und Mn^{2+} als Sulfide. In diesem Falle arbeitet man in alkalischer Lösung, um eine möglichst vollständige Fällung aller dieser Ionen zu erzielen; ein für diesen Zweck besonders geeignetes Fällungsmittel ist Schwefelammonium. In dieser alkalischen Lösung werden auch Al^{3+} und Cr^{3+}, jedoch als Hydroxyde ausgefällt[1]. Dieses Verhalten ist durch die Größe der Löslichkeitsprodukte von Hydroxyd und Sulfid bedingt, wobei man allerdings noch zu berücksichtigen hat, daß in einer mit H_2S gesättigten Lösung die Konzentrationen c_{OH^-} und $c_{S^{2-}}$ sowohl voneinander als auch vom Säuregrad der Lösung abhängig sind; erhöht man die genannten Konzentrationen durch Verringerung des Säuregrades, so überschreitet man das Löslichkeitsprodukt der Hydroxyde, bevor man dasjenige der Sulfide erreicht. Es erfolgt also in diesem Falle eine Ausfällung von Hydroxyd und nicht von Sulfid.

---

[1]) Oft entfernt man diese beiden Ionen sowie Fe^{3+} bereits vorher, indem man sie in Gegenwart von NH_4^+-Salzen mit NH_3 als Hydroxyde fällt (18c).

19. KAPITEL

FÄLLUNGS- UND KOMPLEXBILDUNGSTITRATIONEN

a) Die Titrationskurve der Fällungstitration. Wir wollen zunächst annehmen, daß eine reine gesättigte AgCl-Lösung vorliege. In dieser ist $pAg = \frac{1}{2} pk_l = 5{,}0$.

Setzt man zu dieser gesättigten Lösung C Mol/l Ag^+, so kann, wenn C nicht sehr klein ist, die von gelöstem AgCl herrührende Ag^+-Menge gegen C vernachlässigt werden. Man erhält also $c_{Ag^+} = C$, d.h. $pAg = -\log C$.

Setzt man statt dessen der reinen gesättigten Lösung C Mol/l Cl^- zu, so ist, sofern C nicht sehr klein ist, $c_{Cl^-} = C$ bzw. nach 14 (2) $c_{Ag^+} = k_l/C$, d. h. $pAg = pk_l + \log C = 10{,}0 + \log C$.

Unter Benützung dieser Beziehungen läßt sich die in Figur 23 mit Cl^- bezeichnete Kurve berechnen. Als Ausgangspunkt kann natürlich jeder beliebige Punkt der Kurve dienen. Hat man z.B. durch Zusatz von Cl^- zu einer Ag^+-Lösung Punkt *a* erreicht oder geht man, was dasselbe bedeutet, direkt von einer 0,1-*C* Ag^+-Lösung aus, so durchläuft man bei einem weiteren Cl^--Zusatz von 0,2 Mol/l die Kurve von *a* bis *b*. Hat man dagegen durch Zusatz von Ag^+ zu einer Cl^--Lösung *b* erreicht, so durchläuft man bei weiterem Zusatz von 0,2 Mol/l Ag^+ die Kurve von *b* bis *a*. Bei diesen beiden Titrationen sind die Ag^+- und Cl^--Mengen bei $pAg = \frac{1}{2} pk_l = 5{,}0$ einander äquivalent. Symmetrisch zu beiden Seiten des Äquivalenzpunktes verläuft die Kurve außerordentlich flach.

Das flache Kurvenstück zu beiden Seiten des Äquivalenzpunktes wird um so größer, je größer der pk_l-Wert der schwerlöslichen Substanz ist. In Figur 23 ist auch für die Titration von Ag^+-J^- eine auf analoge Weise berechnete Titrationskurve eingezeichnet. In diesem Fall liegt der Äquivalenzpunkt bei $pAg = \frac{1}{2} pk_l = 8{,}0$ und der flache Kurventeil erstreckt sich infolgedessen symmetrisch zu diesem pAg-Wert.

Wenn also im Laufe einer Titration eine schwerlösliche Substanz ausgefällt wird (*Fällungstitration*), so nimmt die Titrationskurve zu beiden Seiten des Äquivalenzpunktes einen mehr oder weniger flachen Verlauf (das flache Kurvenstück liegt jedoch nur dann symmetrisch zum Äquivalenzpunkt, wenn für die schwerlösliche Verbindung $X_x Y_y$ $x = y$ ist).

In dem eben genannten Beispiel kann pAg durch Bestimmung der elektromotorischen Kraft eines Konzentrationselementes gemessen werden. Man kann also den Äquivalenzpunkt durch Messung von pAg während der Titration bestimmen. Der Äquivalenzpunkt läßt sich aber auch mit Hilfe anderer Methoden bestimmen, von denen einige in 19c bis 19f besprochen werden sollen.

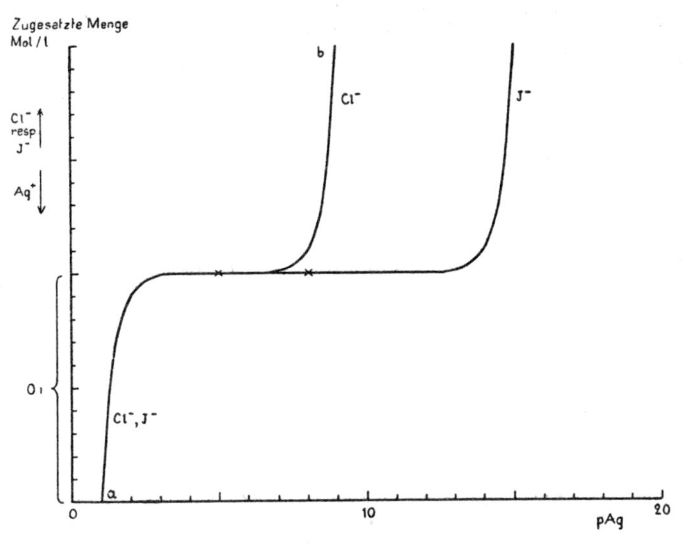

Figur 23

b) Komplexbildungstitrationen. Titriert man ein Ion mit einem zweiten Ion derart, daß beide Ionen miteinander eine schwach dissoziierte Verbindung (in der Regel ein Komplexion) bilden, so erhält man wiederum eine Titrationskurve, die der oben besprochenen analog ist. Je größer die Komplexkonstante des komplexen Ions ist, desto flacher ist der Verlauf der Titrationskurve in der Umgebung des Äquivalenzpunktes. Der Äquivalenzpunkt läßt sich z. B. elektrometrisch bestimmen. In Abschnitt 19f soll außerdem eine besondere Art der Komplexbildungstitration besprochen werden, bei der der Äquivalenzpunkt mit Hilfe eines pH-Indikators bestimmt werden kann.

Eine Anzahl derartiger Titrationen gründet sich auf das Bestreben des Hg^{2+}-Ions, schwach dissoziierte Verbindungen zu bilden. Ebenso benützt man in einigen anderen Fällen die Eigenschaft der CN^--Ionen, mit einigen Metallionen Komplexionen zu bilden.

c) Die Titration nach Mohr. Hier handelt es sich um eine Methode der Bestimmung von Cl^- und Br^- durch Titration mit Ag^+. Die Halogenlösung, die titriert werden soll, wird mit CrO_4^{2-} versetzt, gewöhnlich in Form einer K_2CrO_4-Lösung; der Endpunkt der Titration wird durch die Fällung von schwerlöslichem, rotem Ag_2CrO_4 angezeigt. Zur Besprechung dieser Titrationsmethode greifen wir auf Figur 17, 14d, zurück.

Bei der Bestimmung von Cl^- erreicht man den Äquivalenzpunkt bei $pAg = 5{,}0$. Aus Figur 17 geht hervor, daß wenn Ag_2CrO_4 gerade bei diesem pAg-Wert ausfallen soll, $\log c_{CrO_4^{2-}}$ in der Endlösung $= -1{,}4$, d. h. $c_{CrO_4^{2-}} = 0{,}04$ sein muß. Da man die Rotfärbung, die durch das ausgefällte Ag_2CrO_4 verursacht wird, erst wahrnimmt, wenn sich eine gewisse Menge dieser Verbindung gebildet hat, muß man in der Praxis etwas mehr Ag^+ zusetzen als jenem theoretischen pAg-Wert, der den Fällungsbeginn kennzeichnet, entspricht. Bei gewöhnlichen Titrationen beträgt diese Überschußmenge höchstens 0,05 ml 0,1-*C* $AgNO_3$-Lösung. Es empfiehlt sich jedoch, die Überschußmenge durch einen Blindversuch zu bestimmen, bei dem man die $AgNO_3$-Lösung einer Lösung zusetzt, die nur K_2CrO_4 enthält und das gleiche Volumen bzw. die gleiche CrO_4^{2-}-Konzentration wie die Endlösung besitzt. Das Volumen $AgNO_3$-Lösung, das man beim Blindversuch zur Erzeugung der Rotfärbung zusetzen muß, hat man von dem bei der eigentlichen Titration verbrauchten Volumen abzuziehen.

In der Regel ist es nicht erforderlich, daß man den oben genannten Wert von $c_{CrO_4^{2-}}$ in der Endlösung streng einhält. Diesbezügliche Vorschriften begnügen sich oft mit der Angabe, daß $c_{CrO_4^{2-}}$ etwa von der Größenordnung 0,01 sein soll. Es ist daher nicht uninteressant an dieser Stelle zu berechnen, welchen Titrationsfehler man begeht, wenn $c_{CrO_4^{2-}} = 0{,}01$ ist. Der Einfachheit halber wollen wir annehmen, daß sich die Titration gerade in dem Augenblicke beendigen läßt, in dem die Fällung von Ag_2CrO_4 beginnt. Im Endpunkt ist dann also $pAg = 4{,}7$ entsprechend $c_{Ag^+} = 2 \cdot 10^{-5}$. Diese Ag^+-Menge stammt sowohl von dem Überschuß der zugesetzten Ag^+-Lösung als auch von gelöstem AgCl her. Da die in Lösung befindliche AgCl-Menge ebensoviel Ag^+ wie Cl^--Ionen bildet, ist der von AgCl herrührende Anteil an der totalen Ag^+-Konzentration $= c_{Cl^-}$. Der Ag^+-Überschuß beträgt daher: $c_{Ag^+} - c_{Cl^-} = c_{Ag^+} - k_l/c_{Ag^+} = 2 \cdot 10^{-5} - 5 \cdot 10^{-6} = 1{,}5 \cdot 10^{-5}$ Mol/l. Titriert man also bis $pAg = 4{,}7$, so berechnet man aus dem Ag^+-Verbrauch eine Cl^--Totalkonzentration, die um $1{,}5 \cdot 10^{-5}$ Mol/l zu hoch ist. Diese Zahl stellt den Absolutwert des Titrationsfehlers dar. Beträgt die Cl^--Totalkonzentration in der Ausgangslösung $C = 0{,}1$, so ist der relative Fehler, wenn die Volumänderung während der Titration vernachlässigt wird, $+1{,}5 \cdot 10^{-4}$, d. h. $+0{,}015\,\%$. Die Titration kann also auch dann, wenn $c_{CrO_4^{2-}} = 0{,}01$ ist, mit gutem Resultat ausgeführt werden.

Es läßt sich leicht beweisen, daß der absolute Titrationsfehler immer den Wert $c_{Ag^+} - c_{Cl^-}$ Mol/l haben muß, unabhängig davon, bei welchem pAg-Wert man die Titration beendet. Im Äquivalenzpunkt ist also der Fehler, wie zu erwarten $= 0$, bei höheren pAg-Werten dagegen negativ, da hier $c_{Ag^+} < c_{Cl^-}$. Da sowohl c_{Ag^+} wie auch c_{Cl^-} aus Figur 17 direkt abzulesen sind, läßt sich der Fehler mit Hilfe der Figur leicht berechnen.

Die Titration nach Mohr soll in neutraler oder nur schwach basischer Lösung ausgeführt werden. Da $HCrO_4^-$ nur eine sehr schwache Säure ist, steigt die Löslichkeit von Ag_2CrO_4 parallel mit dem Säuregrad, und die Erfahrung lehrt, daß infolgedessen die unterste pH-Grenze für diese Titration bei ungefähr 6,3 liegt. Die obere pH-Grenze liegt bei etwa 10,5 und ist durch die Schwerlöslichkeit des Silberhydroxyds bedingt. Erreicht nämlich c_{OH^-} eine bestimmte Größe, so wird bei Erhöhung von c_{Ag^+} das Löslichkeitsprodukt von AgOH vor dem Löslichkeitsprodukt von Ag_2CrO_4 überschritten. Ein geeignetes Mittel, um das pH innerhalb des Intervalles 6,3 – 10,5 zu halten, besteht darin, daß man der Lösung einen Überschuß von Borax oder $NaHCO_3$ zusetzt.

Die Br^--Titration nach MOHR kann auf ganz analoge Weise erfolgen. Der Äquivalenzpunkt liegt hier zwar bei pAg 6,1, aber es liegt kein Hinderungsgrund vor, bis zum gleichen pAg-Wert wie bei Cl^- zu titrieren. Der absolute Titrationsfehler beträgt hier $c_{Ag^+} - c_{Br^-}$ Mol/l und ist nach Figur 17 nahezu gleich groß wie der Titrationsfehler, den man begehen würde, wenn man bei einer Cl^--Titration bis zum gleichen pAg-Wert titriert.

Bei der J^-- und CNS^--Titration nach MOHR erhält man keine korrekte Anzeige des Äquivalenzpunktes. Die Ursache davon dürften Adsorptionserscheinungen sein, die wohl der Hauptsache nach damit zusammenhängen, daß die CrO_4^{2-}-Ionen AgJ und AgCNS peptisieren, so daß sich diese beiden Verbindungen auch im Äquivalenzpunkt noch in kolloider Form befinden.

d) Die Titration nach Volhard. Diese Methode besteht in einer Bestimmung von Ag^+ durch Fällung als AgCNS. Das fällende Ion ist also CNS^-, das in Form von KCNS oder NH_4CNS zugesetzt wird. Als Indikator verwendet man hier Fe^{3+}-Ionen (1–2 ml einer gesättigten $FeNH_4(SO_4)_2$-Lösung zu je 100 ml Flüssigkeit). Erreicht die CNS^--Konzentration eine gewisse Größe, so färbt sich die Lösung rot. Die rote Farbe wird bei niedriger CNS^--Konzentration wahrscheinlich durch das Ion $FeCNS^{2+}$ hervorgerufen, bei höherer CNS^--Konzentration dagegen von komplexen Ionen mit noch höherem CNS^--Gehalt.

Die Methode wird durch Figur 24 veranschaulicht. Der Äquivalenzpunkt liegt bei pCNS = 6. Versuche zeigen, daß bei einer Fe^{3+}-Konzentration, die dem genannten Indikatorzusatz entspricht, die rote Farbe dann sichtbar wird, wenn c_{CNS^-} auf 10^{-5} gestiegen ist, also bei pCNS = 5. Der absolute Titrationsfehler beträgt $c_{CNS^-} - c_{Ag^+}$ Mol/l. Titriert man also bis pCNS = 5, so begeht man einen Fehler, dessen Größe etwa 10^{-5} Mol/l und infolgedessen sehr klein ist.

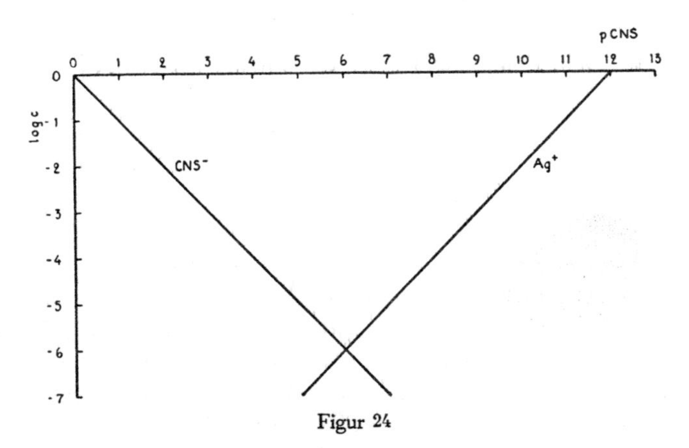

Figur 24

Bei «Zurücktitrieren» läßt sich die Volhardsche Methode auch zur Bestimmung von sämtlichen Halogenionen heranziehen. Auf diese Weise können die Halogenionen daher auch in saurer Lösung bestimmt werden. Die Halogenidlösung wird mit einem Überschuß einer bekannten $AgNO_3$-Menge versetzt. Dabei wird eine der Halogenmenge äquivalente Ag^+-Menge in Ag-Halogenid verwandelt. Die restliche Ag^+-Menge bestimmt man nach der oben besprochenen Methode.

Bei der Cl^--Bestimmung nach VOLHARD muß man zu verhindern suchen, daß der AgCl-Niederschlag während der Titration folgendermaßen mit CNS^- reagiert:

$$AgCl\,(\text{fest}) + CNS^- = AgCNS\,(\text{fest}) + Cl^- \,.$$

AgCNS ist nämlich schwerlöslicher als AgCl (siehe Tabelle 6) und infolgedessen verläuft diese Reaktion von links nach rechts. Man könnte zwar den AgCl-Niederschlag vor der Titration mit CNS^- abfiltrieren, aber da Ag^+-Ionen von AgCl stark adsorbiert werden, kann auf diese Weise leicht ein Fehler entstehen. Da jedoch die genannte Reaktion nur langsam vor sich geht, kann man trotzdem zufriedenstellende Resultate erzielen, vorausgesetzt, daß man die Berührungsfläche zwischen dem AgCl-Niederschlag und der Lösung nach Möglichkeit verringert. Das läßt sich beispielsweise durch Zusatz gewisser organischer Flüssigkeiten erreichen, die sich mit der wäßrigen Lösung nicht mischen. Es erfolgt dann ein Zusammenballen des AgCl-Niederschlages an der Phasengrenze, was eine starke Verringerung der Berührungsfläche zur Folge hat. Die besten Resultate erhält man anscheinend mit Nitrobenzol.

AgBr und AgJ sind schwerlöslicher als AgCNS, so daß bei der Br^-- und J^--Titration nach VOLHARD derartige Komplikationen nicht auftreten.

e) Fällungstitrationen mit Adsorptionsindikatoren. Wie bereits in 16a erwähnt wurde, lassen sich AgJ-Teilchen in einer Lösung mit KJ-Überschuß durch die Formel $(n\,AgJ)J^-$ bzw. in einer Lösung mit $AgNO_3$-Überschuß durch die Formel $(n\,AgJ)Ag^+$ darstellen. Beim Fällen von AgJ verändern sich also die Eigenschaften der AgJ-Teilchen in hohem Grade, wenn man beim Passieren des Äquivalenzpunktes von einer Lösung mit KJ-Überschuß zu einer solchen mit $AgNO_3$-Überschuß gelangt oder umgekehrt.

Nehmen wir an, daß sich in der Lösung außerdem noch ein negatives Ion R^- befindet, das von den an der Teilchenoberfläche adsorbierten Ag^+-Ionen leicht zurückgehalten wird. Das Ion R^- hat mit anderen Worten das Bestreben, mit Ag^+ eine «Oberflächenverbindung» AgR zu bilden. Diesseits des Äquivalenzpunktes erhält man also Teilchen der schematischen Zusammensetzung $(n\,AgJ)AgR$. Die jenseits des Äquivalenzpunktes existenzfähigen Teilchen $(n\,AgJ)J^-$ werden jedoch durch das Vorhandensein von R^- in keiner Weise berührt. Wenn nun die Oberflächenverbindung AgR anders gefärbt ist als die Teilchenoberfläche, so besitzen die Teilchen beiderseits des Äquivalenzpunktes verschiedene Farbe. Im Äquivalenzpunkt selbst tritt daher ein Farbumschlag auf.

Hätte dagegen die Lösung ein positives Ion enthalten, das bestrebt ist, mit J^- eine Oberflächenverbindung zu bilden, so hätte sich diese letztere bei einem KJ-Überschuß gebildet.

Ionen dieser Art oder Verbindungen, die in Lösung derartige Ionen bilden, nennt man *Adsorptionsindikatoren.*

Ein Adsorptionsindikator, der sich bei der Bestimmung von J^- durch Titration mit Ag^+ gut bewährt, ist Eosin (= Tetrabromfluoreszein). Eosin ist eine Säure, deren Anion (Eosinion) mit Ag^+ eine stark rotgefärbte Oberflächenverbindung bildet. Als Indikator wird gewöhnlich das Na-Salz des Eosins verwendet. Bei Ag^+-Überschuß bildet sich die rotgefärbte Oberflächenverbindung, die den Äquivalenzpunkt sehr scharf erkennen läßt. Die Titration kann in saurer Lösung ausgeführt werden, aber das pH darf nicht unter 1 sinken. Bei Erhöhung des Säuregrades wird ja das Gleichgewicht Eosin-Eosinion immer mehr gegen Eosin verschoben und bei pH < 1 wird infolgedessen die Eosinionenkonzentration so klein, daß sich die Bildung der Oberflächenverbindung nicht mehr deutlich feststellen läßt.

Eosin ist auch ein geeigneter Adsorptionsindikator bei der Titration von Br^- und CNS^- mit Ag^+. Dagegen kann Eosin bei der Titration von Cl^- mit Ag^+ nicht verwendet werden. Hier werden die Eosinionen nämlich nicht nur von den an der Teilchenoberfläche adsorbierten Ag^+-Ionen stark adsorbiert, sondern auch von den der eigentlichen AgCl-Gitteroberfläche zugehörigen Ag^+-Ionen. Infolgedessen tritt die durch die Oberflächenverbindung bedingte Rotfärbung zu beiden Seiten des Äquivalenzpunktes auf.

Für die Cl^--Titration mit Ag^+ eignet sich dagegen Fluoreszein, das in diesem Falle genau so wie Eosin bei der J^--Titration reagiert. Ein Nachteil dieser Methode besteht darin, daß Fluoreszein eine bedeutend schwächere Säure als Eosin ist. Bereits in sehr schwach saurer Lösung ist daher die Fluoreszeinionenkonzentration so gering, daß sich das Entstehen der Oberflächenverbindung nicht mehr wahrnehmen läßt. Die Titration muß daher im Gebiet pH 7—10 ausgeführt werden.

Fluoreszein kann auch zur Bestimmung von Ag^+ verwendet werden, das in diesem Fall mit Cl^- titriert wird. Eosin ist dagegen für Ag^+-Bestimmungen nicht geeignet. Außer Fluoreszein können zu diesem Zweck auch andere Adsorptionsindikatoren, z. B. Tartrazin verwendet werden.

Bei vielen Fällungstitrationen und speziell bei der Titration von Halogenionen mit Ag^+ und umgekehrt, kommt es oft vor, daß der Niederschlag in kolloider Form bestehen bleibt. Die Koagulation findet dann meistens kurz vor dem Äquivalenzpunkt statt, ist aber selbst im Äquivalenzpunkt oft noch unvollständig. Wenn ein Teil des Niederschlages im Äquivalenzpunkt noch kolloid ist, treten die Farbveränderungen bei der Bildung und dem Verschwinden der Oberflächenverbindung auch an der Oberfläche der kolloiden Teilchen, also in einer anscheinend homogenen Phase auf. Die Farbänderungen werden besonders augenfällig, wenn sie auf diese Weise in einem Sol erfolgen.

f) Fällungs- und Komplexbildungstitrationen mit Hilfe eines Protolyts. Wir nehmen an, daß das Ion M^+ mit dem Anion A^- ein schwerlösliches oder schwach dissoziierendes Molekül bilde, ferner daß A^- eine starke Base und infolgedessen die korrespondierende Säure HA eine schwache Säure sei. Setzt man der Lösung von M^+ eine Lösung von A^- zu, so wird A^- entsprechend folgender Reaktionsgleichung verbraucht:

$$M^+ + A^- = MA .$$

Der Zusatz der starken Base A^- verursacht daher nur eine geringe pH-Änderung. Ist jedoch der Äquivalenzpunkt erreicht und M^+ somit verbraucht, so wird c_{OH^-} bei weiterer Zugabe von A^- nach der Gleichung

$$A^- + H_2O = HA + OH^-$$

stark erhöht.

In diesem Falle läßt sich also zur Anzeige des Äquivalenzpunktes ein pH-Indikator verwenden.

Nach dieser Methode kann z. B. Ca^{2+} durch Titration mit Palmitation (in Form einer Kalziumpalmitatlösung) bestimmt werden, wobei schwerlösliches Kalziumpalmitat gebildet wird. Ein Überschuß von Palmitation wird durch Phenolphthalein angezeigt. Vor Beginn der Titration muß die Lösung neutral sein. Auf die gleiche Weise lassen sich auch die Ionen Ba^{2+}, Mg^{2+}, Pb^{2+}, Zn^{2+} und Hg^{2+} bestimmen.

Bei der Komplexbildungstitration mit CN^- kann man infolge der stark basischen Eigenschaften des CN^--Ions in vielen Fällen den Äquivalenzpunkt mit Hilfe von pH-Indikatoren bestimmen. So kann unter bestimmten Bedingungen CN^- zur Bestimmung von Hg^{2+} verwendet werden, wobei sich das äußerst schwach dissoziierte Quecksilber(II)zyanid $Hg(CN)_2$ bildet. Zur Anzeige eines CN^--Überschusses kann wiederum Phenolphthalein benützt werden.

Übungsbeispiele zu Kapitel 19

1. Berechne und konstruiere die Titrationskurven der Figur 23.

20. KAPITEL

OXYDATION UND REDUKTION

a) Definitionen. Die Bezeichnung Oxydation bzw. Reduktion wurde ursprünglich nur für Prozesse verwendet, die in der Aufnahme bzw. Abgabe von Sauerstoff bestehen. In neuerer Zeit hat sich bei Reaktionen, an denen auch Ionen beteiligt sind, folgende allgemeinere Definition eingebürgert: *Oxydation bedeutet Elektronenabgabe, Reduktion dagegen Elektronenaufnahme.*

Führt man für das Elektron die Bezeichnung e^- ein, so beschreiben also die Reaktionsgleichungen

$$Na = Na^+ + e^-$$
$$Fe^{2+} = Fe^{3+} + e^-$$
$$S^{2-} = S + 2e^-$$
$$Mn^{2+} + 12\,H_2O = MnO_4^- + 8\,H_3O^+ + 5e^-$$

eine Oxydation, wenn die Reaktion nach rechts bzw. eine Reduktion, wenn die Reaktion nach links verläuft. Von derartigen Reaktionen pflegt man daher zu sagen, daß alle teilnehmenden Moleküle und Ionen einem *Reduktions-Oxydationssystem* oder *Redoxsystem* angehören. Alle Moleküle und Ionen der linken Seite der Reaktionsgleichung stellen die *reduzierte Form* (*Redform*), alle Moleküle und Ionen der rechten Seite die damit korrespondierende *oxydierte Form* (*Oxform*) des Systems dar.

Bezeichnet man die Redform mit *red* und die korrespondierende Oxform mit *ox*, so gilt demnach

$$red = ox + ne^- . \tag{1}$$

Da bei derartigen Prozessen freie Elektronen nicht auftreten können, muß ein Oxydationsprozeß in einem Redoxsystem immer von einem Reduktionsprozeß in einem zweiten Redoxsystem begleitet sein. Der erste Prozeß liefert also die Elektronen, die bei dem zweiten aufgenommen werden. Unter allen Umständen müssen daher mindestens zwei Redoxsysteme am Gesamtprozeß beteiligt sein. Nehmen zwei Systeme, $red_1 = ox_1 + n_1 e^-$ und $red_2 = ox_2 + n_2 e^-$ an der Reaktion teil, so läßt sich also das schließliche Redoxgleichgewicht durch die Beziehung

$$n_2 red_1 + n_1 ox_2 = n_2 ox_1 + n_1 red_2 \tag{2}$$

ausdrücken.

Als Erläuterung von (2) kann z. B. die Auflösung von Zn in einer Säure dienen. Die beiden Teilreaktionen sind

$$Zn = Zn^{2+} + 2e^-$$

$$2H_3O^+ + 2e^- = H_2 + 2H_2O$$

und ergeben durch Addition die Bruttoreaktion

$$Zn + 2H_3O^+ = Zn^{2+} + H_2 + 2H_2O \ .$$

Jede derartige Gleichung hat natürlich der Bedingung zu genügen, daß beide Seiten sowohl hinsichtlich der Atomart und -anzahl als auch hinsichtlich der elektrischen Ladung einander gleich sein müssen. Eine neu aufgestellte Gleichung sollte daher immer daraufhin geprüft werden, ob sie alle diese Bedingungen auch wirklich erfüllt.

Ein einfacher Redoxprozeß vom Typ der Gleichung (1) kann jedoch an einer Elektrode auftreten. Wenn man durch eine Lösung elektrischen Strom leitet, so werden der Kathode Elektronen zugeführt und der Anode die gleiche Elektronenanzahl entzogen. Da freie Elektronen in der Lösung nicht auftreten können, ist es offenbar Voraussetzung für den Stromdurchgang, daß sich an der Kathode ein Stoff befindet, der Elektronen aufnehmen (reduziert werden) kann bzw. an der Anode ein Stoff befindet, der Elektronen abgeben (oxydiert werden) kann. Bei jeder Elektrolyse findet also an der Kathode eine Reduktion und an der Anode eine Oxydation statt. Elektrolysiert man eine Lösung von $CuCl_2$, so sind die Reaktionen, die dabei stattfinden,

an der Kathode: $Cu^{2+} + 2e^- \rightarrow Cu$

an der Anode: $2\,Cl^- \rightarrow Cl_2 + 2e^-$

Da beide Prozesse gleichzeitig erfolgen müssen, setzt sich der Gesamtprozeß auch in diesem Fall aus einer Reduktion und einer Oxydation zusammen. Die Bruttoreaktion lautet also:

$$Cu^{2+} + 2\,Cl^- \rightarrow Cu + Cl_2 \ .$$

Das Bestreben der verschiedenen Redformen, Elektronen abzugeben, ist äußerst variierend. Ferner dürfte es ohne weiteres klar sein, daß das Bestreben der korrespondierenden Oxform, Elektronen aufzunehmen, um so geringer sein muß, je stärker das Bestreben der Redform ist, Elektronen abzugeben.

b) Redoxpotentiale. Jedes Metall enthält lose gebundene Elektronen, die für den metallischen Zustand charakteristisch sind und die durch ihre große Beweglichkeit das metallische Leitvermögen bewirken (Leitfähigkeitselektronen). Man kann annehmen, daß Metalle solche Elektronen relativ leicht aufnehmen und abgeben können und daher gewissermaßen die Rolle einer Art «Lösungsmittel» für Elektronen spielen. Ein Metall, das in eine Lösung eintaucht, die ein Redoxsystem enthält, ist daher imstande, mit letzterem Elektronen auszutauschen. Besteht diese Metallelektrode aus einem indifferenten Metall (Platin, Gold), das mit der Lösung keine Ionen austauscht und lädt sie sich gegen die Lösung elektrisch auf, so muß das ausschließlich auf einem Elektronenaustausch mit dem Redoxsystem beruhen. Wir betrachten z. B. den Fall, daß ein Platindraht in eine Lösung eintaucht, die das Redoxsystem Fe^{2+} – Fe^{3+} enthält. Wenn Fe^{3+}-Ionen auf den Platindraht auftreffen, so können sie Elektronen aus dem Draht aufnehmen und sich dadurch in Fe^{2+}-Ionen verwandeln. Die Fe^{2+}-Ionen, die auf den Draht auftreffen, können ihrerseits Elektronen an den Draht abgeben und sich dadurch in Fe^{3+}-Ionen verwandeln. Offenbar werden also von dem Draht Elektronen sowohl abgegeben als auch aufgenommen. Wenn Gleichgewicht eintritt, besitzt der Draht im allgemeinen eine (positive oder negative) Nettoladung gegenüber der Lösung. Dadurch entsteht ein sog. *Elektrodenpotential*, dessen Größe eine Funktion zweier Faktoren sein muß, nämlich erstens des Bestrebens der Oxform, Elektronen aufzunehmen (oder was damit gleichwertig ist, des umgekehrt proportionalen Bestrebens der Redform, Elektronen abzugeben) und zweitens des Verhältnisses der je Zeiteinheit erfolgenden Anzahl von Zusammenstößen, die zwischen dem Draht und den Ionen oder Molekülen der beiden Systeme stattfinden. Dieses Verhältnis muß, wenigstens in erster Näherung, dem Konzentrationsverhältnis der beiden Formen gleich sein.

Dieses Beispiel zeigt, daß ein Redoxsystem als Ganzes betrachtet ein gewisses Oxydations- oder Reduktionsvermögen besitzt, das teils durch die Natur des Systems, teils aber auch – wenigstens angenähert – durch das Konzentrationsverhältnis von Ox- und Redform bedingt ist. Je größer das Oxydationsvermögen des Redoxsystems ist, desto größer ist die Nettoelektronenmenge, die es bis zur Erreichung des Gleichgewichtes von der Elektrode aufnimmt und desto größer ist auch die Aufladung der Elektrode gegen die Lösung. Definiert man das Elektrodenpotential als das *Potential der Elektrode minus dem Potential der Lösung*, so wächst also das Elektrodenpotential mit dem Oxydationsvermögen des Redoxsystems und kann daher als ein Maß für letzteres benützt werden.

Eine Elektrode aus einem indifferenten Metall, die von einem Redoxsystem umgeben ist, nennt man eine *Redoxelektrode* und das Elektrodenpotential einer solchen Elektrode *Redoxpotential*. Diese Bezeichnungen könnten übrigens mit dem gleichen Recht auch für Elektroden anderer Art angewendet werden. Grundsätzlich werden alle Elektrodenpotentiale durch Elektronenübergänge, d.h. Redoxprozesse verursacht.

Wenn die reduzierte Form eines Redoxsystems ein Metall ist, so kann letzteres selbst als Elektrode dienen. Wenn z. B. ein Zinkstab in eine Lösung taucht, die Zn^{2+}-Ionen enthält, so können einerseits Zn^{2+}-Ionen aus dem Stab Elektronen aufnehmen und sich in Zn-Atome verwandeln, andererseits Zn-Atome der Staboberfläche Elektronen an den Stab abgeben und in Zn^{2+}-Ionen übergehen.

Wir haben weiter oben das Elektrodenpotential als die Potentialdifferenz Elektrode–Lösung definiert. Diese Definition soll im folgenden beibehalten werden. Den Absolutwert eines Elektrodenpotentials zu messen, ist dagegen bisher nicht möglich gewesen. Man kann nur die elektromotorische Kraft eines Elementes messen. Wenn das Element nur eine Lösung enthält, so ist seine elektromotorische Kraft gleich der Differenz der beiden Elektrodenpotentiale. Die Messung läßt nicht einmal das Vorzeichen der Elektrodenpotentiale erkennen. Figur 25 zeigt schematisch, daß vollkommen verschiedene Elektrodenpotentiale an einem Element die gleiche elektromotorische Kraft (2 Volt) und die gleiche Stromrichtung hervorrufen können. Die Elektrodenpotentiale sind auf Grund der oben genannten Definition berechnet, d. h. also als Differenz der Potentiale von Elektrode und Lösung.

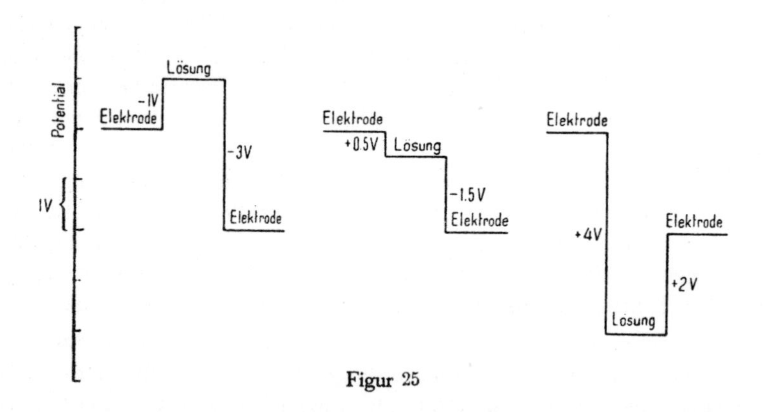

Figur 25

Da man demnach nur die Differenz zweier Elektrodenpotentiale messen kann, ist es zweckmäßig, für das Elektrodenpotential einer bestimmten Elektrode einen bestimmten Wert zu vereinbaren. Man hat die weiter unten besprochene sog. *Normalwasserstoffelektrode* als Standardelektrode gewählt und setzt ihr Elektrodenpotential = 0. Alle anderen Elektrodenpotentiale werden auf diesen Nullpunkt bezogen. Diese relativen Potentiale pflegt man dann einfach als Elektrodenpotentiale zu bezeichnen.

Ein Redoxsystem in seiner allgemeinsten Form läßt sich durch folgendes Schema darstellen:

$$lL + mM + \cdots = xX + yY + \cdots + ne^- . \qquad (3)$$

Man kann durch eine thermodynamische Überlegung beweisen, daß das Elektrodenpotential, das durch die Gegenwart dieses Systems hervorgerufen wird, folgenden Wert besitzen muß:

$$E = E^0 + \frac{RT}{nF} \ln \frac{a_X^x\, a_Y^y \cdots}{a_L^l\, a_M^m \cdots} . \qquad (4)$$

Wird E in Volt angegeben, so bedeutet R die Gaskonstante im elektrischen Energiemaß (= 8,315 Joule pro Grad), T die absolute Temperatur und F die Elektrizitätsmenge 96487 Coulomb (= 1 Faraday). Setzt man diese Werte in (4) ein und rechnet gleichzeitig mit $T = 298^0$ (= 25^0 C), so erhält man, wenn man außerdem noch von den natürlichen zu den Briggschen Logarithmen übergeht,

$$E = E^0 + \frac{0{,}059}{n} \log \frac{a_X^x \, a_Y^y \cdots}{a_L^l \, a_M^m \cdots}. \tag{5}$$

Wenn die Aktivität aller beteiligten Stoffe = 1 ist, so wird das zweite Glied dieser Beziehung = 0 und daher $E = E^0$. Man nennt E^0 das *Normalpotential* des Systems. Sein Absolutwert ist unbekannt, aber seine relative Größe in bezug auf ein anderes Elektrodenpotential kann gemessen werden. Im folgenden sollen die Bezeichnungen «Normalpotential» und E^0 einfach die Bedeutung: Normalpotential, bezogen auf die Normalwasserstoffelektrode, besitzen.

Wenn der Übergang von der Redform zur Oxform nur in einer Ladungsänderung des gleichen Atoms oder der gleichen Atomgruppe besteht, wie es beispielsweise bei der Reaktion $Sn^{2+} = Sn^{4+} + 2e^-$ der Fall ist, so nimmt (5) folgende Form an:

$$E = E^0 + \frac{0{,}059}{n} \log \frac{a_{ox}}{a_{red}}. \tag{6}$$

Hier wird $E = E^0$, wenn $a_{ox} = a_{red}$.

Bei Anwendung von (5) und Benützung der üblichen E^0-Werte sind folgende Regeln zu beachten, die bereits in 2c erwähnt wurden. Die Aktivität eines reinen festen oder flüssigen Stoffes ist immer = 1. Diese Voraussetzung gilt auch dann, wenn man E^0 aus experimentellen Daten für einen Elektrodenprozeß berechnet, an dem solche reine Stoffe teilnehmen. So gilt z. B. für das System $Zn(s)$[1] = $= Zn^{2+} + 2e^-$:

$$E = E^0 + \frac{0{,}059}{2} \log a_{Zn^{2+}}. \tag{7}$$

Bei Reaktionen in verdünnten Lösungen kann man häufig die Aktivität des Wassers gleich derjenigen von reinem Wasser, d.h. also $a_{H_2O} = 1$ setzen. Unter dieser Voraussetzung gilt z.B. für das System $4\,H_2O = H_2O_2 + 2\,H_3O^+ + 2e^-$

$$E = E^0 + \frac{0{,}059}{2} \log a_{H_2O_2} \, a_{H^+}^2. \tag{8}$$

Schließlich ist noch zu beachten, daß die Aktivität eines Gases sich dessen Partialdruck nähert, wenn letzterer gegen 0 konvergiert. Wenn der Partialdruck p eines Gases nicht allzu hoch ist, kann man daher in der Regel $a = p$ setzen. Diese Vereinfachung, bei der p in Atmosphären anzugeben ist, wird bei der Berechnung von E^0 beinahe ausnahmslos angewendet. Für das System $2\,Cl^- =$ $= Cl_2(g) + 2e^-$ gilt also

$$E = E^0 + \frac{0{,}059}{2} \log \frac{p_{Cl_2}}{a_{Cl^-}^2}, \tag{9}$$

[1]) Der Aggregatzustand von Nicht-Ionen wird hier und im folgenden mit s = fest, l = flüssig und g = gasförmig bezeichnet. H_2O wird immer als flüssig betrachtet.

wobei p_{Cl_2} den Partialdruck des Chlorgases in Atmosphären bedeutet.

Eine Wasserstoffelektrode wird durch das Redoxsystem

$$H_2(g) + 2\,H_2O = 2\,H_3O^+ + 2e^- \tag{10}$$

charakterisiert.

Um zu erreichen, daß das Potential der Normalwasserstoffelektrode = 0 wird, hat man in der allgemeinen Formel für das Potential der Wasserstoffelektrode $E^0 = 0$ zu setzen und erhält dann

$$E = \frac{0{,}059}{2} \log \frac{a_{H^+}^2}{p_{H_2}} \tag{11}$$

Bei der Normalwasserstoffelektrode ist $a_{H^+} = 1$ und $a_{H_2} = p_{H_2} = 1$, so daß $E = 0$ wird. Sie besteht aus einem Stück Platindraht oder Platinblech (auf dem zur Vergrößerung der Metalloberfläche außerdem noch äußerst fein verteiltes Platin, sog. Platinschwamm ausgefällt wird), das in eine Lösung der Wasserstoffionenaktivität 1 taucht und gleichzeitig mit Wasserstoffgas der Aktivität 1 (reiner Wasserstoff beim Druck 1 Atm.) in Berührung steht.

In Tabelle 8 sind die Normalpotentiale einer Anzahl Redoxsysteme von allgemeinerem chemischem Interesse enthalten.

Bei den folgenden Berechnungen ist die Genauigkeit oft vollkommen ausreichend, wenn man in (5) und aus (5) abgeleiteten Beziehungen wie z. B. (6) bis (9) die Aktivitäten gelöster Stoffe durch deren Konzentrationen ersetzt. In allen diesen Beziehungen hat man in diesem Falle c anstatt a zu schreiben.

Wie bereits dargelegt wurde, ist das Elektrodenpotential eines Redoxsystems (das Redoxpotential) ein Maß für das Oxydationsvermögen des Systems. Die relativen Elektrodenpotentiale E, die man ebenfalls einfach Redoxpotentiale nennt, sind dann ein Maß für das relative Oxydationsvermögen des Systems.

Auf Grund der bisherigen Ausführungen dürfte es klar sein, daß man nur das Oxydations- bzw. Reduktionsvermögen eines *Redoxsystems*, nicht aber eines einzelnen Stoffes definieren kann. Das Oxydationsvermögen des Systems wird durch E charakterisiert, dessen Größe eine logarithmische Funktion der Aktivitäten (bzw. in genäherter Form der Konzentrationen) derjenigen Stoffe ist, aus denen das System besteht. Ein Redoxsystem kann niemals nur aus der Oxform, oder nur aus der Redform bestehen. Angenommen, daß ein System nur Sn^{4+}- und keine Sn^{2+}-Ionen enthielte, so wäre $c_{ox}/c_{red} = \infty$, d. h. nach (6) $E = \infty$. Das ist aber ausgeschlossen, denn ein System mit unendlichem Redoxpotential hätte immer Gelegenheit, eine Redform in seiner Umgebung zu oxydieren. Beispielsweise könnten immer die OH^--Ionen der Lösung unter Entwicklung von O_2 nach der Formel $4\,OH^- = O_2(g) + 2\,H_2O + 4e^-$ oxydiert werden. Dabei würden sich Sn^{2+}-Ionen bilden und E sehr rasch auf einen endlichen Wert sinken. Im vorliegenden Falle würde sich der Gleichgewichtszustand nach einer mengenmäßig so geringfügigen Umsetzung einstellen, daß man weder die entstandenen Sn^{2+}-Ionen noch die Sauerstoffentwicklung nachweisen könnte. Auf Grund einer analogen Überlegung sieht man ein, daß das System auch nicht nur aus Sn^{2+}-Ionen allein bestehen kann.

Tab. 8. Normalpotentiale bei 25° C

Red		Ox	E^0, Volt
$Li(s)$	=	$Li^+ + e^-$	−3,06
$K(s)$	=	$K^+ + e^-$	−2,922
$Ca(s)$	=	$Ca^{2+} + 2e^-$	−2,87
$Na(s)$	=	$Na^+ + e^-$	−2,712
$Mg(s)$	=	$Mg^{2+} + 2e^-$	−2,34
$H_2(g) + 2\,OH^-$	=	$2\,H_2O + 2e^-$	−0,8277
$Zn(s)$	=	$Zn^{2+} + 2e^-$	−0,7620
S^{2-}	=	$S(s) + 2e^-$	−0,508
$Fe(s)$	=	$Fe^{2+} + 2e^-$	−0,440
$Cd(s)$	=	$Cd^{2+} + 2e^-$	−0,4020
$Ni(s)$	=	$Ni^{2+} + 2e^-$	−0,231
$Sn(s)$	=	$Sn^{2+} + 2e^-$	−0,136
$Pb(s)$	=	$Pb^{2+} + 2e^-$	−0,126
$H_2(g) + 2\,H_2O$	=	$2\,H_3O^+ + 2e^-$	0
Sn^{2+}	=	$Sn^{4+} + 2e^-$	+0,154
Cu^+	=	$Cu^{2+} + e^-$	+0,167
$Cu(s)$	=	$Cu^{2+} + 2e^-$	+0,3448
$4\,OH^-$	=	$O_2(g) + 2\,H_2O + 4e^-$	+0,4012
$Cu(s)$	=	$Cu^+ + e^-$	+0,522
$2\,J^-$	=	$J_2(s) + 2e^-$	+0,5345
$H_2O_2 + 2\,H_2O$	=	$O_2(g) + 2\,H_3O^+ + 2e^-$	+0,682
Fe^{2+}	=	$Fe^{3+} + e^-$	+0,771
$2\,Hg(l)$	=	$Hg_2^{2+} + 2e^-$	+0,7986
$Ag(s)$	=	$Ag^+ + e^-$	+0,7995
$Hg(l)$	=	$Hg^{2+} + 2e^-$	+0,854
Hg_2^{2+}	=	$2\,Hg^{2+} + 2e^-$	+0,910
$NO(g) + 6\,H_2O$	=	$NO_3^- + 4\,H_3O^+ + 3e^-$	+0,96
$2\,Br^-$	=	$Br_2(l) + 2e^-$	+1,0652
$\frac{1}{2}J_2(s) + 9\,H_2O$	=	$JO_3^- + 6\,H_3O^+ + 5e^-$	+1,195
$Mn^{2+} + 6\,H_2O$	=	$MnO_2(s) + 4\,H_3O^+ + 2e^-$	+1,28
$2\,Cl^-$	=	$Cl_2(g) + 2e^-$	+1,3583
$2\,Cr^{3+} + 21\,H_2O$	=	$Cr_2O_7^{2-} + 14\,H_3O^+ + 6e^-$	+1,36
$Br^- + 9\,H_2O$	=	$BrO_3^- + 6\,H_3O^+ + 6e^-$	+1,44
$Pb^{2+} + 6\,H_2O$	=	$PbO_2(s) + 4\,H_3O^+ + 2e^-$	+1,456
$Mn^{2+} + 12\,H_2O$	=	$MnO_4^- + 8\,H_3O^+ + 5e^-$	+1,52
$MnO_2(s) + 6\,H_2O$	=	$MnO_4^- + 4\,H_3O^+ + 3e^-$	+1,67
$4\,H_2O$	=	$H_2O_2 + 2\,H_3O^+ + 2e^-$	+1,77
Co^{2+}	=	$Co^{3+} + e^-$	+1,842
$2\,F^-$	=	$F_2(g) + 2e^-$	+2,85

Wenn alle am Redoxgleichgewicht beteiligten Stoffe die Aktivität (oder angenähert die Konzentration) = 1 besitzen, kann ein bestimmtes System nur dann andere Systeme oxydieren (= von ihnen reduziert werden), wenn diese ein niedrigeres Normalpotential haben und nur von solchen Systemen oxydiert werden (= solche Systeme reduzieren), die ein höheres Normalpotential besitzen. Da E sich bei Änderungen von a bzw. c nur relativ langsam ändert, so gilt dieser Satz auch dann, wenn der Wert von a bzw. c bedeutend von 1 abweicht, allerdings unter der Voraussetzung, daß die betreffenden Normalpotentiale nicht zu nahe aneinander liegen (vgl. 20c). Man kann daher im allgemeinen das relative Oxydationsvermögen eines Redoxsystems, zumindestens in qualitativer Hinsicht, bereits auf Grund seines Normalpotentials beurteilen.

c) Die Berechnung von Redoxgleichgewichten. Bringt man zwei Redoxsysteme mit verschiedenem Redoxpotential miteinander in Berührung, so oxydiert das System, das den höheren E-Wert besitzt, das System mit niedrigerem Potential, unter der Voraussetzung, daß keine Reaktionshemmungen auftreten. Dabei sinkt E im ersten und steigt im zweiten System. Gleichgewicht tritt ein, wenn der E-Wert beider Systeme gleich groß geworden ist. Ein Gleichgewichtszustand zwischen verschiedenen Redoxsystemen besagt also offenbar, daß die Redoxpotentiale aller am Gleichgewicht beteiligten Systeme gleich groß sind. Enthält eine Lösung Redoxsysteme, die miteinander im Gleichgewicht stehen, so besitzt sie daher ein bestimmtes Redoxpotential. Dieses letztere ist für die Lage sämtlicher Redoxgleichgewichte der Lösung in gleicher Weise maßgebend, wie es der pH-Wert einer Lösung für die Lage aller vorhandenen Protolysengleichgewichte ist.

Die quantitative Berechnung eines Redoxgleichgewichtes ist im Prinzip einfach, wenn man die E^0-Werte der beteiligten Systeme kennt. Will man z. B. berechnen, wie weit Fe^{3+} durch Sn^{2+} reduziert werden kann, so geht man von der folgenden Gleichgewichtsgleichung aus:

$$2\,Fe^{3+} + Sn^{2+} = 2\,Fe^{2+} + Sn^{4+}\ .$$

Am Gleichgewicht nehmen also teil das System

$$Fe^{2+} = Fe^{3+} + e^-$$

mit dem Redoxpotential

$$E_{Fe} = 0{,}771 + 0{,}059 \log \frac{c_{Fe^{3+}}}{c_{Fe^{2+}}} = 0{,}771 + \frac{0{,}059}{2} \log \frac{c^2_{Fe^{3+}}}{c^2_{Fe^{2+}}}$$

und das System

$$Sn^{2+} = Sn^{4+} + 2e^-$$

mit dem Redoxpotential

$$E_{Sn} = 0{,}154 + \frac{0{,}059}{2} \log \frac{c_{Sn^{4+}}}{c_{Sn^{2+}}}\ .$$

Bei Gleichgewicht ist $E_{Fe} = E_{Sn}$ und daher

$$\log \frac{c^2_{Fe^{2+}}\, c_{Sn^{4+}}}{c^2_{Fe^{3+}}\, c_{Sn^{2+}}} = \log k = \frac{2\,(0{,}771 - 0{,}154)}{0{,}059} = 20{,}9 \quad \text{bzw.} \quad k = 8 \cdot 10^{20}\ .$$

Aus den hohen Werten der Gleichgewichtskonstanten ist zu ersehen, daß das Gleichgewicht außerordentlich stark nach rechts verschoben ist.

Als zweites Beispiel wollen wir die Lage des Gleichgewichtes

$$Ag^+ + Fe^{2+} = Ag\,(s) + Fe^{3+}$$

berechnen.

Die beteiligten Redoxsysteme sind

$$Ag(s) = Ag^+ + e^- \quad \text{und} \quad Fe^{2+} = Fe^{3+} + e^- \,.$$

Die Redoxpotentiale werden durch die Beziehungen

$$E_{Ag} = 0{,}7995 + 0{,}059 \log c_{Ag^+}$$

und

$$E_{Fe} = 0{,}771 + 0{,}059 \log \frac{c_{Fe^{3+}}}{c_{Fe^{2+}}}$$

bestimmt.

Aus der Bedingung, daß bei Gleichgewicht $E_{Ag} = E_{Fe}$ sein muß, folgt

$$\frac{c_{Fe^{3+}}}{c_{Ag^+}\, c_{Fe^{2+}}} = k = 3{,}0 \,.$$

Der geringe Unterschied zwischen den Normalpotentialen der beiden beteiligten Systeme bewirkt also, daß der Wert von k die Größenordnung 1 besitzt. Die Reaktionsrichtung läßt sich daher auch, wie ein einfacher Versuch beweist, durch geeignete Konzentrationsänderungen leicht umkehren. Übrigens genügt bereits ein mäßiger Unterschied zwischen den Normalpotentialen zweier an einem Gleichgewicht teilnehmender Systeme, um das Gleichgewicht stark nach einer der beiden Seiten zu verschieben. Diese Tatsache ist aller Wahrscheinlichkeit nach die Ursache der verbreiteten, aber unrichtigen Vorstellung, daß ein Redoxgleichgewicht immer stark nach einer Seite verschoben sein muß.

Wenn H_3O^+-Ionen an einem Redoxgleichgewicht teilnehmen, wird das Redoxpotential des Systems von $c_{H_3O^+}$ (oder exakter ausgedrückt von a_{H^+}) abhängig. So besitzt beispielsweise das System

$$Mn^{2+} + 12\,H_2O = MnO_4^- + 8\,H_3O^+ + 5e^-$$

das Redoxpotential

$$E = E^0 + \frac{0{,}059}{5} \log \frac{c_{MnO_4^-}\, c_{H_3O^+}^8}{c_{Mn^{2+}}} \,.$$

Diese Formel zeigt, daß das Oxydationsvermögen der MnO_4^--Ionen stark vom Säuregrad der Lösung abhängig ist und mit diesem steigt.

Bei Redoxprozessen sind oft äußerst niedrige Reaktionsgeschwindigkeiten oder sogar vollständige Reaktionshemmungen zu beobachten. Das gilt besonders für Reaktionen, bei denen Sauerstoffatome von einer Molekülart zu einer anderen übergehen. In solchen Fällen ist die Einstellung des Gleichgewichtes praktisch oft nicht zu erreichen und Berechnungen, wie sie weiter oben durchgeführt wurden, führen dann zu Ergebnissen, die mit der Erfahrung nicht übereinstimmen. Aber auch dann gibt die Rechnung wenigstens Aufschluß über die Richtung, in der eine bestimmte Reaktion möglicherweise verlaufen kann. Rechnerisch läßt sich also immer der Beweis dafür erbringen, daß eine Reaktion in entgegengesetzter Richtung unmöglich ist.

In diesem Zusammenhange sind auch einige Worte über *Wasserstoffperoxyd* zu sagen. H_2O_2 kann sowohl als Oxydations- wie auch als Reduktionsmittel reagieren. Als starkes Oxydationsmittel reagiert es nach der Formel

$$H_2O_2 + 2\,H_3O^+ + 2e^- = 4\,H_2O \tag{12}$$

mit einem Normalpotential von +1,77 Volt.

Als Reduktionsmittel reagiert H_2O_2 nach der Formel

$$H_2O_2 + 2H_2O = O_2(g) + 2H_3O^+ + 2e^- \,. \tag{13}$$

Hier ist das Normalpotential +0,682 Volt, die Reduktionswirkung daher nur relativ schwach. Bei allen Reduktionen nach Schema (13) bildet sich immer O_2. Setzt man beispielsweise H_2O_2 zu einer Lösung, die Ag^+ enthält und macht man sie gleichzeitig alkalisch, so wird Ag^+ nach der Formel

$$2Ag^+ + H_2O_2 + 2H_2O = 2Ag(s) + O_2(g) + 2H_3O^+$$

zu metallischem Silber reduziert.

Da H_2O_2 sowohl Bestandteil einer Oxform [vgl. (12)] wie auch einer Redform [vgl. (13)] ist, kann ein H_2O_2-Molekül auf ein zweites H_2O_2-Molekül oxydierend einwirken. Durch Addition von (12) und (13) erhält man das resultierende Gleichgewicht

$$2H_2O_2 = 2H_2O + O_2(g) \,.$$

Die Normalpotentiale der beiden Redoxsysteme zeigen, daß dieses Gleichgewicht stark nach rechts verschoben ist. (Der Quotient $p_{O_2}/c^2_{H_2O_2}$ hat den Wert $8 \cdot 10^{36}$.) H_2O_2 hat also die Tendenz sich zu zersetzen. In einer Lösung, die nur H_2O_2 enthält, geht dieser Zerfall nur langsam vor sich, wird aber von beispielsweise MnO_2, kolloidem Pt und verschiedenen organischen Stoffen auf katalytischem Wege außerordentlich beschleunigt.

d) Die Überspannung. Besonders wichtig sind jene Reaktionshemmungen, die bei der Bildung von Gasen, vor allem von H_2 und O_2 auftreten. Berechnet man z. B. aus den E^0-Werten der Tabelle 8 die Gleichgewichtskonstante der Reaktion

$$Zn(s) + 2H_3O^+ = Zn^{2+} + H_2(g) + 2H_2O \,,$$

so erhält man

$$\frac{c_{Zn^{2+}}\,p_{H_2}}{c^2_{H_3O^+}} = 7 \cdot 10^{25} \qquad c_{Zn^{2+}} = 7 \cdot 10^{25}\,\frac{c^2_{H_3O^+}}{p_{H_2}} \,.$$

Für reines Wasser ($c_{H_3O^+} = 10^{-7}$) und $p_{H_2} = 1$ Atm. erhält man $c_{Zn^{2+}} = 7 \cdot 10^{11}$, woraus hervorgeht, daß Zn von Wasser unter Wasserstoffentwicklung leicht gelöst werden müßte. Nun tritt aber bei der Abscheidung des Wasserstoffs eine Reaktionshemmung ein, die sich so auswirkt, als ob der Wasserstoff bei seiner Abscheidung einen sehr großen Druck zu überwinden hätte. Der Wasserstoffdruck p_{H_2} wird infolgedessen sehr groß und die Zinkkonzentration $c_{Zn^{2+}}$ so niedrig, daß sie nicht mehr nachweisbar ist. Erst dann, wenn man $c_{H_3O^+}$ durch Ansäuern der Lösung wesentlich erhöht, geht Zn in Lösung.

Bekanntlich löst sich Zn in alkalischer Lösung; das beruht jedoch darauf, daß sich in diesem Fall noch ein anderes Gleichgewicht geltend macht, an dem OH^- und Zinkationen teilnehmen.

Auf die gleiche Reaktionshemmung ist es zurückzuführen, daß bei der Elektrolyse die Wasserstoffentwicklung an der Kathode gewöhnlich eine höhere Kathodenspannung als die theoretisch berechnete erfordert. Man nennt diese Erscheinung deshalb die *Überspannung* des Wasserstoffs. Der Grad der Reaktionshemmung ist weitgehend von dem Metall abhängig, an dem die Wasserstoffabscheidung stattfindet. Die Größe der Überspannung ist daher bei verschiedenen Elektrodenmetallen ungleich und hängt außerdem bei ein und demselben Metall noch von dessen Oberflächenbeschaffenheit ab.

Bei den Alkalimetallen ist E^0 besonders niedrig und die entsprechende Gleichgewichtskonstante daher sehr groß; die Reaktionshemmung bei der Wasserstoffabscheidung kann deshalb nicht verhindern, daß diese Metalle sich sogar in reinem Wasser lösen.

Führt man die gleiche Berechnung für Pb ($E^0 = -0{,}126$ Volt) aus, so findet man für die Gleichgewichtskonstante den Wert $2 \cdot 10^4$. Mit $c_{H_3O^+} = 10^{-7}$ und $p_{H_2} = 1$ Atm. erhält man für $c_{Pb^{2+}}$ den Wert $2 \cdot 10^{-10}$, woraus zu ersehen ist, daß Pb sich in Wasser nicht einmal theoretisch in nachweisbarer Menge lösen kann. Dieses Metall löst sich also erst dann, wenn man $c_{H_3O^+}$ noch bedeutend stärker erhöht als für die Lösung von Zn erforderlich ist.

Die Reaktionshemmung bei der Wasserstoffabscheidung hat also zur Folge, daß sich viele Metalle erst bei einem viel höheren Säuregrad unter Wasserstoffentwicklung lösen, als dem aus dem Normalpotential berechneten theoretischen Wert entsprechen würde. In vielen Fällen kann der Lösungsvorgang außerdem durch eine dünne, an der Oberfläche befindliche Oxydschicht verhindert werden.

Auch bei der Abscheidung von O_2 tritt eine Reaktionshemmung auf, die derjenigen bei der Abscheidung von H_2 analog ist. Aus dem gleichen Grunde spricht man daher hier von einer Überspannung des Sauerstoffes. Wenn ein Co^{3+}-Salz in Wasser gelöst wird, entwickelt sich O_2. Die beteiligten Redoxsysteme sind

$$Co^{3+} + e^- = Co^{2+} \quad \text{und} \quad 4\,OH^- = O_2(g) + 2\,H_2O + 4e^- \,,$$

die zusammen das Gleichgewicht

$$4\,Co^{3+} + 4\,OH^- = 4\,Co^{2+} + O_2(g) + 2\,H_2O$$

bilden.

Das Normalpotential des Co-Systems liegt so hoch über demjenigen des zweiten Systems (vgl. Tabelle 8), daß die Reaktion trotz Reaktionshemmung zu einer stark nach rechts verschobenen Gleichgewichtslage führt, selbst wenn c_{OH^-} so niedrig wie in reinem Wasser ist. Aus dem gleichen Grunde tritt O_2-Entwicklung ein, wenn F_2 in H_2O eingeleitet wird. Auch Cl_2 entwickelt mit Wasser langsam O_2, obwohl verschiedene Zwischenprodukte auftreten. Viele andere Oxydationsmittel, die mit Wasser theoretisch O_2 entwickeln sollten, zeigen dagegen wegen der Reaktionshemmung bei der Sauerstoffabscheidung keinerlei Reaktion. In einigen Fällen kann die Reaktion bei sehr hoher OH^--Konzentration zustande kommen, eventuell nach Zusatz eines Katalysators.

Übungsbeispiele zu Kapitel 20

1. Berechne die Redoxpotentiale von Lösungen, die Sn^{4+} und Sn^{2+} im Verhältnis 1000 : 1, 100 : 1, 10 : 1, 1 : 1, 1 : 10, 1 : 100 und 1 : 1000 enthalten.

2. Berechne die Gleichgewichtskonstanten der Reaktionen a) $Br_2(l) + 2J^- = 2Br^- + J_2(s)$, b) $Zn(s) + Cu^{2+} = Zn^{2+} + Cu(s)$. Schlußfolgerung bezüglich der Fällung von Cu aus einer Cu^{2+}-Lösung mit metallischem Zn.

3. Zu einer 0,01-*C* Lösung von $CdSO_4$ wurde Fe-Pulver im Überschuß zugesetzt, wobei ein Teil von Fe als Fe^{2+}-Ionen in Lösung ging, während metallisches Cd ausfiel. Welche Zusammensetzung besitzt die Lösung nach Eintritt des Gleichgewichtes?

21. KAPITEL

REDOXTITRATIONEN

a) Titrationskurven. Redoxgleichgewichte lassen sich prinzipiell auf analoge Weise wie Protolysengleichgewichte behandeln. Das Redoxgleichgewicht einer Lösung wird durch die E^0-Werte der beteiligten Redoxsysteme und durch das Redoxpotential E der Lösung in gleicher Weise bestimmt, wie ein Protolysengleichgewicht durch die pK_s-Werte der beteiligten Protolytsysteme und durch das pH der Lösung. Wie aus dem vorhergehenden Kapitel zu ersehen ist, verhindern jedoch Reaktionshemmungen häufig die Einstellung des Gleichgewichtes. Die theoretische Behandlung läßt sich hier daher nicht in so allgemein gültiger Weise wie bei Protolysengleichgewichten durchführen. Ihr Hauptzweck besteht vor allem in der Aufstellung von Richtlinien für die experimentelle Prüfung, die hier eine sehr wichtige Rolle spielt.

Es bereitet keinerlei Schwierigkeit, die Konzentrationen eines Redoxsystems graphisch als Funktion von E in analoger Weise darzustellen, wie es bei der Wiedergabe von Protolysengleichgewichten durch logarithmische Diagramme erfolgte. Die Darstellung wird hier jedoch weniger einheitlich, weil u.a. eine Red- bzw. Oxform mehrere Molekülarten enthalten kann und weil die Systeme oft heterogen sind. Als Grundlage für die Behandlung von Redoxtitrationen wollen wir hier daher nur die Form der Titrationskurve besprechen.

Wir betrachten zunächst eine Titration, der ein Redoxprozeß des Typs 20(2) zugrunde liegt. Der Titrand sei red_1, der Titrator ox_2.

Die Totalkonzentrationen der beiden Redoxsysteme 1 und 2 sind

$$C_1 = c_{red_1} + c_{ox_1} \quad (1) \qquad \text{und} \qquad C_2 = c_{red_2} + c_{ox_2}\,. \quad (2)$$

Wenn man die in den Ausgangslösungen schon vorhandenen äußerst kleinen Mengen von ox_1 und red_2 vernachlässigt, wird nach 20 (2)

$$\frac{c_{ox_1}}{c_{red_2}} = \frac{n_2}{n_1}\,. \quad (3)$$

Nach Einstellung des Gleichgewichtes in der Mischung läßt sich das Verhältnis c_{ox}/c_{red} für jedes der beiden Systeme durch das Redoxpotential E in folgender Weise darstellen

$$E = E_1^0 + \frac{RT}{n_1 F} \ln \frac{c_{ox_1}}{c_{red_1}} \quad (4)$$

und

$$E = E_2^0 + \frac{RT}{n_2 F} \ln \frac{c_{ox_2}}{c_{red_2}} . \tag{5}$$

Da das System 2 das System 1 oxydieren soll, ist $E_2^0 > E_1^0$.
Die Beziehungen (4) und (5) lassen sich auf die Form bringen

$$\ln \frac{c_{ox_1}}{c_{red_1}} = \frac{n_1 F}{RT} (E - E_1^0) = x \tag{6}$$

$$\ln \frac{c_{ox_2}}{c_{red_2}} = \frac{n_2 F}{RT} (E - E_2^0) = y . \tag{7}$$

Schreibt man (6) und (7) als Exponentialfunktion, so erhält man

$$e^{-x} = \frac{c_{red_1}}{c_{ox_1}} \quad (8) \qquad \text{bzw.} \qquad e^{y} = \frac{c_{ox_2}}{c_{red_2}} . \quad (9)$$

Addiert man 1 zu (8) bzw. (9), so folgt weiter

$$1 + e^{-x} = \frac{c_{ox_1} + c_{red_1}}{c_{ox_1}} = \frac{C_1}{c_{ox_1}} \tag{10}$$

und

$$1 + e^{y} = \frac{c_{red_2} + c_{ox_2}}{c_{red_2}} = \frac{C_2}{c_{red_2}} . \tag{11}$$

Dividiert man (10) durch (11), so erhält man unter Berücksichtigung von (3)

$$\frac{1 + e^{-x}}{1 + e^{y}} = \frac{n_1 C_1}{n_2 C_2} . \tag{12}$$

Die Beziehung (12) läßt sich zur Berechnung der Titrationskurve benützen.

Auf Grund der Definition des Äquivalenzpunktes muß nach 20 (2) für diesen Punkt $C_1/C_2 = n_2/n_1$, d.h. also $n_1 C_1 = n_2 C_2$ sein. Die Beziehung (12) nimmt dann die Form $y = -x$ an, woraus unter Berücksichtigung von (6) und (7) weiter folgt

$$E = \frac{n_1 E_1^0 + n_2 E_2^0}{n_1 + n_2} . \tag{13}$$

Mit Hilfe von (13) läßt sich also der E-Wert des Äquivalenzpunktes berechnen. Für den Fall, daß $n_1 = n_2$ ist, wird

$$E = \frac{E_1^0 + E_2^0}{2} . \tag{14}$$

Die Formel für den E-Wert des Äquivalenzpunktes läßt sich auch auf einfachere Weise berechnen. Multipliziert man (4) mit n_1 und (5) mit n_2 und addiert hierauf beide Gleichungen, so erhält man eine Beziehung, die den Ausdruck $\ln (c_{ox_1} c_{ox_2} / c_{red_1} c_{red_2})$ enthält. Nach (3) ist dieser Logarithmus gleich $\ln (n_2 c_{ox_2} / n_1 c_{red_1})$. Die Bedingung, daß im Äquivalenzpunkt $C_1 / C_2 = (c_{red_1} + c_{ox_1}) / (c_{red_2} + c_{ox_2}) = n_2 / n_1$ ist, gibt dann in Kombination mit (3) die Beziehung $n_1 c_{red_1} = n_2 c_{ox_2}$. Für den Äquivalenzpunkt wird also der genannte Logarithmus $= 0$, woraus (13) unmittelbar folgt.

Die Berechnung von anderen Punkten der Titrationskurve mit Hilfe von (12) ist recht umständlich, da E sowohl in x wie auch in y enthalten ist. Für jedes der beiden rechts und links vom Äquivalenzpunkt gelegenen Kurvenstücke läßt sich jedoch eine ziemlich einfache Näherungsformel ableiten.

Solange E vor Erreichung des Äquivalenzpunktes wesentlich kleiner als E_2^0 ist, hat y gemäß (7) einen so kleinen Wert, daß e^y in (12) gegen 1 vernachlässigt werden darf. Infolgedessen wird

$$e^x = \frac{n_2 C_2}{n_1 C_1 - n_2 C_2} .$$

Hieraus folgt durch Logarithmieren

$$E = E_1^0 + \frac{RT}{n_1 F} \ln \frac{n_2 C_2}{n_1 C_1 - n_2 C_2} . \tag{15}$$

Der Unterschied zwischen den nach (12) und (15) berechneten E-Werten wird durch die E^0- und n-Werte der beiden Redoxsysteme bedingt, ist aber in der Praxis selbst für Punkte, die nahe dem Äquivalenzpunkt liegen, nur sehr klein.

Die Näherungsmethode, die zu (15) führte, setzt voraus, daß c_{ox_2} gegen c_{red_2} vernachlässigt werden kann. Man nimmt also an, daß zu Beginn der Titration praktisch die gesamte zugesetzte ox_2-Menge zu red_2 reduziert wird. In diesem Fall wird also $c_{red_2} = C_2$. Unter Berücksichtigung von (3) bzw. (1) wird dann $c_{ox_1} = n_2 C_2 / n_1$ und $c_{red_1} = C_1 - n_2 C_2 / n_1$. Setzt man diese Werte an Stelle von c_{ox_1} und c_{red_1} in (4) ein, so gelangt man unmittelbar zu (15).

Jenseits des Äquivalenzpunktes nimmt x gemäß (6), wenn E genügend groß gegen E_1^0 geworden ist, so hohe Werte an, daß e^{-x} in (12) gegen 1 vernachlässigt werden darf. Man erhält dann

$$e^y = \frac{n_2 C_2 - n_1 C_1}{n_1 C_1}$$

und hieraus durch Logarithmieren

$$E = E_2^0 - \frac{RT}{n_2 F} \ln \frac{n_2 C_2 - n_1 C_1}{n_1 C_1} . \tag{16}$$

(16) kann mit sehr guter Annäherung gewöhnlich auch für Punkte benützt werden, die nahe dem Äquivalenzpunkte liegen.

Die Näherungsmethode, die zu (16) führte, setzt voraus, daß c_{red_1} gegen c_{ox_1} vernachlässigt werden kann. Es ist klar, daß am Ende der Titration praktisch die ganze red_1-Menge zu ox_1 oxydiert ist. In diesem Fall wird daher $c_{ox_1} = C_1$. Unter Berücksichtigung von (3) bzw. (2) wird dann $c_{red_2} = n_1 C_1/n_2$ und $c_{ox_2} = C_2 - n_1 C_1/n_2$. Setzt man diese Werte an Stelle von c_{red_2} und c_{ox_2} in (5) ein, so erhält man (16).

Wir wollen nun die Titrationskurve für den konkreten Fall der Titration von Sn^{2+} mit Fe^{3+} berechnen. Es liegt hier also folgender Redoxprozeß vor

$$Sn^{2+} + 2\,Fe^{3+} = Sn^{4+} + 2\,Fe^{2+}\,.$$

Nach Tabelle 8 ist für das System $Sn^{2+} - Sn^{4+}$ $E^0 = +0{,}154$ Volt und für das System $Fe^{2+} - Fe^{3+}$ $E^0 = +0{,}771$ Volt. Der Äquivalenzpunkt liegt in diesem Fall bei $E = (2 \cdot 0{,}154 + 0{,}771)/3 = +0{,}360$ Volt. Für die beiden Kurvenstücke erhält man nach (15) und (16) die zwei folgenden Beziehungen

$$E = 0{,}154 + \frac{0{,}059}{2} \log \frac{C_{\mathrm{Fe}}}{2\,C_{\mathrm{Sn}} - C_{\mathrm{Fe}}} \tag{17}$$

bzw.

$$E = 0{,}771 + 0{,}059 \log \frac{C_{\mathrm{Fe}} - 2\,C_{\mathrm{Sn}}}{2\,C_{\mathrm{Sn}}}\,. \tag{18}$$

Figur 26 zeigt die mit Hilfe von (17) und (18) berechnete Kurve. Natürlich steigt E fortwährend bei Zusatz von Fe^{3+}, aber in der Nähe des Äquivalenzpunktes erfolgt der Zuwachs besonders rasch. Verfügt man über eine Anzeigemethode, die erkennen läßt, wann der E-Wert des Äquivalenzpunktes erreicht ist, so ist man imstande, die Sn^{2+}-Menge der Ausgangslösung zu bestimmen. Wegen der raschen Änderung der E-Werte in der Nähe des Äquivalenzpunktes braucht die Genauigkeit dieser Anzeigemethode nicht allzu groß zu sein.

Die Anzeige des Äquivalenzpunktes von Redoxtitrationen kann entweder durch direkte Messung des Redoxpotentiales oder mit Hilfe von Indikatoren erfolgen, wie sie in 21b besprochen werden.

Folgt man der Kurve von Figur 26 in umgekehrter Richtung, so erhält man ein Bild der Änderung von E bei Zusatz einer Redform zu einer Oxform.

Wie die Konstruktion der Kurve in Figur 26 beweist, ist die Breite des flachen Gebietes beiderseits des Äquivalenzpunktes nahezu ausschließlich vom Größenunterschied der E^0-Werte der beiden beteiligten Redoxsysteme abhängig. Je größer dieser Unterschied ist, desto breiter wird das flache Gebiet und desto kleiner wird der Titrationsfehler. Genau so wie man bei der Bestimmung einer schwachen Säure (Base) mit einer starken Base (Säure) titriert, muß man bei der Bestimmung einer Redform (Oxform) mit einer stark oxydierenden (reduzierenden) Form titrieren.

b) Redoxindikatoren. Bei einer Reihe von Redoxtitrationen verwendet man zur Anzeige des Äquivalenzpunktes für die jeweilige Arbeitsmethode charakteristische Spezialindikatoren. Wird z.B. MnO_4^- als Oxydationsmittel verwendet, so kann man wegen der intensiven Farbe des MnO_4^--Ions die starke Erhöhung von $c_{MnO_4^-}$, die unmittelbar nach Erreichung des Äquivalenzpunktes auftritt, mit Leichtigkeit wahrnehmen. Bei Titrationen mit dem System $2J^- - J_2$ können mit *Stärkelösung* noch äußerst geringe Mengen J_2 nachgewiesen werden. Zwei andere spezifische Indikatoren, *Methylorange* und *α-Naphthoflavon* sollen in 21d besprochen werden.

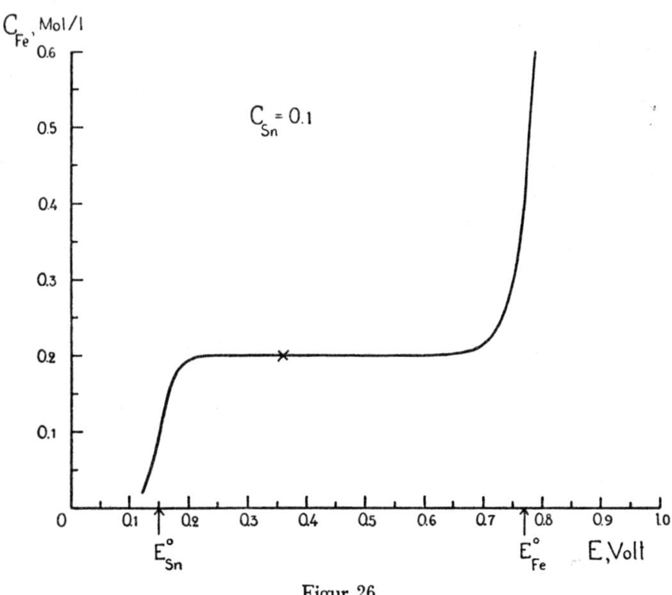

Figur 26

Allgemeiner anwendbar sind *Redoxindikatoren* im eigentlichen Sinne, d. h. Redoxsysteme, deren Redform eine andere Farbe besitzt als deren Oxform. Ein solches Redoxsystem ändert seine Farbe bei Änderungen von E. Wenn der Redoxprozeß nur darin besteht, daß ein *red*-Molekül zu einem anders gefärbten *ox*-Molekül umgeladen wird, so gibt 20 (6) den E-Wert dieses Systems an. Läßt sich die Farbe von *red* gleich gut wahrnehmen wie diejenige von *ox*, so ist die Mitte des Umschlagsgebietes erreicht, wenn $c_{red} = c_{ox}$, d.h. also, wenn $E = E^0$ ist. Ist die Änderung der Mischfarbe wahrzunehmen, während c_{ox}/c_{red} zwischen 0,1 und 10 variiert, so sind die Grenzen des Umschlagsgebietes nach 20 (6) durch $E = E^0 \pm 0{,}059/n$ Volt gegeben.

Viele Indikatorsysteme reagieren jedoch etwas komplizierter. Häufig gehören sie einem Typ an, der sich durch die allgemeine Formel $RH_n + nH_2O = R + nH_3O^+ + ne^-$ darstellen läßt, wobei RH_n und R verschiedene Farbe besitzen. Dann ist

$$E = E^0 + \frac{0{,}059}{n} \log \frac{c_R\, c^n_{H_3O^+}}{c_{RH_n}} = E^0 + \frac{0{,}059}{n} \log \frac{c_R}{c_{RH_n}} - 0{,}059\,\mathrm{pH} \ .$$

Die Mitte des Umschlagsintervalls wird erreicht, wenn $c_R = c_{RH_n}$, d. h. wenn $E = E^0 - 0{,}059$ pH ist. Die Lage des Intervalls ist also pH-abhängig. Auf diesen

Umstand braucht jedoch bei den weiter unten genannten Indikatoren keine Rücksicht genommen zu werden.

Bei der Reduktion oder Oxydation des Indikatorsystems treten oft die bei Redoxprozessen so häufigen Reaktionshemmungen und Nebenreaktionen auf, die die Indikatorumwandlung mehr oder weniger irreversibel machen. In einigen Fällen sind diese Prozesse völlig irreversibel, in anderen Fällen können Reaktionshemmungen eine Verringerung der Reaktionsgeschwindigkeit hervorrufen, die bei der Titration beachtet werden muß. Dadurch erhalten die Ausführungen von 21a über die Bedeutung der experimentellen Prüfung für die Methodik der Redoxtitrationen eine weitere Bestätigung.

Nachstehend werden einige wichtige Redoxindikatoren besprochen.

Diphenylamin ist eine farblose Verbindung, die bei Oxydation in saurer Lösung irreversibel in gleichfalls farbloses *Diphenylbenzidin* übergeht. Bei weiterer Erhöhung des Redoxpotentials wird Diphenylbenzidin reversibel zu einer intensiv blauviolett gefärbten Verbindung, Diphenylbenzidinviolett, oxydiert. Der Umschlag erfolgt bei etwa $E = +0{,}76$ Volt. Dieser Umschlag erfolgt also unabhängig davon, ob das Indikatorsystem in Form von Diphenylamin oder von Diphenylbenzidin zugesetzt wird. Wichtig ist, daß das Diphenylbenzidinviolett bei hohem Redoxpotential nicht ganz stabil ist, sondern langsam und irreversibel zu farblosen Verbindungen oxydiert wird. Bei einem Überschuß an Oxydationsmitteln verbleicht die blaue Farbe daher allmählich.

Die Schwerlöslichkeit der genannten Indikatoren in Wasser und der Umstand, daß sie in Gegenwart von Wolframat nicht verwendet werden können (es bildet sich unlösliches Wolframat; wichtig für Stahlanalysen, die oft in Gegenwart von Wolframat durchgeführt werden müssen!), haben zur Benützung von anderen Diphenylaminderivaten geführt, die diese unerwünschten Eigenschaften nicht besitzen. Am längsten bekannt ist die Verwendung von *Diphenylaminsulfonsäure*, die von farblos in rotviolett übergeht, wenn E den Wert $+0{,}83$ Volt überschreitet. Der Umschlag ist ungemein scharf und in dieser Hinsicht dem Diphenylbenzidin bedeutend überlegen. Wolframat ist hier ohne störende Einwirkung. Auch dieser Indikator entfärbt sich langsam, wenn ein Überschuß von Oxydationsmittel vorhanden ist. Die Indikatorlösung wird gewöhnlich aus dem Ba-Salz der Säure hergestellt, das in Wasser leicht löslich ist.

Einen noch höheren E^0-Wert besitzt die *o-Diphenylaminkarbonsäure* (*N-Phenylantranilsäure*), die von farblos in hellrot oder hell-rotviolett umschlägt, wenn E den Wert $+1{,}08$ Volt erreicht. Die Indikatorlösung wird gewöhnlich aus dem Na-Salz hergestellt.

Ein besonders wichtiger Redoxindikator ist das komplexe Ion, das aus drei Molekülen der Base Orthophenantrolin (Bruttoformel $C_{12}H_8N_2$) und einem Eisen(II)ion gebildet wird. Dieses *Eisen*(II)*orthophenantrolinion* (mitunter kurz «Ferroinion» genannt) wird zu Eisen(III)orthophenantrolinion nach folgendem Schema oxydiert

$$\underset{\textit{stark rot}}{Fe(C_{12}H_8N_2)_3^{\,2+}} = \underset{\textit{schwach blau}}{Fe(C_{12}H_8N_2)_3^{\,3+}} + e^-$$

Die blaue Farbe des Eisen(III)ions ist so schwach, daß sie oft überhaupt nicht wahrzunehmen ist. Der E^0-Wert des Indikators liegt bei +1,14 Volt, aber wegen der Farbintensität der Redform läßt sich der Farbumschlag erst erkennen, wenn etwa 90% des Indikatorsystems in die Oxform übergegangen sind. Das Redoxpotential beträgt dann +1,20 Volt. Die Indikatorlösung wird in der Regel durch Auflösen von Phenantrolinmonohydrat in einer $FeSO_4$-Lösung hergestellt. *Eisen(II)nitroorthophenantrolinion* («Nitroferroinion») zeigt einen analogen Umschlag bei einem Redoxpotential von +1,25 Volt oder etwas darüber.

c) Reduktion oder Oxydation der Probe vor der Redoxtitration. Ein Stoff, dessen Menge durch Redoxtitration bestimmt werden soll, darf vor der Titration praktisch nur als Redform oder nur als Oxform vorliegen. Welche der beiden Formen zu wählen ist, hängt von der jeweiligen Titrationsmethode ab, die sich in dem betreffenden Fall am besten eignet.

Sofern der Stoff – zumindestens in praktisch ausreichendem Maße – nicht nur aus einer einzigen Form besteht, muß er daher zu einer der beiden Formen reduziert oder oxydiert werden. Das dabei verwendete Reduktions- bzw. Oxydationsmittel muß so beschaffen sein, daß es vor der Titration entfernt werden kann und bei dieser also keine Störungen verursacht.

Besonders geeignete Reduktionsmittel sind Metalle mit niedrigem Normalpotential. Wenn keine hohe Wasserstoffüberspannung an dem betreffenden Metall entsteht, so reduziert letzteres die Hydroniumionen in der meistens sauren Lösung unter Wasserstoffentwicklung. Dadurch wird die Reduktion der übrigen Oxformen der Lösung weniger wirksam. Das ist z. B. der Fall, wenn man metallisches Zn als Reduktionsmittel verwendet. Benützt man dagegen amalgamiertes Zink, so entsteht am Amalgam eine so hohe Wasserstoffüberspannung, daß H_3O^+ nicht mehr reduziert wird solange man $c_{H_3O^+}$ innerhalb mäßiger Grenzen hält. Bequemer als mit amalgamiertem Zn ist mit Cd zu arbeiten, das sich auch in unamalgamiertem Zustand als gut verwendbares Reduktionsmittel erwiesen hat. Bei der Reduktion mit einem solchen «*Reduktor*» muß man die Lösung gewöhnlich durch ein Glasrohr fließen lassen, das mit feinverteiltem Reduktor gefüllt ist. Mit Hilfe des Cd-Reduktors lassen sich Reduktionen wie z. B. $Cr^{3+} - Cr^{2+}$, $Fe^{3+} - Fe^{2+}$, Molybdat – Mo^{3+}, $Ti^{4+} - Ti^{3+}$, Vanadat $-V^{2+}$, $ClO_3^- - Cl^-$ usw. leicht ausführen.

Ein anderes, oft benütztes Reduktionsmittel ist Sn^{2+}, das gewöhnlich in Form von $SnCl_2$ verwendet wird. Den Sn^{2+}-Überschuß entfernt man, indem man ihn mit $HgCl_2$ zu Sn^{4+} oxydiert. Dabei bildet sich Hg_2Cl_2, das wegen seiner Schwerlöslichkeit von dem Oxydationsmittel, mit dem man später die Titration ausführt, gewöhnlich nicht merkbar oxydiert wird.

Als Oxydationsmittel verwendet man häufig H_2O_2. Der Überschuß läßt sich durch Kochen in alkalischer Lösung zersetzen.

Die Bestimmung von Mn^{2+} erfolgt oft so, daß man Mn^{2+} zu MnO_4^- oxydiert und hierauf mit einem Reduktionsmittel titriert. Die Oxydation zu MnO_4^- kann mit Hilfe von Peroxy-disulfation $S_2O_8^{2-}$ ausgeführt werden, das nach der Gleichung $S_2O_8^{2-} + 2e^- = 2SO_4^{2-}$ oxydierend wirkt. Die Oxydation wird durch Ag^+

katalysiert. Vor der Titration kocht man die Lösung, wobei überschüssiges $S_2O_8^{2-}$ nach der Gleichung $S_2O_8^{2-} + H_2O = 2\,HSO_4^- + \frac{1}{2}\,O_2$ zersetzt wird. Ferner wird Ag^+ durch Zusatz von Cl^- entfernt.

Ein noch geeigneteres Oxydationsmittel zur Überführung von Mn^{2+} in MnO_4^- ist sog. «Natriumwismutat». Die Handelsware «Natriumwismutat» ist zwar ein Produkt unbestimmter Zusammensetzung, wirkt aber infolge ihres Gehaltes an Bi^{5+} als kräftiges Oxydationsmittel. Es ist äußerst schwerlöslich, so daß überschüssiges Salz vor der Titration einfach abfiltriert werden kann.

d) Einige wichtigere Titrationsmethoden. In diesem Abschnitt sollen einige wichtigere Redoxtitrationsmethoden besprochen werden. Die Darstellung ist jedoch hauptsächlich prinzipieller Natur und kann daher eine ausführlichere methodische Anleitung nicht ersetzen. Bei allen Redoxtitrationen muß man weitgehend die Erfahrung zu Rate ziehen. Das gilt sowohl für die Wahl der für die jeweilige Bestimmung geeignetsten Titrationsmethode als auch für die Wahl des Indikators sowie für die näheren Details der praktischen Ausführung. Verläßliche Arbeitsvorschriften sind daher stets zu Rate zu ziehen.

Jodometrische Titrationen. Bei jodometrischen Titrationen ist das Redoxsystem

$$2\,J^- = J_2 + 2\,e^-$$

beteiligt. Das Gleichgewicht stellt sich leicht von beiden Seiten ein, und da das Normalpotential eine ziemlich intermediäre Lage einnimmt (vgl. Tabelle 8), kann man einerseits J_2 als Oxydationsmittel für Systeme mit niedrigerem Normalpotential, andrerseits J^- als Reduktionsmittel für Systeme mit höherem Normalpotential benützen. Die gute Verwendbarkeit dieses Systems beruht zum großen Teil darauf, daß eine Stärkelösung schon von äußerst kleinen J_2-Mengen intensiv blau gefärbt wird und daher bei dieser Titration als bequemer Spezialindikator verwendet werden kann.

Bei *Oxydation mit J_2* wird in KJ-Lösung gelöstes J_2 zugesetzt. Diese Lösung enthält das komplexe Ion J_3^-, das an dem Gleichgewicht $J_3^- = J^- + J_2$ teilnimmt. In dem Maß als J_2 verbraucht wird, verschiebt sich dieses Gleichgewicht nach rechts und infolge der Instabilität des Komplexions wird schließlich die gesamte gelöste J_2-Menge verbraucht. Nachstehend folgen einige Beispiele für Titrationen mit J_2:

$$SO_3^{2-} + J_2 + 3\,H_2O = SO_4^{2-} + 2\,J^- + 2\,H_3O^+$$

$$S^{2-} + J_2 = S + 2\,J^-$$

$$Sn^{2+} + J_2 = Sn^{4+} + 2\,J^- .$$

Die Lösung der zu bestimmenden Redform wird mit Stärkelösung versetzt und hierauf eine J_2-Lösung von bekanntem Gehalt bis zum Beginn der Blaufärbung zugegeben.

Bei der Titration von SO_3^{2-} mit J_2 zeigt es sich, daß SO_3^{2-} durch den Luftsauerstoff rasch oxydiert wird. Trifft man gegen den Zutritt von Luftsauerstoff keine Vorkehrungen, so ist also der Verbrauch an J_2 geringer als der ursprünglichen SO_3^{2-}-Menge entspricht. Da Sauerstoff eine reine SO_3^{2-}-Lösung nur langsam oxydiert, ist diese rasche Oxydationswirkung während der Titration offenbar darauf zurückzuführen, daß bei der Titrationsreaktion Zwischenprodukte entstehen, die vom Luftsauerstoff oxydiert werden und die dann ihrerseits SO_3^{2-}-Ionen oxydieren. Eine Reaktion, die auf diese Weise durch eine andere Reaktion beschleunigt wird, bezeichnet man als von letzterer *induziert*. Induzierte Oxydationen und Reduktionen finden sehr häufig statt und können Redoxtitrationen oft in hohem Grade komplizieren. Der exakte Reaktionsmechanismus ist in der Regel unbekannt.

Den Gehalt der Jodlösung bestimmt man durch Titration mit der Lösung eines Reduktionsmittels, das als «Titersubstanz» dienen kann. Am besten eignet sich zu diesem Zwecke As_2O_3, das leicht in sehr reiner und leicht wägbarer Form dargestellt werden kann. Eine Lösung von As_2O_3 enthält hauptsächlich H_3AsO_3, eine Verbindung, die von J_2 nach der Formel

$$H_3AsO_3 + J_2 + 3\,H_2O = H_3AsO_4 + 2\,H_3O^+ + 2\,J^-$$

oxydiert wird. 1 Mol As_2O_3 verbraucht also 2 Mol J_2. Die Gleichgewichtskonstante dieser Reaktion hat den Wert $5{,}5 \cdot 10^{-2}$. Da sich die Konstante also nicht allzusehr von 1 unterscheidet, läßt sich die Reaktionsrichtung durch geeignete Konzentrationsänderungen leicht umkehren. Bei genügender Erhöhung von $c_{H_3O^+}$ verläuft die Reaktion daher von rechts nach links. Soll die Reduktion so vollständig von links nach rechts verlaufen, daß sie zur Titration von J_2 mit H_3AsO_3 benützt werden kann, so muß $c_{H_3O^+}$ unter etwa 10^{-4}, d.h. also, das pH der Lösung über 4 liegen. Andererseits darf der pH-Wert aber auch nicht zu hoch liegen, da sonst J_2 unter Bildung von JO_3^- und JO^- verbraucht wird. Infolgedessen ist für das pH eine obere Grenze von etwa pH 10 einzuhalten. Bei der Titration hat man also das pH innerhalb dieser beiden Grenzen einzustellen, zu welchem Zwecke man der Lösung häufig $NaHCO_3$ zusetzt.

Bei *Reduktion mit J^-* setzt man eine J^--Lösung im Überschuß zu, wobei eine dem Oxydationsmittel äquivalente J_2-Menge gebildet wird. So liegen beispielsweise den Gehaltsbestimmungen von H_2O_2- oder Cl_2-Lösungen folgende Reaktionen zugrunde:

$$H_2O_2 + 2\,J^- + 2\,H_3O^+ = J_2 + 4\,H_2O$$

$$Cl_2 + 2\,J^- = 2\,Cl^- + J_2\,.$$

Die gebildete J_2-Menge kann durch Titration mit Tiosulfation, $S_2O_3^{2-}$ bestimmt werden, welches letztere dabei nach der Formel

$$2\,S_2O_3^{2-} + J_2 = S_4O_6^{2-} + 2\,J^-$$

zu Tetrationation $S_4O_6^{2-}$ oxydiert wird. Die Titration wird gewöhnlich mit einer $Na_2S_2O_3$-Lösung bekannten Gehaltes ausgeführt. In dem Maße als J_2 verbraucht wird, verbleicht die braune Farbe der Lösung. Wenn sie beinahe verschwunden ist, setzt man Stärkelösung zu und titriert weiter, bis auch die blaue Farbe verschwunden ist. Infolge der Empfindlichkeit und intensiven Farbe des Stärkeindikators läßt sich in dessen Gegenwart eine Farbänderung kaum wahrnehmen; erst im Äquivalenzpunkt tritt eine plötzliche Entfärbung der Lösung ein. Vermeidet man es daher, die Stärkelösung schon von Anfang an zuzusetzen, so läßt sich die Annäherung an den Äquivalenzpunkt leichter verfolgen. Außerdem wird die Umschlagsschärfe des Indikators ungünstig beeinflußt, wenn man ihn der Einwirkung der hohen J_2-Konzentration zu Beginn der Titration aussetzt.

Auch Cu^{2+} kann durch Reduktion mit J^- bestimmt werden. Dies mag eigentümlich erscheinen, da der E^0-Wert des Systems $Cu^+ - Cu^{2+}$ bei +0,167 Volt und derjenige des Systems $2\,J^- - J_2$ bei +0,5345 Volt liegt. Die Normalpotentiale ergeben für die Gleichgewichtskonstante der Reaktion

$$2\,Cu^{2+} + 2\,J^- = 2\,Cu^+ + J_2(s)$$

den Wert $c^2_{Cu^+}/c^2_{Cu^{2+}}\,c^2_{J^-} = 3{,}4 \cdot 10^{-13}$. Nun ist aber die Löslichkeit von CuJ so gering, daß Cu^+ zum allergrößten Teil in Form von festem CuJ aus der Lösung verschwindet. Das Löslichkeitsprodukt von CuJ ist $k_l = 5 \cdot 10^{-12}$. Ist z. B. in der Endlösung $c_{J^-} = 0{,}5$, so ist $c_{Cu^+} = 1 \cdot 10^{-11}$. Unter dieser Voraussetzung wird $c_{Cu^{2+}} = 3{,}4 \cdot 10^{-6}$, so daß schließlich nur mehr 0,22 mg Cu^{2+} per Liter enthalten sind. Um die Löslichkeit von CuJ möglichst niedrig zu halten, hat man natürlich dafür zu sorgen, daß c_{J^-} nicht zu klein wird. Der hier berechnete Wert von $c_{Cu^{2+}}$ wird übrigens unter den bei der Analyse geltenden Bedingungen gewöhnlich nicht erreicht. Bei der eben durchgeführten Berechnung haben wir nämlich vorausgesetzt, daß J_2 in fester Form vorhanden ist. Enthielte die Lösung keinen Überschuß an J^-, so würde sich auch in der Regel so viel J_2 bilden, daß die Löslichkeit von J_2 in Wasser überschritten würde. Nun wird aber J_2 von J^- unter Bildung von J_3^- gebunden, was zur Folge hat, daß c_{J_2} einen beträchtlich niedrigeren Wert als in gesättigter wäßriger Lösung annimmt.

Hat sich also auf diese Weise eine mit Cu^{2+} äquivalente Menge J_2 gebildet, so bestimmt man sie durch Titration mit $S_2O_3^{2-}$.

Permanganattitrationen. MnO_4^- läßt sich nach folgendem Schema zu Mn^{2+} reduzieren:

$$MnO_4^- + 8\,H_3O^+ + 5e^- = Mn^{2+} + 12\,H_2O\ .$$

Das Normalpotential ist hoch, +1,52 Volt, und MnO_4^- ist daher ein sehr kräftiges Oxydationsmittel. Wie aus dem Reaktionsschema hervorgeht, werden bei der Reduktion $8\,H_3O^+$ von $1\,MnO_4^-$ verbraucht. Das Redoxpotential ist daher auch, wie schon erwähnt, vom Säuregrad stark abhängig und steigt mit diesem. Infolge des großen H_3O^+-Verbrauches findet die Reduktion von MnO_4^- nach diesem Schema nur in saurer Lösung statt. In neutraler oder alkalischer Lösung folgt die Reduktion dem Reaktionsschema

$$MnO_4^- + 4\,H_3O^+ + 3\,e^- = MnO_2 + 6\,H_2O\ .$$

Der H_3O^+-Verbrauch ist hier also nur halb so groß wie im ersten Falle.

Permanganattitrationen führt man in der Regel in stark saurer Lösung aus, so daß Reduktion bis zu Mn^{2+} erfolgt. Da das MnO_4^--Ion stark gefärbt, das Mn^{2+}-Ion dagegen nahezu farblos ist, zeigt das System selbst das Erreichen des Äquivalenzpunktes an. Vielfach wird daher bei diesen Titrationen kein anderer Indikator mehr zugesetzt.

Wichtige Permanganattitrationen werden durch folgende Formeln veranschaulicht:

$$5\,C_2O_4^{2-} + 2\,MnO_4^- + 16\,H_3O^+ = 10\,CO_2 + 2\,Mn^{2+} + 24\,H_2O$$

$$5\,Fe^{2+} + MnO_4^- + 8\,H_3O^+ = 5\,Fe^{3+} + Mn^{2+} + 12\,H_2O$$

$$5\,NO_2^- + 2\,MnO_4^- + 6\,H_3O^+ = 5\,NO_3^- + 2\,Mn^{2+} + 9\,H_2O$$

$$5\,H_2O_2 + 2\,MnO_4^- + 6\,H_3O^+ = 5\,O_2 + 2\,Mn^{2+} + 14\,H_2O\ .$$

Die erste dieser Reaktionen, die Oxydation von Oxalation, ist die Grundlage einer wichtigen Methode, den Gehalt einer $KMnO_4$-Lösung durch Titration mit $Na_2C_2O_4$ oder $H_2C_2O_4$ zu bestimmen.

Die vielleicht wichtigste Permanganattitration ist die Bestimmung von Fe^{2+} gemäß der zweiten Reaktion. Wegen ihrer Bedeutung sei sie hier etwas näher behandelt.

Die vor der Titration stattfindende Reduktion der gesamten Fe-Menge zu Fe^{2+} läßt sich am bequemsten mit Hilfe eines Cd-Reduktors ausführen. In schwefelsaurer Lösung kann die Titration daraufhin ohne weiteres erfolgen, ist die Lösung dagegen salzsauer, so sind besondere Maßnahmen erforderlich, wie die folgenden Ausführungen zeigen.

Verdünnte Salzsäure wird von MnO_4^- allein nicht oxydiert, offenbar als Folge von Reaktionshemmungen. Man sollte daher erwarten, daß das Vorhandensein von Cl^--Ionen die Titration von Fe^{2+} mit MnO_4^- nicht stören dürfte. Die Titrationsreaktion induziert jedoch die Oxydation von Cl^- zu Cl_2, das teilweise entweicht. Titriert man also Fe^{2+} in salzsaurer Lösung mit MnO_4^-, so wird ein Teil des letzteren auch zu dieser Oxydation verbraucht, so daß ein größerer Totalverbrauch von MnO_4^- resultiert, als nur der Oxydation von Fe^{2+} zu Fe^{3+} entsprechen würde.

Wie bei vielen anderen Redoxprozessen ist auch in diesem Fall der tatsächliche Verlauf der Titration verwickelter als die Bruttoformel angibt. Aller Wahrscheinlichkeit nach wird Fe^{2+} erst zu einem höherem Valenzstadium als Fe^{3+} oxydiert. Diese hochwertigen Fe-Ionen oxydieren dann noch vorhandenes Fe^{2+} zu Fe^{3+}. Sind jedoch Cl^--Ionen anwesend, so werden auch diese oxydiert.

Es zeigt sich, daß die Oxydation von Cl^- zu Cl_2 unterdrückt werden kann, wenn man der Fe^{2+}-Lösung Mn^{2+}-Ionen zusetzt. Die hochwertigen Fe-Ionen oxydieren dann in erster Linie Mn^{2+} zu Mn^{3+} und Mn^{4+}, diese Ionen oxydieren hierauf ihrerseits noch vorhandene Fe^{2+}-Ionen unter Bildung von Fe^{3+} und Mn^{2+}. Zu diesem Resultat trägt wahrscheinlich auch der Umstand bei, daß die Gegenwart von Mn^{2+}-Ionen das hohe Redoxpotential stark vermindert, das sonst an Stellen mit zufälligem lokalem Überschuß von MnO_4^--Lösung entsteht.

Bei Zusatz einer größeren Mn^{2+}-Menge vor Beginn der Titration kann also Fe^{2+} auch in einer Cl^--haltigen Lösung bestimmt werden. Ferner ist auch ein Zusatz von H_3PO_4 üblich, weil sich dadurch eine farblose Fe^{3+}-Komplexverbindung bildet. Auf diese Weise läßt sich die stark gelbe Farbe vermeiden, die Fe^{3+} in salzsaurer Lösung besitzt und die die Beobachtung des Farbumschlages erschwert.

Eisen(II)orthophenantrolinion zeigt bei der Permanganattitration von Fe^{2+} den Äquivalenzpunkt bedeutend schärfer an, als es der Fall ist, wenn man sich nur der MnO_4^--Farbe allein bedient. Der Indikator wird daher bei dieser Titration immer häufiger verwendet.

Dichromattitrationen. Bei dieser Titration benützt man $Cr_2O_7^{2-}$ als Oxydationsmittel. Das Reaktionsschema ist hier folgendes:

$$Cr_2O_7^{2-} + 14\, H_3O^+ + 6\, e^- = 2\, Cr^{3+} + 21\, H_2O \ .$$

Wie ersichtlich, ist das Redoxpotential stark pH-abhängig.

Eine wichtige Dichromattitration ist die Bestimmung von Fe^{2+}. Als Redoxindikator verwendet man hier in erster Linie Diphenylamin (Titration nach Knop) oder Diphenylaminsulfonsäure. Der Umschlagspunkt dieser beiden Indikatoren liegt bei etwa +0,8 Volt. Der E-Wert des Äquivalenzpunktes ist aber unter gewöhnlichen Titrationsbedingungen so hoch, daß der Indikatorumschlag schon vor dem Äquivalenzpunkt auftritt. Ein brauchbares Resultat läßt sich jedoch dann erzielen, wenn man den E-Wert des Äquivalenzpunktes verringert. Eine solche Senkung des E-Wertes wird beispielsweise durch Zusatz von H_3PO_4 hervorgerufen, da diese Säure den größten Teil der entstehenden Fe^{3+}-Ionen unter Komplexbildung bindet. Bei Titration in salzsaurer Lösung gewinnt man außerdem den Vorteil, daß die durch Fe^{3+}-Ionen verursachte gelbe Färbung der Endlösung dadurch wesentlich gemildert wird. Der Indikatorumschlag wird daher deutlicher.

In einer Lösung, die kein Fe^{2+} enthält, werden sowohl Diphenylamin als auch Diphenylaminsulfonsäure von der Dichromatlösung nur langsam oxydiert. In Gegenwart von Fe^{2+} wird dagegen der Indikatorumschlag durch die Reaktion zwischen Fe^{2+} und $Cr_2O_7^{2-}$ induziert, so daß der Farbumschlag mit ausreichender Geschwindigkeit erfolgt. Die Ursache dafür ist hier vermutlich, ebenso wie bei der Titration von Fe^{2+} mit MnO_4^-, in der Entstehung hochwertiger Fe-Ionen zu suchen. Dagegen findet in diesem Fall, sofern c_{Cl^-} nicht sehr groß ist, keine Oxydation von Cl^- zu Cl_2 statt.

Bromattitrationen. BrO_3^- wird bei Redoxtitrationen nach folgendem Schema als Oxydationsmittel verwendet:

$$BrO_3^- + 6\, H_3O^+ + 6\, e^- = Br^- + 9\, H_2O \ .$$

Das Normalpotential des Systems $E^0 = +1{,}44$ Volt.

Bei der Bromattitration ist die Anzeige des Äquivalenzpunktes durch gewöhnliche Redoxindikatoren unmöglich. Wenn sich der E-Wert der Lösung infolge Zusatzes von BrO_3^- dem Normalpotential des Systems $2\,Br^- - Br_2$

($E^0 = +1{,}0652$ Volt) nähert, beginnt ein Oxydationsprozeß, dem zufolge vorher gebildete Br^--Ionen zu Br_2 oxydiert werden. Dieses freie Brom beeinflußt den Redoxindikator (häufig findet Bromierung statt) und zerstört auf diese Weise das Redoxsystem, auf dem die Indikatorwirkung beruht. Verwendet man jedoch BrO_3^- zur Titration von Systemen, deren Normalpotential so gelegen ist, daß man den Äquivalenzpunkt mit ausreichender Genauigkeit gerade in dem Augenblick erreicht, in dem die Br_2-Bildung sich zu erkennen gibt, so kann man letztere direkt zur Festlegung des Äquivalenzpunktes benützen.

Einige Beispiele:

$$3\,As^{3+} + BrO_3^- + 6\,H_3O^+ = 3\,As^{5+} + Br^- + 9\,H_2O$$

$$3\,Sb^{3+} + BrO_3^- + 6\,H_3O^+ = 3\,Sb^{5+} + Br^- + 9\,H_2O$$

$$3\,Sn^{2+} + BrO_3^- + 6\,H_3O^+ = 3\,Sn^{4+} + Br^- + 9\,H_2O$$

$$3\,Tl^{+} + BrO_3^- + 6\,H_3O^+ = 3\,Tl^{3+} + Br^- + 9\,H_2O$$ [1]

Zum Nachweis der kleinen Br_2-Mengen, die im Äquivalenzpunkt auftreten, verwendet man Indikatoren mit spezieller Br_2-Empfindlichkeit. So hat man z. B. häufig Methylorange für diesen Zweck verwendet. Der Farbstoff wird von Br_2 gebleicht und im Äquivalenzpunkt verschwindet daher die rote Farbe, die Methylorange in saurer Lösung besitzt. Da dieser Prozeß irreversibel ist, besteht nun die Gefahr, daß der Indikator von lokalen überschüssigen BrO_3^--Mengen, wie sie während der Titration auftreten können, teilweise zerstört wird. Man versucht daher, das Auftreten von solchem überschüssigem BrO_3^- dadurch zu vermeiden, daß man letzteres vorsichtig und unter Umrühren zusetzt. Wenn die Farbe verbleicht ist, setzt man von neuem Indikator zu, um sicher zu sein, daß das Verschwinden der Farbe nicht nur darauf beruhte, daß der Indikator schon vor dem Äquivalenzpunkt durch lokalen Überschuß verbraucht würde.

Seit einiger Zeit verwendet man bei der Bromattitration auch α-Naphthoflavon als Indikator. α-Naphthoflavon wird nahezu reversibel bromiert und nimmt bei der Bromierung eine rostbraune Farbe an, deren Auftreten den Äquivalenzpunkt deutlich anzeigt. Die Schärfe des Umschlages wird durch HCl vermindert. Die Konzentration etwa vorhandener Salzsäure darf 5% nicht übersteigen.

Zerattitrationen. Saure Lösungen von Zer(IV)ionen, Ce^{4+}, sind kräftige Oxydationsmittel. Sie enthalten komplexe Anionen, Zerat(IV)ionen, die durch Addition von Säureanionen zu Ce^{4+} entstehen. Bei Zusatz von HNO_3 zu einer Lösung, die $Ce(NO_3)_4$ enthält, bilden sich beispielsweise Nitratozerat(IV)ionen. Die höchste Koordinationszahl tritt dabei wahrscheinlich beim Hexanitrato-

---

[1] Die Tatsache, daß diese Titration möglich ist, scheint nicht mit dem hohen E^0-Wert des Systems $Tl^+ - Tl^{3+}$ ($E^0 = +1{,}25$ Volt) im Einklang zu stehen. Der E-Wert des Äquivalenzpunktes sollte demnach nämlich zwischen $+1{,}25$ und $+1{,}44$ Volt liegen und eine kräftige Br_2-Entwicklung schon lange vor dem Äquivalenzpunkt stattfinden (siehe Übungsbeispiel 3). Die Titration wird jedoch in salzsaurer Lösung ausgeführt, wobei die Hauptmenge der gebildeten Tl^{3+}-Ionen in komplexe Chlorotallat(III)ionen verwandelt wird. Dadurch tritt eine solche Verringerung von $c_{Tl^{3+}}$ ein, daß der dem Äquivalenzpunkt entsprechende E-Wert genügend niedrig wird. (Bei Titrationen, die nach den üblichen Vorschriften ausgeführt werden, beträgt er etwa $+1{,}0$ Volt.)

zerat(IV)ion $Ce(NO_3)_6^{2-}$ auf, von dem sich auch Salze darstellen ließen. Bei der Reduktion bilden sich Zer(III)ionen, Ce^{3+}, die vermutlich ebenfalls mit den Anionen Komplexe bilden. Bezeichnen wir das Anion einer solchen Verbindung mit A^-, so lautet daher die allgemeine Beziehung für das vorliegende Redoxsystem

$$CeA_x^{4-x} + e^- = CeA_y^{3-y} + (x - y)A^- .$$

Da die Bildung der Komplexionen schrittweise erfolgt, können in der gleichen Lösung Komplexionen auftreten, für die x und y verschiedene Werte besitzen. Das Konzentrationsverhältnis dieser Ionen untereinander wird durch die verschiedenen Komplexkonstanten sowie durch c_{A^-} bedingt (vgl. 3d). In ein und derselben Lösung kann daher eine Anzahl verschiedener Systeme der genannten Art gleichzeitig vorhanden sein, wobei jedes derselben sein eigenes Normalpotential besitzt. Ist c_{A^-} sehr groß, so müssen jedoch die x- und y-Werte aller Komplexionen praktisch der maximalen Koordinationszahl entsprechen. In diesem Fall braucht man daher nur ein System zu berücksichtigen.

Die Tatsache, daß sich die Zusammensetzung der Komplexionen mit c_{A^-} ändert, hat also zur Folge, daß auch das Redoxpotential der Lösung bei Änderungen von c_{A^-} variiert. Aus obigem Schema ist übrigens zu ersehen, daß das Redoxpotential auch direkt durch c_{A^-}-Änderungen beeinflußt wird. Eine Erhöhung von c_{A^-} muß offenbar, wenn $x > y$ ist, eine Verminderung, dagegen wenn $x < y$ ist, eine Erhöhung des Potentials zur Folge haben.

Übereinstimmend damit zeigt die Erfahrung, daß das Redoxpotential saurer Ce^{4+}-Lösungen je nach Konzentration der Säure stark variieren kann. Daß es sich dabei um verschiedene Faktoren handelt, die das Potential beeinflussen, geht daraus hervor, daß das Potential oft bei einer bestimmten Säurekonzentration ein Maximum aufweist, dessen Zustandekommen ja offenbar auf der Wirkung verschiedener, einander entgegengesetzter Effekte beruhen muß.

Bei Zusatz von HNO_3 zu einer Lösung von $Ce(NO_3)_4$ steigt das Redoxpotential solange, bis es bei etwa $C_{HNO_3} = 2$ den höchsten Wert von $+1{,}62$ Volt erreicht. Bei weiterem HNO_3-Zusatz sinkt das Potential wieder. Setzt man einer Lösung von $Ce(SO_4)_2$ Schwefelsäure zu, so erzielt man einen analogen Effekt. Das Redoxpotential erreicht in diesem Fall ein Maximum von $+1{,}44$ Volt bei ungefähr $C_{H_2SO_4} = 0{,}5$.

Bedeutend höhere Redoxpotentiale stellen sich in Lösungen ein, die Uberchlorsäure enthalten. Bei Zusatz von $HClO_4$ zu einer Lösung von $Ce(ClO_4)_4$ wird $E = +1{,}70$ Volt, wenn $C_{HClO_4} = 1$ ist. Bei weiterer Erhöhung der $HClO_4$-Konzentration steigt auch E weiter an und erreicht bei der höchsten bisher untersuchten Konzentration $C_{HClO_4} = 8$, den Wert von $+1{,}87$ Volt.

Die meisten Titrationen, die sich mit MnO_4^- ausführen lassen, eignen sich auch zur Zerattitration. In der Regel hat man bisher $Ce(SO_4)_2$ in schwefelsaurer Lösung, mit Eisen(II)orthophenantrolinion als gut geeignetem Indikator benützt. Eisen(II)nitroorthophenantrolinion darf dagegen nicht verwendet werden, da dessen Umschlagspunkt so hoch liegt, daß der Umschlag erst nach merklichem Überschreiten des Äquivalenzpunktes erfolgt.

Infolge der außerordentlich hohen Redoxpotentiale der sauren Lösungen von $Ce(NO_3)_4$ und $Ce(ClO_4)_4$ sind diese Lösungen noch vielseitiger verwendbar. Die stark überchlorsauren Lösungen von $Ce(ClO_4)_4$ gehören zu den stärkst oxydierenden, für Titrationszwecke noch hinreichend stabilen Lösungen, die man bisher kennt. Als Indikator kann man in beiden Fällen Eisen(II)orthophenantrolinion oder Eisen(II)nitroorthophenantrolinion verwenden. Das hohe Umschlagspotential des zweiten Indikators gestattet die Titration von Redformen, die Systemen mit hohem Normalpotential angehören.

Übungsbeispiele zu Kapitel 21

1. Berechne und konstruiere die Titrationskurve der Fig. 26.

2. Eine Lösung von Fe^{3+}-Ionen mit $c_{Fe^{3+}} = C$ läuft durch einen Cd-Reduktor. Wie groß ist das Verhältnis $c_{Fe^{3+}}/c_{Fe^{2+}}$ in der ausfließenden Lösung, wenn man annimmt, daß sich beim Durchlaufen Gleichgewicht eingestellt hat und daß dabei kein Wasserstoff entwickelt wurde.

3. Angenommen, daß die Bromattitration von Tl^+ nach der im Text erwähnten Reaktionsformel verliefe [also ohne Bildung von Chlorotallat(III)ionen], a) welche Beziehung würde dann für den E-Wert des Äquivalenzpunktes gelten? (E^0 beträgt für das System $Tl^+ - Tl^{3+}$ + 1,25 Volt.) b) wie groß wäre E, wenn die Titration, wie üblich, in einer Lösung ausgeführt würde, die in bezug auf HCl etwa 1-molar ist?

LÖSUNGEN DER ÜBUNGSBEISPIELE

2. Kapitel

1. $k = 4$
2. 1,87 Mol
3. a) $\alpha = 0{,}184$
   b) $\alpha = 0{,}134$
4. $k = 2{,}28$

5. Kapitel

1. a) $C = 0{,}24$ Mol/l
   b) $C = 0{,}08$ bzw. 0,06 Mol/l
2. $a_{K^+} = 0{,}032$, $a_{Cl^-} = 0{,}016$, $a_{SO_4^{2-}} = 0{,}0043$

6. und 7. Kapitel

1. $pk_s = 3{,}40$, $k_b = 2{,}5 \cdot 10^{-11}$, $pk_b = 10{,}60$
2. $pk_s = 3{,}70$, $pk_b = 4{,}68$
3. $pk_s' = 2{,}06$, $pk_s'' = 7{,}02$, $pk_s''' = 12{,}01$
4. $K_s = 2{,}3 \cdot 10^{-6}$

8. Kapitel

1. pH = 3,0, 2,3, 2,0, 1,3, 1,0, 0,3
2. $a_{H^+} = 0{,}00097$, 0,0047, 0,0090, 0,041, 0,076, 0,31
   pH = 3,01, 2,33, 2,05, 1,39, 1,12, 0,51
3. $c_{H_3O^+} = 10^{-2}$ Mol/l, pH = 2
4. $c_b/c_s = 2{,}82$
5. a) 0,013
   b) 0,000085
6. a) $c_{H_3O^+} = 1{,}3 \cdot 10^{-3}$, pH = 2,9
   b) $c_{H_3O^+} = 3{,}4 \cdot 10^{-5}$, pH = 4,5

7. a) pH = 11,1
   b) pH = 8,9
   c) pH = 5,1
   d) pH = 1,3
   e) pH = 7,0
8. a) $c_{H_3O^+} = c_{OH^-} + c_{H_2PO_4^-} + 2\, c_{HPO_4^{2-}} + 3\, c_{PO_4^{3-}}$
   b) $c_{Na^+} + c_{H_3O^+} = C + c_{H_3O^+} = c_{OH^-} + c_{HCO_3^-} + 2\, c_{CO_3^{2-}}$
9. $c_{A^{2-}} / C = 0{,}0038$
10. 0,094 des Volumens der $NaHCO_3$-Lösung

9. Kapitel

1. pH = 8,35
2. $k_s'' = 2{,}8 \cdot 10^{-5}$
3. pH = 6,07

10. bis 12. Kapitel

1. pH = 4,43
2. $k_s = 6{,}6 \cdot 10^{-7}$
4. a) pH = 5,1
   b) pH = 4,5
   c) pH = 4,3
   d) pH = 9,4
5. 6,3 ml
6. $pk_s = 4{,}61$

13. Kapitel

1. Wenn in der Endlösung $C = 0{,}05$ ist, titriert man Oxalsäure bis pH 8,3 ($F_{rel} = \pm 0{,}004\,\%$) und Kaliumhydrogenphthalat bis pH 8,8 ($F_{rel} = \pm 0{,}025\,\%$). In beiden Fällen sind Phenolphthalein oder Thymolblau geeignete Indikatoren.

2. Wenn in der Endlösung $C = 0{,}05$ ist, titriert man bis pH 10,9, wobei jedoch $F_{rel} = \pm 3\,\%$. Ein geeigneter Indikator ist Alizaringelb R, aber die Bestimmung ist nur sehr approximativ.

3. Wenn in der Endlösung $C = 0{,}05$ ist, titriert man Mannitborsäure bis pH 8,9 (Phenolphthalein) mit einem Fehler $F_{rel} = \pm 0{,}03\,\%$. Wenn sowohl die Konzentration der starken Säure wie auch der Borsäure in der Endlösung $C = 0{,}05$ ist, bestimmt man zuerst die starke Säure durch Titration bis pH 5,2 (Methylrot), wobei $F_{rel} = \pm 0{,}025\,\%$ wird. Darauf setzt man z. B. Mannit zu und bestimmt nun die starke Säure + Mannitborsäure durch Titration bis pH 8,9 (Phenolphthalein). Die Differenz ergibt dann die Borsäuremenge, wobei $F_{rel} = \pm 0{,}055\,\%$ wird.

14. und 15. Kapitel

1. a) $l = 1 \cdot 10^{-5}$ Mol/l
   b) $l = 1 \cdot 10^{-8}$ Mol/l
   c) $l = 1 \cdot 10^{-8}$ Mol/l
2. $k_l = 4 \cdot 10^{-10}$
3. a) $l = 1 \cdot 10^{-4}$ Mol/l
   b) $l = 4 \cdot 10^{-10}$ Mol/l
   c) $l = 1 \cdot 10^{-5}$ Mol/l
4. a) $l = 1{,}4 \cdot 10^{-5}$ Mol/l
   b) $l = 3{,}3 \cdot 10^{-5}$ Mol/l
   c) $l = 1{,}0 \cdot 10^{-4}$ Mol/l
5. $l = 3{,}8 \cdot 10^{-2}$ Mol/l
6. a) $k_l = 1{,}48 \cdot 10^{-6}$
   b) 11,6 g/l

20. Kapitel

1. $E = +0{,}24,\ +0{,}21,\ +0{,}18,\ +0{,}15,\ +0{,}12,\ +0{,}09,\ +0{,}06$ Volt
2. a) $k = 1 \cdot 10^{18}$
   b) $k = 3 \cdot 10^{37}$. Die Fällung erfolgt sehr vollständig
3. $c_{Fe^{2+}} = 0{,}00951$ Mol/l, $c_{Cd^{2+}} = 0{,}00049$ Mol/l

21. Kapitel

2. $c_{Fe^{3+}} / c_{Fe^{2+}} = 9{,}3 \cdot 10^{-21} \sqrt{C}$
3. a) $E = (1{,}39 - 0{,}044\ \mathrm{pH})$ Volt
   b) $E = 1{,}39$ Volt

AUTOREN- UND SACHREGISTER

J

K

L

M

N

O

P

R

S